21世纪普通高校计算机公共课程规划教材

C/C++语言程序设计

常东超 魏海平 郭来德 主编

U0309773

清华大学出版社

北京

内 容 简 介

本书参照最新的计算机等级考试(二级 C)教学大纲及 C99 的新特性,并根据高校最新 C 语言程序设计教学大纲要求编写而成。全书共分 11 章,主要内容有 C 程序的基本组成以及程序开发过程;C 语言的基本数据类型、运算符、表达式、数据类型转换及标准的输入输出函数;C 语言的基本语句和流程控制语句;数组、函数、指针的概念及用法;C 语言的编译预处理功能;C 语言结构体与共用体、C 语言中文件的相关概念以及文件的各种操作方法;最后一章介绍了 C++程序设计基础和面向对象程序设计的概念。

本书既可作为高等学校本科计算机 C 语言程序设计教材,也可作为培养读者计算机编程能力和参加全国计算机等级考试(C 语言)的自学参考书。

本书配有电子教案(PPT 格式)与课后习题解答(Word 格式),联系邮箱:changdc885@126.com。

图书在版编目(CIP)数据

C/C++语言程序设计/常东超等编著.—北京:清华大学出版社,2013(2016.7 重印)
21 世纪普通高校计算机公共课程规划教材
ISBN 978-7-302-32084-5

Ⅰ.①C… Ⅱ.①常… Ⅲ.①C 语言—程序设计—高等学校—教材 Ⅳ.①TP312

中国版本图书馆 CIP 数据核字(2013)第 082744 号

责任编辑:付弘宇　李　晔
封面设计:傅瑞学
责任校对:白　蕾
责任印制:何　芊

出版发行:清华大学出版社
　　　　　网　　　址:http://www.tup.com.cn,http://www.wqbook.com
　　　　　地　　　址:北京清华大学学研大厦 A 座　　　　邮　　编:100084
　　　　　社 总 机:010-62770175　　　　　　　　　　邮　　购:010-62786544
　　　　　投稿与读者服务:010-62776969,c-service@tup.tsinghua.edu.cn
　　　　　质 量 反 馈:010-62772015,zhiliang@tup.tsinghua.edu.cn
　　　　　课 件 下 载:http://www.tup.com.cn,010-62795954
印 刷 者:清华大学印刷厂
装 订 者:三河市溧源装订厂
经　销:全国新华书店
开　本:185mm×260mm　　印　张:20.5　　字　数:501 千字
版　次:2013 年 10 月第 1 版　　　　　印　次:2016 年 7 月第 6 次印刷
印　数:10001~13000
定　价:34.50 元

产品编号:052693-01

出 版 说 明

随着我国改革开放的进一步深化,高等教育也得到了快速发展,各地高校紧密结合地方经济建设发展需要,科学运用市场调节机制,加大了使用信息科学等现代科学技术提升、改造传统学科专业的投入力度,通过教育改革合理调整和配置了教育资源,优化了传统学科专业,积极为地方经济建设输送人才,为我国经济社会的快速、健康和可持续发展以及高等教育自身的改革发展做出了巨大贡献。但是,高等教育质量还需要进一步提高以适应经济社会发展的需要,不少高校的专业设置和结构不尽合理,教师队伍整体素质亟待提高,人才培养模式、教学内容和方法需要进一步转变,学生的实践能力和创新精神亟待加强。

教育部一直十分重视高等教育质量工作。2007 年 1 月,教育部下发了《关于实施高等学校本科教学质量与教学改革工程的意见》,计划实施“高等学校本科教学质量与教学改革工程(简称‘质量工程’)”,通过专业结构调整、课程教材建设、实践教学改革、教学团队建设等多项内容,进一步深化高等学校教学改革,提高人才培养的能力和水平,更好地满足经济社会发展对高素质人才的需要。在贯彻和落实教育部“质量工程”的过程中,各地高校发挥师资力量强、办学经验丰富、教学资源充裕等优势,对其特色专业及特色课程(群)加以规划、整理和总结,更新教学内容、改革课程体系,建设了一大批内容新、体系新、方法新、手段新的特色课程。在此基础上,经教育部相关教学指导委员会专家的指导和建议,清华大学出版社在多个领域精选各高校的特色课程,分别规划出版系列教材,以配合“质量工程”的实施,满足各高校教学质量和教学改革的需要。

本系列教材立足于计算机公共课程领域,以公共基础课为主、专业基础课为辅,横向满足高校多层次教学的需要。在规划过程中体现了如下一些基本原则和特点。

(1) 面向多层次、多学科专业,强调计算机在各专业中的应用。教材内容坚持基本理论适度,反映各层次对基本理论和原理的需求,同时加强实践和应用环节。

(2) 反映教学需要,促进教学发展。教材要适应多样化的教学需要,正确把握教学内容和课程体系的改革方向,在选择教材内容和编写体系时注意体现素质教育、创新能力与实践能力的培养,为学生知识、能力、素质协调发展创造条件。

(3) 实施精品战略,突出重点,保证质量。规划教材把重点放在公共基础课和专业基础课的教材建设上;特别注意选择并安排一部分原来基础比较好的优秀教材或讲义修订再版,逐步形成精品教材;提倡并鼓励编写体现教学质量和教学改革成果的教材。

(4) 主张一纲多本,合理配套。基础课和专业基础课教材配套,同一门课程有针对不同层次、面向不同专业的多本具有各自内容特点的教材。处理好教材统一性与多样化,基本教材与辅助教材、教学参考书,文字教材与软件教材的关系,实现教材系列资源配套。

(5) 依靠专家,择优选用。在制订教材规划时要依靠各课程专家在调查研究本课程教材建设现状的基础上提出规划选题。在落实主编人选时,要引入竞争机制,通过申报、评审确定主题。书稿完成后要认真实行审稿程序,确保出书质量。

　　繁荣教材出版事业,提高教材质量的关键是教师。建立一支高水平教材编写梯队才能保证教材的编写质量和建设力度,希望有志于教材建设的教师能够加入到我们的编写队伍中来。

21 世纪普通高校计算机公共课程规划教材编委会

联系人:魏江江 weijj@tup. tsinghua. edu. cn

前　言

　　本书是在普通高等教育"十一五"国家级规划教材《C语言程序设计》的基础上改编的。根据计算机技术的发展和C语言标准和编译技术、集成开发环境的变更,本书在延续《C语言程序设计》编写风格的基础上,结合数位一线教师多年教学实践与研发经验,并考虑读者的反馈信息,对各个章节的内容、结构等进行了修订、调整、完善和补充,特别是在复杂结构的叙述方法上,作者根据多年教学实践的心得体会对教学内容进行了重新组织和编排,力求深入浅出、通俗易懂,使广大读者尽早、尽快地掌握C语言程序设计方法,具备一定的程序设计的能力。全书共分为11章,主要内容有C程序的基本组成以及程序开发过程;C语言的基本数据类型、运算符、表达式、数据类型转换及标准的输入输出函数;C语言的基本语句和流程控制语句;数组、函数、指针的概念及用法;C语言的编译预处理功能;C语言结构体与共用体、C语言中文件的相关概念以及文件的各种操作方法;最后一章介绍了C++程序设计基础和面向对象程序设计的概念。

　　尤其值得一提的是,编者在C语言语法结构等基础知识的介绍方面做了进一步的总结和归纳,从而使读者阅读此书和学习C语言时有章可循。本书紧紧围绕全国计算机等级考试大纲(二级与三级),采用"案例驱动"的编写方式,以基础语法、语义训练为中心,语法介绍精练,内容叙述深入浅出、循序渐进,程序案例与实际相结合、生动易懂,具有很好的启发性。每章均配备教学课件和精心设计的习题。本书配套的《C/C++语言程序设计实验指导与习题精选》与教材结合紧密,在精品课网站(http://202.118.127.58/website/jpkc/dxjsj/index.html)上可以下载电子书籍和C语言题库,同时在校内配备了无纸化考试软件与练习系统,以方便本校学生复习考试和上机操作,其中大容量题库及练习软件系统经过长期的测试和验证,对教学具有很高的参考价值,同时对广大读者而言也具有鲜明的指导意义。

　　本书除保持原有特点外,还在下面3个方面进行了修改和强化:

　　(1) 对部分文字做了仔细修改,以使读者更容易理解。

　　(2) 为了扩大读者视野和更深入掌握C语言程序设计的方法,本书增加了部分新内容并删改了陈旧内容,同时删改了部分习题。

　　(3) 采用C99的标准和全面的32位编译环境对全书的例题进行了调试并通过。

　　全书由辽宁石油化工大学的常东超、魏海平、郭来德等编著,吕宝志、刘培胜、高文来、张国玉、王杨、卢紫薇、王福威、冯瑶、刘海军等参加了本书部分章节的编写和校对工作;参与实验指导的何愉高级实验师、宁荻高级实验师、杨逸放实验师、刘玉山实验师等诸多人员参与校对和实例验证,同时辽宁石油化工大学顺华能源学院王敏老师和抚顺师范高等专科学校韩云萍老师就其学院学生的特点提出了宝贵意见并参与了部分程序调试,全书由辽宁石油化工大学常东超统稿。辽宁石油化工大学魏海平教授和孙铁教授对全书进行了审阅,在此深表谢意!

限于作者水平,书中如有疏漏或不足之处,敬请读者批评指正,以利作者改进。

编 者

2013 年 5 月

目　录

第 1 章　C 语言程序设计概述

1.1　程序和程序设计的基本概念

目前计算机的应用已经深入到社会的各个领域,成为人们生活、学习和工作的必备工具,顾名思义,早期的计算机是用来计算的机器,但是目前的计算机尤其是微型计算机已不再是简单的计算机器了,而是具有强大的存储和计算能力、由程序自动控制的智能化电子设备。人与人之间交流需要语言,那么人与机器要进行交流也需要"语言",这种"语言"就是"程序"。程序来自生活,通常指完成某一事务的既定方式和过程。比如,我们常说做什么事情需要什么样的程序,在日常生活中可以看成是对一系列执行过程的描述。以学生去食堂打饭为例,为了完成这件事情需要几个步骤呢?首先,带上饭卡去食堂;其次,到相应的窗口去排队;然后,挑选饭菜并刷卡;接着,食堂职工负责盛取饭菜相应事宜;最后,离开食堂窗口,这样就完成了去食堂打饭的程序。

那么计算机中的程序是怎样定义的呢?是指为计算机执行某些操作,或解决某个问题而编写的一系列有序指令的集合。这里涉及"指令"的概念,以日常生活中的指令来解释,比如,办公室里的老板对秘书发出指令,需要秘书做口述笔记,输入信函内容、发传真等,那秘书就需要按照指示逐步完成老板发出的每一条指令,最终完成老板交代的事情。在计算机中,就是由程序员对计算机发出指令,想让计算机解决某个问题,就可将解决问题的过程用计算机能够接受的方式或者选择某一种计算机语言将它一步一步地描述出来,计算机就会按照预先存储在它里面的代码逐步去执行,这就是计算机中的指令,而指令的集合就构成了计算机中的程序,编写程序的过程就称为"程序设计"。

计算机程序就是人与计算机交流的"语言",也就是程序设计语言。正如人与人交流有不同的语言一样,程序设计语言也有很多种,基本上分为高级语言和低级语言两大类。目前常见的高级语言有 Visual Basic、C++、Java、C 等,这些语言都是用接近人们习惯的自然语言和数学语言作为表达形式的,使人们学习和操作起来感到十分方便。但是,对于计算机本身来说,它并不能直接识别由高级语言编写的程序,它只能接受和处理由 0 和 1 构成的二进制指令或数据。由于这种形式的指令是面向机器的,因此也称为"机器语言"。

我们把由高级语言编写的程序称为"源程序",把由二进制代码表示的程序称为"目标程序"。为了把源程序转换成机器能接受的目标程序,软件工作者编制了一系列软件,通过这些软件可以把用户按规定语法写出的语句——翻译成二进制机器指令。这种具有翻译功能的软件称为"编译程序",每种高级语言都有与它对应的编译程序。例如,C 语言编译程序就是这样的一种软件,其功能如图 1.1 所示。

无论采用哪种语言编写程序,经过编译(Compile)最终都将转换成二进制的机器指令。

2

图 1.1　C 语言编译程序功能示意图

C 源程序经过 C 编译程序编译之后生成一个后缀为
.OBJ 的二进制文件(称为目标文件),然后由称为"连接程序"(link)的软件,把此.OBJ 文件与 C 语言提供的各种库函数连接起来生成一个后缀为.EXE 的可执行文件。在操作系统环境下,只需单击或输入此文件的名字,该可执行文件就可运行。

1.2　C 语言简介

1.2.1　C 语言的发展历史

C 语言是当今社会应用广泛,并受到众多用户欢迎的一种计算机高级语言。它既可用来编写系统软件,也可用来编写应用软件。

早期的系统软件设计均采用汇编语言,例如,大家熟知的 UNIX 操作系统。尽管汇编语言在可移植性、可维护性和描述问题的效率等方面远远不及高级程序设计语言,但是一般的高级语言有时难以实现汇编语言的某些功能。那么,能否设计出一种集汇编语言与高级语言的优点于一身的语言呢? 这种思路促成了 UNIX 系统的开发者——美国贝尔实验室的 Ken Thompson,他在 1970 年设计出了既简单又便于硬件操作的 B 语言,并用 B 语言写了第一个在 PDP-7 上实现的 UNIX 操作系统。

以历史发展的角度看,C 语言起源于 1968 年发表的 CPL 语言(Combined Programming Language),它的许多重要思想来自于 Martin Richards 在 1969 年研制的 BCPL 语言,以及以 BCPL 语言为基础的 B 语言。Dennis M. Ritchie 在 B 语言的基础上,于 1972 年研制了 C 语言,并用 C 语言写成了第一个在 PDP-11 计算机上实现的 UNIX 操作系统(主要在贝尔实验室内部使用)。以后,C 语言又经过多次改进,直到 1975 年用 C 语言编写的 UNIX 操作系统第 6 版公诸于世后,C 语言才举世瞩目。1977 年出现了独立于机器的 C 语言编译文本《可移植 C 语言编译程序》,从而大大简化了把 C 语言编译程序移植到新环境所需做的工作,这本身也就使 UNIX 操作系统迅速地在众多的机器上实现。例如 VAX、AT&T 等计算机系统都相继开发了 UNIX。随着 UNIX 的日益广泛使用,C 语言也迅速得到推广。1978 年以后,C 语言先后移植到大、中、小、微型计算机上,它的应用领域已不再限于系统软件的开发,而成为当今最流行的程序设计语言之一。

以 1978 年发布的 UNIX 第 7 版的 C 语言编译程序为基础,Brian W. Kernighan 和 Dennis M. Ritchie 合著了影响深远的名著 *The C Programming Language*,这本书中介绍的 C 语言成为后来广泛使用的 C 语言版本的基础,它被称为标准 C。

1983 年美国国家标准化协会(ANSI)根据 C 语言问世以来的各种版本,对 C 语言的发展和扩充制定了新的标准,称为 ANSI C。1987 年 ANSI 又公布了新标准,称为 87 ANSI C。

目前流行的 C 语言编译系统大多是以 ANSI C 为基础进行开发的,不同版本的 C 编译系统所实现的语言功能和语法规则基本部分是相同的,但在有关规定上又略有差异。本书的叙述基本上以 ANSI C 为基础。

1.2.2　C语言的特点

C语言是一种通用的程序设计语言。C语言的通用性和无限制性使得它对于程序设计者来说显得更加通俗、更加有效。目前,C语言程序设计已应用于各个领域,无论设计系统软件(操作系统、编译系统)或应用软件(图形处理),还是在数据处理(如企业管理)或数值计算等方面都可以很方便地使用C语言。

C语言与其他高级语言相比具有以下特点:

(1) C语言具有结构语言的特点,程序之间很容易实现段的共享。它具有结构化的流程控制语句(如 if…else 语句、switch 语句、while 语句、do-while 语句、for 语句等),支持若干种循环结构,允许编程者采用缩进书写形式编程。因此,用C语言设计出的程序层次结构清晰。

(2) C语言的主要结构成分为函数,函数可以在程序中被定义完成独立的任务,独立地编译成代码,以实现程序的模块化。

(3) C语言运算符丰富,运算符包含的范围很广泛。C语言把赋值、括号、强制类型转换都当作运算符处理。灵活地使用各种运算符可以实现在其他的高级语言中难以实现的运算。

(4) C语言数据类型丰富。数据类型有整型、实型、字符型、数组型、指针型、结构体型、共用体型等。能用来实现各种复杂的数据结构(如链表、树、栈等)的运算。尤其是C语言的指针型数据的运算,更是灵活、多样。

(5) C语言允许直接访问物理地址,即可直接对硬件进行操作,实现汇编语言的大部分功能。C语言的这一特点,使得它成为编制系统软件的基本语言(UNIX 的绝大部分就是由C语言写成的)。

(6) C语言语法限制不太严格,程序设计自由度大。这样使C语言能够减少对程序员的束缚。"限制"与"灵活"是一对矛盾。限制严格,就易失去灵活性;而强调灵活,就必然放松限制。从这个角度来看,使用C语言编程,要求编程者对程序设计技巧要更加熟练一些。

(7) 用C语言编程,生成的目标代码质量高,程序执行效率高。同时用C语言编写的程序可移植性好。

(8) C语言很容易被其他领域接受。单片机领域首选C语言作为开发工具,嵌入式系统和数字信号处理(Digital Signal Processing,DSP)领域也将C语言作为自己的开发工具。

C语言优点很多,但是它也存在一些缺点,如运算优先级太多,不便记忆;数值运算能力方面不像其他高级语言那样强,语法限制不严格等。尽管C语言目前还存在一些不足之处,但由于它目标代码质量高、使用灵活、数据类型丰富、可移植性好而得到广泛的普及和迅速的发展,成为一种深受广大用户欢迎的程序设计语言,同时也是一种在系统软件开发、科学计算、自动控制等各个领域被广泛应用的程序设计语言。

1.2.3　C语言程序的基本结构及书写规则

1. C语言程序的基本结构

在学习C语言的具体语法之前,我们先通过一个简单的C语言程序示例,初步了解C语言程序的基本结构。

【例1.1】 已知两个整型数 8 和 12,按公式 *s*=*a*×*b* 计算矩形的面积,并显示结果。

```
# include < stdio. h>              / * 标准输入输出头文件 * /
void main(   )
{
int a,b,s;                         / * 定义 3 个整型变量 * /
a = 8;b = 12;                      / * 将两整数值分别赋给两边长 a 和 b * /
s = a * b;                         / * 计算面积并存储到变量 s 中 * /
printf("a = % d,b = % d,s = % d\n",a,b,s);   / * 输出矩形的两边长和面积 * /
}
```

在执行以上程序的输出结果如下:

a = 8, b = 12, s = 96

在以上程序中,main 是主函数名,C 语言规定必须用 main 作为主函数名。其后的一对小括号中间可以是空的,但是这一对小括号是绝对不能省略的。程序中的 main( ) 是主函数的起始行,也是 C 程序执行的起始行。每一个可执行的 C 程序都必须有一个并且只能有一个主函数。一个 C 程序中可以包含任意多个不同名的函数,但只能有一个主函数。一个 C 程序总是从主函数开始执行。

在函数的起始行后面用一对大括号"{ }"括起来的部分为函数体,函数体通常由两部分组成:一是定义(说明)部分;二是执行语句部分。以上程序中的"int a,b,s;"为程序的定义部分;从"a=8;"到"printf("a=%d,b=%d,s=%d\n",a,b,s);"是程序的执行部分。执行部分的语句称为可执行语句,必须放在定义部分之后,语句的数量不限,程序中由这些语句向计算机系统发出操作指令。

定义语句用分号";"结束。在以上程序中只有一个定义语句,该语句对程序中所用到的变量 a、b、s 进行定义,说明它们为 int 类型的变量。程序中"a=8;"和"b=12;"的作用是分别给矩形的两条边赋值,"s=a * b;"的作用是计算出矩形面积并赋给变量 s,"printf("a=%d,b=%d,s=%d\n",a,b,s);"的作用是按格式把 a、b 和 s 的值输出到屏幕。C 程序中的每一条执行语句都必须用分号";"结束,分号是 C 语句的一部分,并不是语句之间的分隔符。

在编写程序时可以在程序中加入注释,用来说明变量的含义、语句的作用和程序段的功能,从而帮助人们阅读和理解程序。因此一个好的程序应该有详细的注释。在添加注释时,注释内容必须放在符号"/ *"和" * /"之间。"/ *"和" * /"必须成对出现,"/"与" *"之间不可以有空格。注释可以用英文,也可以用中文,可以出现在程序中任意合适的地方。注释部分只是用于阅读,对程序的运行不起作用。按语法规定,在注释之间不可以再嵌套"/ *"和" * /",比如:/ * / * …… * / * /这种形式是非法的。注意:注释从"/ *"开始到最近的一个" * /"结束,其间的任何内容都被编译程序忽略。

程序中的" # include < stdio. h>"通常称为命令行,命令行必须以"#"开头,行尾不能加";",它不是 C 程序中的语句。一对括号"<"和">"之间的 stdio. h 是系统提供的头文件,该文件包含着有关输入输出函数的说明信息。在程序中调用不同的标准函数,应当包含相应的文件,以使程序含有所调用标准库函数的说明信息。至于应该调用哪个文件,将在以后的章节中陆续介绍。

2. 书写程序时应遵循的规则

从书写清晰,便于阅读,理解,维护的角度出发,在书写程序时应遵循以下规则:

(1) 一个说明或一个语句占一行。

(2) 用{}括起来的部分,通常表示了程序的某一层次结构。{}一般与该结构语句的第一个字母对齐,并单独占一行。

(3) 低一层次的语句或说明可比高一层次的语句或说明缩进若干格后书写。以便看起来更加清晰,提高程序的可读性。

在编程时应力求遵循这些规则,以养成良好的编程风格。

1.2.4 C 语言的基本标识符

1. C 语言的字符集

字符是组成语言的最基本的元素。C 语言字符集由字母、数字、空格、标点和特殊字符组成。在字符常量,字符串常量和注释中还可以使用汉字或其他可表示的图形符号。

1) 字母

大小写英文字母共 52 个。

2) 数字

0~9 共 10 个。

3) 空白符

空格符、制表符、换行符等统称为空白符。空白符只在字符常量和字符串常量中起作用。在其他地方出现时,只起间隔作用,编译程序对它们忽略不计。因此在程序中使用空白符与否,对程序的编译不发生影响,但在程序中适当的地方使用空白符将增加程序的清晰性和可读性。

4) 标点和特殊字符

2. 标识符的命名规则

在 C 语言中,有许多符号的命名,如变量名、函数名、数组名等,都必须遵循一定的规则,按此规则命名的符号称为标识符。合法标识符的命名规则是:标识符可以由字母、数字和下划线组成,并且第一个字符必须是字母或下划线。在 C 语言程序中,凡是有标识符的地方都必须按此规则命名。以下都是合法的标识符:

month,day,_pi,x1,YEAR,li_lei

以下都是非法的标识符:

￥100,123.5,li-lei,x>y

在 C 语言的标识符中,大写字母和小写字母被认为是两个不同的字符,例如 year 和 Year 是两个不同的标识符。

对于标识符的长度(指一个标识符允许的字符个数)在 C 语言中是有规定的,规定是标识符的前若干个字符有效,超过的字符将不被识别。不同的 C 语言编译系统所规定的标识符有效长度可能会不同。有的系统允许取 8 个字符,有的系统允许取 32 个字符。因此,在写程序时应了解所用系统对标识符长度的规定。为了程序的可移植性以及阅读程序的方便,建议变量名的长度最好不要超过 8 个字符。

3. 标识符的分类

C 语言的标识符可以分为以下 3 类。

1）关键字

C 语言已经预先规定了一批标识符,它们在程序中都代表着固定的含义,不能另作他用,这些标识符称为关键字。关键字不能作为变量或函数名来使用,用户只能根据系统的规定使用它们。根据 ANSI 标准,C 语言可使用以下 32 个关键字:

auto	break	case	char	const	continue	default	do
double	else	enum	extern	float	for	goto	if
int	long	register	return	short	signed	sizeof	static
struct	switch	typedef	union	unsigned	void	volatile	while

2）预定义标识符

所谓预定义标识符,是指在 C 语言中预先定义并具有特定含义的标识符,如 C 语言提供的库函数的名字(如 printf)和编译预处理命令(如 define)等。C 语言允许把这类标识符重新定义另作他用,但这将使这些标识符失去预先定义的原意。鉴于目前各种计算机系统的 C 语言都一致把这类标识符作为固定的库函数名或预编译处理中的专门命令使用,因此为了避免误解,建议用户不要把这些预定义标识符另作他用。

3）用户标识符

由用户根据需要定义的标识符称为用户标识符,又称自定义标识符。用户标识符一般用来给变量、函数、数组等命名。程序中使用的用户标识符除要遵守标识符的命名规则外,还应注意做到"见名知义",即选择具有一定含义的英文单词(或其缩写)作标识符,如 day、month、year、total、sum 等,为了增加程序的可读性,一般不要用代数符号,如 a、b、c、x、y 等做标识符(简单数值计算程序例外)。

如果用户标识符与关键字相同,则在对程序进行编译时系统将给出错信息;如果用户标识符与预定义标识符相同,系统并不报错,只是该预定义标识符将失去原有含义,代之以用户确认的含义,这就有可能引发一些不必要的错误。

1.3 算法与程序设计

所谓算法,是指为解决某个特定问题而采取的确定且有限的步骤。

对于一个问题,如果可以通过一个计算机程序,在有限的存储空间内运行有限的时间而得到正确的结果,则称这个问题是算法可解的。但是算法不等于程序,也不等于计算方法。当然,程序也可以作为一种描述,但通常还需考虑很多与方法和分析无关的细节问题,这是因为在编写程序时要受到计算机系统环境的限制。通常程序的编制不可能优于算法的设计。

1.3.1 算法的基本特征

作为一个算法,一般具有以下几个特征。

1. 可行性

针对实际问题设计的算法,人们总是希望得到满意的结果。但一个算法又总是在某个特定的计算工具上执行的,因此,算法在执行过程中往往受到计算工具的限制,使执行结果产生偏差。例如,在进行数值计算时,如果某计算工具具有 7 位有效数字,则在计算

$$X=10^{12}, Y=1, Z=-10^{12}$$

3 个量的和时,如果采用不同的运算顺序,就会得到不同的结果,即

$$X+Y+Z=10^{12}+1+(-10^{12})=0$$

$$X+Z+Y=10^{12}+(-10^{12})+1=1$$

而在数学上,$X+Y+Z$ 与 $X+Z+Y$ 是完全等价的。因此,算法与计算公式是有差别的。在设计一个算法时,必须要考虑它的可行性,否则是不会得到满意结果的。

2. 确定性

算法的确实性,是指算法的每一个步骤都必须是有明确定义的,不允许有模棱两可的解释,也不允许有多义性。这一性质也反映了算法与数学公式的明显差别。在解决实际问题时,可能会出现这样的情况:针对某种特殊问题,数学公式是正确的,但按此数学公式设计的计算过程可能会使计算机系统无所适从。这是因为,根据数学公式设计的计算过程只考虑了正常使用的情况,而当出现异常情况时计算机就不能适应了。

3. 有穷性

算法的有穷性,是指算法必须能在有限的时间内完成,即算法必须能在执行有限个步骤之后终止。数学中的无穷级数,在实际计算时只能取有限项,即计算无穷级数数值的过程只能是有穷的。因此一个数的无穷级数表示只是一个计算公式,而根据精度要求确定的计算过程才是有穷的算法。

算法的有穷性还应包括合理的执行时间的含义。比如,如果一个算法需要执行千万年,显然失去了实用价值。

4. 输入

一个算法可以有零个或多个输入。在计算机上实现的算法是用来处理数据对象的,在大多数情况下这些数据对象需要通过输入来得到。

5. 输出

一个算法有一个或多个输出,这些输出是同输入有着某些特定关系的量。

一个算法是否有效,还取决于为算法所提供的情报是否足够。通常,算法中的各种运算总是施加到各个运算对象上,而这些运算对象又可能具有某种初始状态,这是算法执行的起点或依据。因此,一个算法的执行结果总是与输入的初始数据有关,不同的输入将会有不同的结果输出。当输入不够或是输入错误时,算法本身也就无法执行或导致执行出错。一般来讲,当算法拥有足够的情报时,此算法才是有效的,而当提供的情报不够时,算法可能失效。

综上所述,所谓算法,是一组严谨的定义运算顺序的规则,并且每一个规则都是有效的,且是确定的,此顺序将在有限的次数下终止。

1.3.2 算法的基本要素

一个算法通常由两种基本要素组成:一是对数据对象的运算和操作;二是算法的控制结构。

1. 算法中对数据的运算和操作

每个算法实际上是按解题要求从环境能够进行的所有操作中选择合适的操作所组成的一组指令序列。因此计算机算法就是计算机能处理的操作所组成的指令序列。

通常,计算机可以执行的基本操作是以指令的形式描述的。一个计算机系统所能执行的所有指令集合称为该计算机系统的指令系统。计算机程序就是按解题要求从计算机指令系统中选择合适的指令所组成的指令序列。在一般的计算机系统中,基本的运算和操作有以下4种:

(1) 算术运算,主要包括加、减、乘、除等运算。

(2) 逻辑运算,主要包括"与"、"或"、"非"等运算。

(3) 关系运算,主要包括"大于"、"小于"、"等于"、"不等于"等运算。

(4) 数据传输,主要包括赋值、输入、输出等操作。

2. 算法的控制结构

一个算法的功能不仅仅取决于所选用的操作,还与各操作之间的执行顺序有关。算法中各操作之间的执行顺序称为算法的控制结构。

算法的控制结构给出了算法的基本框架,它不仅决定了算法中各操作的执行顺序,还直接反映了算法的设计是否符合结构化原则。描述算法的工具通常有传统流程图、N-S 结构化流程图、算法描述语言等。一个算法一般可以用顺序、选择、循环 3 种基本控制结构组合而成。

1.3.3 算法描述的方法

算法是描述某一问题求解的有限步骤,而且必须有结果输出。设计一个算法,或者描述一个算法,最终是由程序设计语言来实现的。但算法与程序设计又是有区别的,主要是一个由粗到细的过程。算法是考虑实现某一个问题求解的方法和步骤,是解决问题的框架流程;而程序设计则是根据这一求解的框架流程进行语言细化,实现这一问题求解的具体过程。

一般可以使用下面几种类型的工具描述算法。

1. 自然语言

自然语言即人们日常进行交流的语言,如英语、汉语等。自然语言用来描述算法,分析算法,用于用户相互之间进行交流,是一种较好的工具。但是将自然语言描述的算法直接在计算机上进行处理,目前还存在许多困难,包括有诸如语音语义识别等方面的问题。

2. 专用工具

要对某一个算法进行描述,可以借助于有关图形工具或代码符号。20 世纪 50～60 年代兴起的流程图几乎成为了程序设计及算法描述的必用工具,是描述算法很好的形式。

人们已经提出了多种描述算法的流程图。这种方法的特点是用一些图框表示各种类型的操作:圆角矩形表示起止框,在算法开始和结束的时候使用;菱形表示判断框;矩形表示处理框;平行四边形表示输入/输出框;带点不封闭矩形表示注释框;基本图形用流程线连接起来,通过流程线反映出它们之间的关系;小圆圈表示连接点,大型系统中流程线和基本图形连接起来时,通常用小圆圈表示。图 1.2 为一般流程图所用的基本符号图形。

关于流程图,这里主要介绍传统流程图和 N-S 流程图。

传统流程图的优点是,形象直观、简单方便,根据流程线可以很直观地看出程序的走向;

图 1.2 流程图所用的基本符号图形

缺点是它对流程线的走向没有任何的限制,导致谁都可以来修改流程的走向,使流程随意转向,而且它在描述复杂算法时,所占篇幅较多。

N-S 图是在 1973 年,由美国学者 I. Nassi 和 B. Shneiderman 提出的一种新的流程图形式,这种流程图完全去掉了流程线,算法的每一步都用一个矩形框来描述,把一个个矩形框按执行的次序连接起来就是一个完整的算法描述。这种流程图用两位学者的第一个英文字母命名,因此称为 N-S 流程图。下面将结合结构化程序设计中的 3 种基本结构来介绍这种流程图的基本结构。

3. 部分常用的算法

在程序设计时,常常要通过一些特定的算法来求解。现在比较常用的算法有下列几种:

1) 迭代法

一般的一元五次或更高次的方程,以及几乎所有的超越方程、微分方程问题都无法用解析方法通过求根公式来求解,人们只能用数值方法求其近似解。用事先估计的一个根的初始值 X_0,通过迭代算式 $X_K+1 = G(X_K)$ 求出另一个近似值 X_1,再由 X_1 求出 X_2,从而获得一个求解的序列 $\{ X_0, X_1, X_2, \cdots, X_n, \cdots \}$ 来逼近方程 $f(x)=0$ 的根。这种求解的过程称为迭代。

2) 枚举法

枚举法的基本思想是首先依据题目部分条件确定答案的大致范围,然后逐一验证所有可能的情况,这种算法亦称为穷举法。

3) 递归法

递归是指一个过程直接或间接地调用它自身,递归过程必须有一个递归终止条件。

如:

$$
\begin{cases}
1 & n=0 \\
n!= n(n-1)! & n>0
\end{cases}
$$

4) 递推法

算法从递推初始条件出发,应用递推公式对问题进行求解。如 Fibonacci 数列存在递推关系:

$$F(1) = 1, \quad F(2) = 1, \quad F(n) = F(n-1) + F(n-2), \quad (n>2)$$

若需求第 30 项的值,则依据公式,从初始条件 $F(1)=1$、$F(2)=1$ 出发,可逐步求出 $F(3)$、$F(4)$……直到求出 $F(30)$。

除此之外,还有回溯法(一种基本策略)、分治法(问题分解成较小部分,求解再组合)等其他的常见算法,在此不一一阐述。

1.3.4 程序设计

1. 程序设计

程序设计的过程一般包含以下几个部分:

(1)确定数据结构。是指根据任务书提出的要求、指定的输入数据和输出结果,确定存放数据的数据结构。

(2)确定算法。针对存放数据的数据结构来确定解决问题、完成任务的步骤。

(3)编码。根据确定的数据结构和算法,使用选定的计算机语言编写程序代码,输入到计算机并保存在磁盘上,简称编程。

(4)调试。目的是验证代码的正确性,用各种可能的输入数据对程序进行测试,消除由于疏忽而引起的语法错误或逻辑错误;使之对各种合理的数据都能够得到正确的结果,对不合理的数据能进行适当的处理。

(5)整理并写出文档资料。

这就是编写程序的 5 个步骤。

2. 结构化程序设计

任何一个程序都有自身的结构。就像文章一样,我们说文章的结构是顺叙的、倒叙的或是插叙的等,结构化的程序设计由 3 种基本结构组成。

1)顺序结构

在本书第 3 章中将要介绍的如赋值语句、输入、输出语句都可以构成顺序结构。当执行由这些语句构成的程序时,将按这些语句在程序中的先后顺序逐条执行,没有分支,没有转移。顺序结构可用如图 1.3 所示的流程图表示,其中图 1.3(a)是一般的流程图,图 1.3(b)是 N-S 流程图。

2)选择结构

在本书第 4 章中将要介绍的 if 语句、switch 语句都可以构成选择结构。当执行到这些语句时,将根据不同的条件去执行不同分支中的语句。当判断表达式满足条件时,执行语句1,否则执行语句2。选择结构用如图 1.4 所示的流程图表示,其中图 1.4(a)是一般的流程图,图 1.4(b)是 N-S 流程图。

图 1.3 顺序结构流程图

(a) 一般的流程图   (b) N-S流程图

图 1.4 选择结构流程图

3）循环结构

在本书第 5 章中将要介绍不同形式的循环结构，它们将根据各自的条件，使同一组语句重复执行多次或一次也不执行。循环结构的流程图如图 1.5 和图 1.6 所示，其中图 1.5(a) 和图 1.6(a) 是一般的流程图，图 1.5(b) 和图 1.6(b) 是 N-S 流程图。图 1.5 是当型循环流程图。当型循环的特点是：当指定的条件满足（成立）时，就执行循环体，否则就不执行。图 1.6 是直到型循环流程图。直到型循环的特点是：执行循环体直到指定的条件满足（成立）时就不再执行循环体。

(a) 一般的流程图　　　　(b) N-S流程图　　　　(a) 一般的流程图　　　　(b) N-S流程图

图 1.5　当型循环流程图　　　　　　　图 1.6　直到型循环流程图

已经证明，由 3 种基本结构组成的算法可以解决任何复杂的问题。由 3 种基本结构所构成的算法称为结构化算法；由 3 种基本结构所构成的程序称为结构化程序。

3. 模块化程序设计

当计算机在处理较复杂的任务时，程序代码量非常大，通常会有上万条语句，需要由许多人来共同完成。这时常常把这个复杂的任务分解为若干个子任务，每个子任务又可分为很多的小子任务，每个小子任务只完成一项简单的功能。在程序设计时，用一个个小模块来实现这些功能，每个程序设计人员分别完成一个或多个小模块。我们称这样的程序设计方法为"模块化"的方法，由一个个功能模块构成的程序结构为模块化结构。

在划分模块时需要注意的是，模块与模块之间的独立性，尽量使一个模块能够完成一个功能，减少与其他模块之间的耦合性，提高模块的内聚度，这是模块化设计的基本思想。

由于把一个大程序分解成若干相对独立的子程序，每个子程序的代码一般不超过一页纸，因此对设计人员来说，编写程序代码变得不再困难。这时只需对程序之间的数据传输做出统一规范，同一软件可由一组人员同时进行编写，分别进行调试，这就大大提高了程序编制的效率。

结构化程序设计的基本原则是，自顶向下、逐步细化、模块化设计、结构化编码。软件编制人员在进行程序设计的时候，首先要从宏观上去把握，再逐步进行局部的细化。即应当集中考虑主程序的算法，写出主程序后再动手逐步完成子程序的调用。对于这些子程序也可用调用主程序的同样方法逐步完成其下一层子程序的调用。

C 语言程序设计概述

习 题 1

一、选择题

1.1 下列叙述中错误的是( )。

A) C 语言源程序经编译后生成后缀为 .obj 的目标程序

B) C 程序经过编译、连接步骤之后才能形成一个真正可执行的二进制机器指令文件

C) 用 C 语言编写的程序称为源程序,它以 ASCII 码形式存放在一个文本文件中

D) C 语言中的每条可执行语句和非可执行语句最终都将被转换成二进制的机器指令

1.2 C 语言源程序名的后缀是( )。

    A). exe   B) . c   C) .obj   D) .cpp

1.3 计算机能够直接执行的程序是( )。

    A) 源程序   B) 目标程序   C) 汇编程序   D) 可执行程序

1.4 以下选项中不合法的用户标识符是( )。

    A) abc.c   B) file   C) Main   D) PRINTF

1.5 下列叙述中错误的是( )。

A) 算法正确的程序最终一定会结束

B) 算法正确的程序可以有零个输出

C) 算法正确的程序可以有零个输入

D) 算法正确的程序对于相同的输入一定有相同的结果

1.6 算法的有穷性是指( )。

A) 算法程序的运行时间是有限的

B) 算法程序所处理的数据量是有限的

C) 算法的长度是有限的

D) 算法只能被有限的用户使用

二、填空题

1.7 在 VC 6.0 环境中用 RUN 命令运行一个 C 程序时,这时所运行的程序的后缀是_____。

1.8 C 语言源程序文件名的后缀是 _____;经过编译后,生成文件的后缀是_____;经过连接后,生成文件的后缀是_____。

1.9 结构化程序由_____、_____、_____ 3 种基本结构组成。

第2章 数据类型、运算符与表达式

2.1　C语言的数据类型

　　数据是计算机程序处理的所有信息的总称,数值、字符、文本等都是数据,而数据又是以某种特定形式存在的,不同的数据其存储形式是不一样的。例如,年龄19,那么19就是个整数,圆周率是3.141 59就是实数,英文的26个字母就是字符型数据等。C语言提供了十分丰富的数据类型,每种数据类型是对一组变量的性质及作用在它们之上的操作的描述,它包括该数据在内存中的存储格式和该类型的数据能进行的运算。所谓数据类型是按被定义变量的性质、表示形式、占据存储空间的多少、构造特点来划分的,可以说一种语言的数据类型丰富与否是衡量这种语言是否强大的一个重要标准。在C语言中,数据类型可分为基本数据类型、构造数据类型、指针类型、空类型4大类,如图2.1所示。

图 2.1　C语言的数据类型

　　由图2.1可见,C语言的数据类型非常丰富,但无论使用哪种数据类型都必须先说明类型然后再使用。本章首先介绍基本数据类型(包括整型、浮点型和字符型)和指针类型,其余类型在以后各章中陆续介绍。

2.2　整型常量与变量

2.2.1　常量与变量的概念

　　所谓常量,是指在程序运行过程中,其值不能改变的量。在C语言中常量分为整型常量、实型常量、字符常量、字符串常量和符号常量。如15是整型常量,3.141 59是实型常量,'a'是字符常量,"abc123"是字符串常量,符号常量将在2.4节中介绍,前4种常量称为直接常量。

变量是指在程序运行过程中,其值可以改变的量。如 y=2x+3 中的 x 和 y 都可以看做是变量。变量实质上就是内存中的一个存储单元,在程序中对某个变量的操作实际上就是对这个存储单元的操作,在程序中对变量的使用要注意以下几个方面。

(1) 用户定义的变量名字要符合标识符的命名规则。

(2) 程序中的所有变量必须先定义后使用。

(3) 变量定义的位置应该在函数体内的前部、复合语句的前部或函数的外部。

(4) 在定义变量的同时要说明其类型,系统在编译时根据其类型为其分配相应的存储单元。

上述定义 C 语言变量时的注意事项恰恰符合我们做事的规律,就像如果要很好地完成一项任务就要做许多准备工作一样,准备工作做得好,完成任务时就会非常顺利!

2.2.2　整型常量

整型常量即整数,按照不同的进制区分,整数有 3 种表示形式。

(1) 十进制:以非 0 开始的数,数码取值范围是 0~9,可以是正数、负数,如 25、−36、+23 等。

(2) 八进制:以 0 开始的数,数码取值为 0~7,如 037、0123 等。

(3) 十六进制:以 0x 或 0X 开始的数,数码取值为 0~9,A~F 或 a~f,如 0x2a、0Xad、0x123 等。

注意:在 C 语言中只有十进制可以是负数,八进制和十六进制只能是正数。

另外,可以在一个整型常数的后面添加一个 L 或 l 字母,来说明该数是长整型数,如 25L、037l、0x3dl 等;还可以在一个整型常数的后面添加一个 U 或 u 字母,来说明该数是无符号整型数,如 25U、037u、0x3du 等。

2.2.3　整型变量

1. 整型变量的分类

整型变量分为以下 4 种类型:

- 基本型——以 int 表示,在内存中占 2 个字节(在 VC++环境下占 4 个字节)。
- 短整型——以 short int 或 short 表示,所占字节和取值范围均与基本型相同(在 VC++环境下占 2 个字节)。
- 长整型——以 long int 或 long 表示,在内存中占 4 个字节。
- 无符号型——以 unsigned 表示。

无符号型又可与上述 3 种类型匹配而构成:

- 无符号基本型——类型说明符为 unsigned int 或 unsigned。
- 无符号短整型——类型说明符为 unsigned short。
- 无符号长整型——类型说明符为 unsigned long。

各种无符号类型量所占的内存空间字节数与相应的有符号类型量相同,但由于省去了符号位,故不能表示负数。

有符号短整型变量:能够存储的最大数值 32 767,最小数值−32 768,如图 2.2(a)所示。

无符号短整型变量:能够存储的最大数值 65 535,最小数值 0,如图 2.2(b)所示。

符号位

(a) 16位有符号整数最大值

数值最高位

(b) 16位无符号整数最大值

图 2.2　整型数据在内存中的存放方式

不同的编译系统或计算机系统对这几类整型数据所占用的字节数有不同的规定。表 2.1 列出了在 VC++环境下各类整型量所分配的内存字节数及数的表示范围。

表 2.1　在 VC++中定义的整型变量所占的字节数和值域

类型说明符	字节数	数 的 范 围	
unsigned [int]	4	0～4 294 967 295	$(0\sim(2^{32}-1))$
[signed] int	4	−2 147 483 648～2 147 483 647	$(-2^{31}\sim(2^{31}-1))$
unsigned short [int]	2	0～65 535	$(0\sim(2^{16}-1))$
[signed] short [int]	2	−32 768～32 767	$(-2^{15}\sim(2^{15}-1))$
[signed] long [int]	4	−2 147 483 648～2 147 483 647	$(-2^{31}\sim(2^{31}-1))$
unsigned long [int]	4	0～4 294 967 295	$(0\sim(2^{32}-1))$

注：[ ]中的内容可以省略。

如果在定义整型变量时不指定 unsigned，则隐含为有符号(signed)。

2. 整型变量的定义

变量定义的一般形式为：

变量的存储类别 变量的类型名,变量名的标识符,…;

例如：

```
auto int a,b,c;                    /*定义3个动态的整型变量*/
static long x,y;                   /*定义两个静态的长整型变量*/
register unsigned p,q;             /*定义两个寄存器型的无符号整型变量*/
```

在书写变量定义时,应注意以下几点：

(1) 允许在一个类型说明符后,定义多个相同类型的变量。各变量名之间用逗号间隔。类型说明符与变量名之间至少用一个空格间隔。

(2) 最后一个变量名之后必须以“;”号结尾。

(3) 变量定义必须放在变量使用之前。一般放在函数体的开头部分、复合语句的开头部分或函数体外。

(4) “变量的存储类别”可以省略,当省略时默认的存储类别是 auto 型。

【例 2.1】　整型变量的定义与使用。

```
#include<stdio.h>
```

数据类型、运算符与表达式

```
void main( )
{    int x,y,z;                          /*定义3个整型变量*/
     x = 3;                              /*变量x的值为3*/
     y = 5;                              /*变量y的值为5*/
     z = (x + y) * 10;                   /*计算表达式的值,然后赋给变量z*/
     printf("z = % d\n",z);              /*输出z的值*/
}
```

运行结果如下:

z = 80

2.3　实型常量与变量

2.3.1　实型常量

实型常量又称为实数或浮点数,一般用小数形式和指数形式来表示。实型常量分为以下两种形式。

1. 小数形式

由数字、小数点以及正负号组成,如1.23、-23.46、0.0、.234、223.等都是合法的实数。

2. 指数形式

在C语言中,用"e"或"E"后跟一个整数来表示以10为底的幂。如1.23e-2、345E+3、3.5e2等都是合法的指数形式,而e2、1.3E2.5、e、2e、3.6 e-2等都是不合法的指数形式。

使用指数形式要注意以下两个方面:

(1)"e"或"E"前后必须有数,并且"e"或"E"的后面必须是整数。

(2)"e"或"E"与其前后的数字之间不允许有空格存在。

2.3.2　实型变量

实型数据与整型数据在内存中的存储方式不同,实型数据是按指数形式存放的,系统把一个实数分成小数和指数两个部分,指数部分采用规范化的指数形式,如-12.3456在内存中的存放形式如图2.3所示。

- 小数部分占的位(bit)数愈多,数的有效数字愈多,精度愈高。

- 指数部分占的位数愈多,则能表示的数值范围愈大。

图2.3　实型数据在内存中的存放方式

1. 实型变量的分类

实型变量分为以下3种类型:

- 单精度浮点型——以float表示,在内存中占4个字节。

- 双精度浮点型——以duoble表示,在内存中占8个字节。

- 更高精度浮点型——以long double表示,在内存中占16个字节。

表2.2列出了在VC++环境下各类实型量所分配的内存字节数及数的表示范围。

表 2.2 在 VC++中定义的实型变量所占的字节数和值域

类型说明符	字节数	有效数字	数的范围
float	4	6～7	$10^{-37} \sim 10^{38}$
double	8	15～16	$10^{-307} \sim 10^{308}$
long double	16	18～19	$10^{-4931} \sim 10^{4932}$

实型变量的存储单元是有限的,因此提供的有效数字是有限的,单精度实数只能保证 7 位有效数字,双精度实数只能保证 15 位有效数字,在有效位以外的数字是没有意义的,因此会产生一些误差。

例如一个单精度型变量 a 等于 12 345.678,其有效数值是 12 345.67。

由于实数存在舍入误差,在使用时应注意:

(1) 根据实际需要来选择单精度或双精度。

(2) 避免用一个实数来准确表示一个大整数。

(3) 由于实数在存储时会有一些误差,因此实数一般不能直接进行"相等"判断,而是进行"接近"或"近似"判断。

(4) 由于在 Turbo C 或 VC++环境下进行实数输出时限制了小数点后最多保留 6 位,因此在进行输出时有效数值范围内的其余部分要进行四舍五入。

(5) 实型常数不分单、双精度,都按双精度 double 型处理。

2. 实型变量的定义

变量定义的一般形式为:

变量的存储类别 变量的类型名,变量名的标识符,…;

例如:

```
float a,b,c;                      /*定义 3 个单精度型变量*/
double x,y;                       /*定义 2 个双精度型变量*/
```

【**例 2.2**】 实型变量的定义与使用。

```
#include<stdio.h>
void main( )
{  float x,y;                      /*定义两个单精度型变量*/
   double z;                       /*定义一个双精度型变量*/
   x=12345.678;                    /*变量 x 的值为 12345.6789*/
   y=12345.673;                    /*变量 y 的值为 12345.67345*/
   z=12345.33333378999;            /*变量 z 的值为 12345.33333378999*/
   printf("x=%f\ny=%f\nz=%lf\n",x,y,z);   /*输出 x、y、z 的值*/
}
```

运行结果如下:

```
x=  12345.677734
y=12345.672852
z=12345.333334
```

2.4 字符型常量与变量

2.4.1 字符常量

1. 基本字符常量

字符常量是用单引号括起来的一个字符。

例如：

'a'、'A'、' = '、' + '、'1'

都是合法字符常量,注意'a'和'A'是不同的字符常量。

一个字符常量占一个字节的存储空间,在相应的存储单元中存放的是该字符的 ASCII 值,即一个整数值,因此在后续内容中将会看到,字符常量可以像整数一样参加数值运算。

例如'a'的 ASCII 值是 97,在内存中的存储形式如下：

0	1	1	0	0	0	0	1

所以也可以把它们看成是整型量。C 语言允许对整型变量赋以字符值,也允许对字符变量赋以整型值。在输出时,允许把字符变量按整型量输出,也允许把整型量按字符量输出。但由于整型量为 2 个字节或 4 个字节,字符量为单字节量,因此当整型量按字符型量处理时,只有数值的低 8 位参与处理。

2. 转义字符常量

除了上述形式的字符常量以外,C 语言还定义了一些特殊的字符常量是以"\"开头的字符序列,称为转义字符,转义字符是一种具有特殊的含义的字符常量,由于改变了字符的原有意义,故称"转义",如"\n"中的 n 不代表字母 n,而转义成"换行"符,常用的转义字符如表 2.3 所示。

表 2.3　常用的转义字符及其含义

转 义 字 符	转义字符的意义	ASCII 代码
\n	回车换行	10
\t	横向跳到下一制表位置	9
\b	退格	8
\r	回车	13
\f	走纸换页	12
\\	反斜线符"\"	92
\'	单引号符	39
\"	双引号符	34
\a	鸣铃	7
\0	空字符	0
\ddd	1~3 位八进制数所代表的字符	
\xhh	1~2 位十六进制数所代表的字符	

从广义上讲,C 语言字符集中的任何一个字符均可用转义字符来表示。表中的\ddd 和 \xhh 正是为此而提出的。ddd 和 hh 分别为八进制和十六进制的数码。如'\101'表示字母 'A','\141'表示字母'a','\134'表示反斜线,'\012'表示换行等。

注意:

(1) 字符常量只能用单引号括起来,不能用双引号或其他符号。

(2) 字符常量只能是单个字符,不能是字符串。

(3) 字符可以是字符集中任意字符。但数字被定义为字符型之后就不能按原数值参与运算了,而是以其 ASCII 值参与运算。如'6'和 6 是不同的。'6'是字符常量,而 6 是整型常量,参与算术运算时前者数值是 54,后者是原值。

【例 2.3】 转义字符的使用。

```c
# include< stdio.h>
void main( )
{
    printf("\'A\'的 ASCII 值是: % d\n",'\101');
}
```

运行结果如下:

'A'的 ASCII 码值是: 65

2.4.2 字符串常量

字符串常量使用英文双引号限定的字符序列,这个字符序列包括的字符个数称为字符串的长度,其长度允许为 0,每个字符串在存储时都占用一段连续的存储单元,每个字符占用一个字节,系统自动在每个字符串的尾部附加一个结束标识符'\0',因此长度为 n 个字符的字符串常量在内存中要占用 $n+1$ 个字节的空间,下列都是合法的字符串常量。

```
"CHINA"
"12345"
"This is a C program!"
" "                          表示一个空格符
""                          表示什么字符也没有
"\n"                        表示一个转义字符换行
"ab"
```

字符串常量"CHINA"在内存中的存储形式如下:

C	H	I	N	A	\0

注意:字符常量'A'与字符串常量"A"在内存中的存储方式的不同。

字符常量'A'的存储方式——| A |

字符串常量"A"的存储方式——| A | \0 |

说明:在 C 语言中,没有专门的字符串变量,字符串常量如果要存放在变量中要用字符数组来处理。

字符常量与字符串常量的区别:

数据类型、运算符与表达式

(1) 定界符不同。字符常量使用单引号,而字符串常量使用双引号。

(2) 长度不同。字符常量的长度固定为 1,而字符串常量的长度可以为 0,也可以是某个整数。

(3) 存储要求不同。字符常量存储的是字符的 ASCII 码值,而字符串常量除了要存储字符串常量的有效字符外,还要存储一个字符串的结束标识符'\0'。

2.4.3 符号常量

在程序设计中,有时需要多次用到某些常数,或者有些值在程序中特别关键,就可以将这些常量值定义为符号常量,这样在阅读和修改程序时就特别方便,C 语言中定义符号常量的方法是在函数体外专门定义,也只有在定义之后才能使用。定义符号常量的一般格式如下:

#define 符号常量名 常量

例如:

#define PI 3.14159

该命令定义了符号常量 PI,它表示常数 3.141 59。

注意:PI 是一个常量,其值是不能改变的。

【例 2.4】 符号常量的使用。

```
#include<stdio.h>
#define PI 3.14159
void main( )
{   float r, s, l;
    r = 3.6;
    l = 2 * PI * r;
    s = PI * r * r;
printf("l= %f s= %f\n",l,s);
}
```

输出结果如下:

l = 22.619448   s = 40.715004

本例中在 main( ) 外部使用命令"#define PI 3.14159"定义了符号常量 PI,它相当于常量 3.141 59,其值在函数体中不可以被改变。

2.4.4 字符型变量

1. 字符型变量分类

一个字符型变量只能存储一个字符,占用内存的一个字节,在这个位置存储的是该字符的 ASCII 码值,是一个 8 位二进制的整数,例如,当一个变量存储字符'A'时,实际上是存储了该字符的 ASCII 码值 65,由于整数存在有符号和无符号之分,因此字符型变量分为有符号字符型变量和无符号字符型变量,分别用 signed char 和 unsigned char 来说明,通常只用 char 来说明字符型变量,它相当于 signed char,即它将转换成有符号的整数,数值范围是

$-128 \sim +127$,而 unsigned char 型变量的数值范围是 $0 \sim 255$。

2. 字符型变量定义

变量定义的一般形式为：

变量的存储类别 变量的类型名,变量名的标识符,…;

例如：

```
char c1,c2;                    /*定义两个有符号字符型变量*/
unsigned char ch;              /*定义一个无符号字符型变量*/
```

3. 字符型数据的使用

既然字符型数据在内存中是以 ASCII 码形式存储的,它的存储形式与整型数的存储形式是类似的,因此,字符型和整型数据之间的转换就十分方便,所以字符型和整型在一个字节的范围内是通用的,字符型数据既能以字符形式输出,也能以整数形式输出。以字符形式输出时,先将内存中的 ASCII 码转换成其对应的字符,然后输出。以整数形式输出时,则直接将 ASCII 码作为整数输出。字符数据也可直接参与算术运算。

【例 2.5】 字符型变量应用举例。

```
#include<stdio.h>
void main( )
{   char c1,c2;
    c1 = 'A';
    c2 = c1 + 32;
    printf("%c,%c\n",c1,c2);
}
```

输出结果如下：

A,a

【例 2.6】 字符型变量与整数的关系应用举例。

```
#include<stdio.h>
void main( )
{   char ch1,ch2;
    int i;
    ch1 = 'B';
    ch2 = 66;
    i = ch1;
    printf("%c,%d\n",ch1,ch1);
    printf("%c,%d\n",ch2,ch2);
    printf("%c,%d\n",i,i);
}
```

输出结果如下：

B,66
B,66
B,66

数据类型、运算符与表达式

通过以上两个例子可以看出：

（1）字符型变量的值可以赋给一个整型变量。

（2）整数值能以字符形式输出，反之亦然。

（3）字符型变量可以和整数混合运算。

2.5　赋值运算符和赋值表达式

在 C 语言中，赋值号"="是一个运算符，称为赋值运算符，由赋值运算符组成的表达式称为赋值表达式，其形式如下：

变量名 = 表达式

赋值号的左边必须是某一个变量名，赋值号的右边必须是 C 语言中的合法表达式。赋值运算的功能是先求出右边表达式的值，然后把这个值赋给赋值号左边的变量，确切地说，是把该数据存入以该变量名为标识的存储单元中。

例如，有如下程序段：

```
int a,b;              /*定义两个整型变量*/
a = 5;                /*把常量 5 赋给变量 a*/
b = a + 3;            /*把 a 中的值加上常数 3,然后再赋给变量 b,a 中的值不变*/
```

在程序中可以多次给某一个变量赋值，每赋值一次，其相应的存储单元中的数据就被更新一次，存储单元中的当前数据就是最后一次所赋的那个数据。

看下面的程序段：

```
int a = 5,b;   /*定义两个整型变量,同时给变量 a 赋初值为 5,而变量 b 目前的值为不确定数*/
b = a + 3;     /*把 a 中的值加上常数 3,然后再赋值给变量 b,b 中的值为 8,而 a 中的值不变*/
```

【例 2.7】　变量的赋初值与变量的赋值关系举例。

```
# include < stdio. h >
void main( )
{   int a = 5,b = 5,c,d;   /*给变量 a 和 b 同时赋初值为 5,而变量 c 和 d 目前的值为随机整数*/
    c = 6;                 /*把常量 6 赋给变量 c,这时变量 c 中的值为 6*/
    d = 6;                 /*把常量 6 赋给变量 d,这时变量 d 中的值为 6*/
    printf("%d,%d\,%d,%d\n",a,b,c,d);   /*输出变量 a、b、c 和 d 的值*/
}
```

输出结果如下：

5,5,6,6

使用赋值表达式要注意下几个方面：

（1）赋值运算符不是数学中的"等号"，而是进行"赋予"操作。如：a=5+3 应读作先进行 5+3 运算，然后把运算结果赋给变量 a。

（2）赋值运算符的左边只能是变量，不能是常量或表达式，而赋值运算符的右边可以是常量或表达式。如：a+3=5、a+b=c 等都是不合法的赋值表达式。

（3）赋值表达式 x=y 的作用是：将变量 y 所代表的存储单元中的内容赋给变量 x 所代

表的存储单元,x 中原有的数据被替换掉,而变量 y 所代表的存储单元中的内容不变。简单地说,就是把变量 y 的值赋给变量 x,变量 y 的值不变,而变量 x 原有的值被 y 的值所替换。

(4) 可以进行连续的赋值操作,但不可以进行连续的赋初值操作。a=b=5 是合法的赋值表达式,由于赋值运算符的结合方向是自右向左,因此这个表达式等价于 a=(b=5),即先将 5 赋给变量 b,然后再把 b 的值赋给变量 a。

(5) 赋值表达式 n=n+1 的含义是:取出变量 n 中的值加 1 再放回到变量 n 中,即使变量 n 中的值增 1。

(6) 当赋值运算符两边的类型不一致时,要进行类型自动转换。

① 实型数据(float 或 double)赋给整型变量时,会自动舍去小数部分,但不进行四舍五入。例如,int x=3.67,则 x 的值为 3。

② 整型数据赋给实型变量时,数值不变,以实数形式存储到变量中。例如,float x=2,则 x=2.0。

③ 字符型赋予整型,由于字符型为一个字节,故将字符的 ASCII 码值放到整型量的低 8 位中,其余位补 0。

④ 整型赋予字符型,只把低 8 位赋予字符量,其余位丢失。

2.6　算术运算符和算术表达式

2.6.1　C 语言运算符简介

C 语言的运算符十分丰富,且应用非常广泛,分为以下几类:

(1) 算术运算符(+、-、*、/、%)。

(2) 关系运算符(>、<、==、>=、<=、!=)。

(3) 逻辑运算符(!、&&、‖)。

(4) 位运算符(<<、>>、~、|、^、&)。

(5) 赋值运算符(=及其扩展赋值运算符)。

(6) 条件运算符(?、:)。

(7) 逗号运算符(,)。

(8) 指针运算符(* 和 &)。

(9) 求字节运算符(sizeof)。

(10) 强制类型转换运算符((类型))。

(11) 分量运算符(.、->)。

(12) 下标运算符([ ])。

(13) 其他(如函数调用运算符( ))。

本节只介绍算术运算符和强制类型转换符,在后面各章节中将陆续介绍其他的运算符。

2.6.2　算术运算符和算术表达式

1. 基本算术运算符

基本算术运算符有:-(取负)、+(取正)、+(加)、-(减)、*(乘)、/ (除)、%(模运算符或称求余运算符)。

其中－(取负)、＋(取正)称为单目运算符,即需要一个运算对象,如－5、＋3;＋(加)、－(减)、*(乘)、/(除)、％(模运算符或称求余运算符)称为双目运算符,即需要两个运算对象,如5＋5、9％6等。

使用算术运算符要注意以下几点:

(1) 除法运算符"/"的运算结果和其运算对象有关,如果两个符号相同的整数相除,则结果是整数,如5/3的结果为1,2/3的结果为0,舍去小数部分,并且不进行四舍五入。两个运算对象中只要有一个是实数,则运算结果就是实数。如1.0/2的结果0.5。如果两个运算对象中有一个是负数,则舍入的方向是不固定的。例如,－5/3在有的系统中结果为－1,有的系统结果为－2。多数C编译系统一般采用"向零取整"原则,即按其绝对值相除后再加负号,因此－5/3＝－1。还要注意,除数不能为0。

(2) 求余运算符"％"要求其运算对象必须是整数,但可正可负。对于有负数的情况一般采用以下规则:即先按其绝对值进行求余运算,然后取被除数的符号作为余数的符号。例如,－5％3＝－2,5％－3＝2。

(3) 对于乘方运算。C语言的算术运算符中没有乘方运算符,例如计算2^3,应写成$2*2*2$,高次幂时要使用pow(x,n)函数,其含义是:x^n。

2. 算术表达式

由算术运算符和运算对象构成的表达式称为算术表达式。小括号"()"允许出现在任何表达式中。例如:

```
－a*(x＋y－1.5)＋25/9％6
(x＋y)/z＋sin(x*y)
sqrt(b*b－4*a*c)
fabs(x)
2*a
```

其中sin( )和sqrt( )和fabs( )是C语言提供的标准函数,用于完成数学上的正弦运算、平方根运算和求绝对值运算,最后一个表达式2*a不能写成2a。

3. 算术运算符的优先级

算术运算符的优先级从高到低为:

()→ －(取负)→ *(乘)、→ /(除)、→ ％(模运算符或称求余运算符)→ ＋(加)、→ －(减)

其中,乘法、除法和求余运算的优先级相同,加法、减法的运算优先级相同。

例如,有下列算术表达式:

```
－3*2/4＋2.5－3*(2/4)＋25/9％3
```

其运算结果为:3.5

4. 算术运算符的结合性

在算术运算符中,只有单目运算符"＋"、"－"的结合性是从右到左的,其余的运算符都是从左到右。

例如,计算下列表达式的值:

```
－x/(y＋1.5)－19％6*2
```

求值过程如下：

（1）求－x 的值。

（2）求 y＋1.5 的值。

（3）求（1）/（2）的值。

（4）求 19％6。

（5）求（4）＊2 的值。

（6）求（3）－（5）的值。

2.6.3　复合赋值运算符及表达式

在赋值运算符之前加上其他运算符可以构成复合赋值运算符，在 C 语言中共有 10 种复合赋值运算符，其中与算术运算符有关的复合赋值运算符有：＋＝、－＝、＊＝、/＝、％＝（注意：两个符号之间不可以有空格）。复合赋值运算符的优先级与赋值运算符的优先级相同，运算方向自右向左。

＋＝	a＋＝b	等价于	a＝a＋b
－＝	a－＝b	等价于	a＝a－b
＊＝	a＊＝b	等价于	a＝a＊b
/＝	a/＝b	等价于	a＝a/b
％＝	a％＝b	等价于	a＝a％b

例如，"a－＝b＋3;"等价于"a＝a－（b＋3）;"。

【例 2.8】　复合赋值运算符的应用举例。

已知变量 a 的值为 6，计算表达式 a＋＝a－＝a＋a 的值。

分析：

（1）先计算"a＋a"，因为 a 的初值为 6，所以该表达式的值为 12，注意 a 的值未变。

（2）再计算"a－＝12"，相当于"a＝a－12"，因为 a 的值仍为 6，所以表达式的值为－6，注意此时 a 的值已为－6。

（3）最后计算"a＋＝－6"，相当于"a＝a＋（－6）"，因为此时 a 的值已为－6，所以表达式的值为－12。

由此可知，表达式 a＋＝a－＝a＋a 的值为－12。

【例 2.9】　分析下面程序的运行结果。

```
# include < stdio. h >
void main( )
{   int n = 4;
    n += n -= n * n;;
    printf("n= % d \n",n);
}
```

输出结果如下：

n=－24

2.6.4　各类数值型数据之间的混合运算

C 语言允许在一个表达式中出现多种数据类型，在进行运算时，不同类型的数据首先按

数据类型、运算符与表达式

规则进行类型转换,然后再进行运算,转换的方法有两种:一种是自动转换;另一种是强制类型转换。

1. 自动转换(隐式转换)

在 C 语言中,整型、实型、字符型的数据都可以混在一起进行运算。例如:

$$2.5 * 2 + 5/3 + 6 * 'c' - '2'$$

在 C 语言中是合法的表达式。字符型数据是以它对应的 ASCII 码值参与运算的,上面的表达式相当于 $2.5 * 2 + 5/3 + 6 * 99 - 50$。

那么上面表达式的值是多少呢?是整型数?还是实型数?这就涉及不同数据类型的自动转换。自动转换发生在不同数据类型混合运算时,由编译系统自动完成。自动转换遵循下面的规则:

(1) 若参与运算的数据类型不一致时,则先转换成同一类型,然后进行运算。

(2) 转换按数据长度增加的方向进行,以保证精度不降低。例如,int 型和 long 型运算时,先把 int 型转换成 long 型后再计算。

(3) 所有的实数运算都以双精度进行,即使含有 float 单精度量运算的表达式,也要先转换成 double 型,再进行运算。

(4) char 型和 short 型参与运算时,必须先转换成 int 型。

(5) 在赋值运算中,赋值号两侧运算量的数据类型不同时,赋值号右边运算量的类型将转换为左侧变量的类型。当右侧运算量的数据类型长度比左侧长时,会降低精度。

图 2.4 表示了各数据类型自动转换的规则。

```
低                              高
int→unsigned→long→unsigned long→double
 ↑                              ↑
short、char                     float
```

图 2.4 中向上的箭头表示必定进行的转换:char 型、short 型在运算时一律先转换为 int 型;float 型数据在运算时一律先转换为 double 型,以提高运算精度。

图 2.4 各数据类型自动转换规则

横向向右的箭头表示当运算对象为不同类型时转换的方向。例如,int 型与 double 型数据在一起运算时,先将 int 型数据转换成 double 型,然后进行两个同类型(double 型)数据的运算,结果为 double 型。

现在再来分析一下表达式 $2.5 * 2 + 5/3 + 6 * 'c' - '2'$ 的运算和类型转换过程:

(1) 进行 $2.5 * 2$ 的运算,先将 2.5 和 2 转换成 double 型(小数点后加若干个 0),运算结果为 double 型。

(2) 进行 5/3 的运算,由于运算对象一致,故结果为 1。

(3) 进行(1)和(2)的加运算,先将(2)转换成 double 型,然后再进行运算,运算后的结果为 double 型。

(4) 进行 $6 * 'c'$ 的运算,先将'c'转换成整数 99,运算结果为 594。

(5) 进行(3)和(4)的加运算,先将(4)转换成 double 型,然后再进行运算,运算后的结果为 double 型。

(6) 进行(5)与'2'的减运算,先将'2'转换成整数 50,再将 50 转换成 double 型,然后再进行运算,运算后的结果为 double 型。

【例 2.10】 不同类型数据间的算术运算。

```
#include<stdio.h>
void main( )
{   float a,b,c;
    a=9/2;
    b=9/2*1.0;
    c=1.0*9/2;
    printf("a=%f,b=%f,c=%f\n",a,b,c);
}
```

程序运行结果如下：

a=4.000000,b=4.000000,c=4.500000

2. 强制类型转换

有时 C 编译系统无法实现自动转换时就需要强制转换。利用强制类型转换运算符可以将一个表达式的值转换成所需要的类型。其一般形式如下：

(类型名)(表达式)

"类型名"称为强制类型转换运算符。

例如，表达式(double)(x＋y)的功能就是将(x＋y)的值转换成 double 型的；表达式(float)(5％3)的功能就是将 5％3 的值转换成 float 型。

假设整型变量变量 a 值为 25，则表达式(float)(a)的值为 25.0。

使用强制类型转换要注意以下几个方面：

(1) 强制类型转换运算符一定要用一对小括号括起来。

如，int(x＋y) 就是不合法的强制类型转换。

(2) 强制类型转换中的表达式一定要用括号括起来，否则仅对紧跟强制类型转换运算符的量进行类型转换。而对单一数值或变量进行强制类型转换时，则可不要括号。例如：

```
(int)a+b          /*将变量 a 的值转换成 int 型再与变量 b 相加*/
(int)(a+b)        /*将 a+b 的值转换成 int 型*/
(float)a/5        /*将变量 a 的值转换 float 型再除以 5*/
(float)(a/5)      /*将 a/5 的值转换成 float 型*/
```

(3) 强制类型转换运算符只是对其后面的表达式的值进行转换，而不改变表达式中变量的类型和变量的值。例如：

```
float a=3.69;
int b;
b=(int)a;
```

则变量 b 的值为整数 3，而变量 a 的值还是 3.69，a 的类型仍然是 float 型。

(4) 如果将一个实型数据强制转换成整型数据时只是舍去小数部分，不需要进行四舍五入。

如上例中的变量 b 的值为 3，而不是 4。

数据类型、运算符与表达式

2.6.5　自增与自减运算符

在 C 语言中有两个特殊的算术运算符,即自增、自减(++、--)。这两个运算符属于单目运算符,可以放在运算对象的前和后,形成前缀形式和后缀形式,但不论放在运算对象的前与后,其结果都是将运算对象的值增 1 或减 1。如有整型变量 i,则++i、i++都使 i 值增 1,--i、i--都使 i 值减 1。

前缀形式和后缀形式的区别在于对它所作用的变量值的使用。

前缀形式:++i、--i,它的功能是,先使 i 的值增 1 或减 1(即先进行 i=i+1 或 i=i-1运算),然后再使用 i。

后缀形式:i++、i--,它的功能是,先使用 i,然后再使 i 的值增 1 或减 1(即后进行 i=i+1 或 i=i-1 运算)。

例如:

```
int i = 3,a,b,c,d;
a = i++;       /* 先将 i 的值赋给 a,然后将 i 自增 1,即 i = i+1,此时 a = 3,i = 4 */
b = ++i;       /* 先将 i 的值增 1,即 i = i+1,然后再将 i 的值赋给 b,此时 i = 4,b = 4 */
c = i--;       /* 先将 i 的值赋给 c,然后将 i 自减 1,即 i = i-1,此时 c = 3,i = 2 */
d = -- i;      /* 先将 i 的值减 1,即 i = i-1,然后再将 i 的值赋给 d,此时 i = 2,d = 2 */
```

使用自增、自减运算符应注意以下几个方面:

(1) 自增或自减运算符"++"或"--"的运算结果是使运算对象增 1 或减 1。

(2) 自增或自减运算符的对象只能是变量,即可以是整型变量、字符型变量、实型变量、指针型变量,但不能是常量或表达式。所以像++3、(i+j)++、--(a=3)、--(-i)等都是不合法的。

(3) 自增或自减运算符的结合性为:前缀时是自右向左,后缀时是自左向右。

例如:i=-j++等价于 i=-(j++),这个表达式的含义是:先把 j 当前值加上负号赋给 i,即 i=-j,然后 j 自增 1。注意该表达式并不等价于 i=(-j)++,因为这样就使++作用于表达式了,这是不允许的。

(4) 程序设计时尽量不要在两个运算对象中间出现多个自增或自减运算符。如表达式i+++j、i+++i++等虽然在 C 语言中是允许的,但是读者很难理解。

【例 2.11】　自增或自减运算举例。

```
# include < stdio. h >
void main( )
{    int a = 3,b = 6,c,d,e,f;
     c = b + a++;
     d = a + ( --b);
     e = - a++;
     f = a + b + c;
     printf("a = % d,b = % d,c = % d,d = % d,e = % d,f = % d\n",a,b,c,d,e,f);
}
```

程序运行结果如下:

```
a = 5,b = 5,c = 9,d = 9,e = -4,f = 19
```

【例 2.12】 自增或自减运算举例。

```
#include<stdio.h>
void main( )
{   int i=3,j=-5;
    printf("i=%d,j=%d\n",i,j);
    printf("i=%d,j=%d\n",i++,--j);
    printf("i=%d,j=%d\n",--i,j++);
}
```

程序运行结果如下：

```
i=3,j=-5
i=3,j=-6
i=3,j=-6
```

2.7 逗号运算符和逗号表达式

"，"是 C 语言提供的一种特殊的运算符，称为逗号运算符。逗号运算符的结合性为从左到右。在所有运算符中，逗号运算符的优先级最低。

由逗号运算符将表达式连接起来的式子称为逗号表达式。

逗号表达式的一般格式为：

表达式 1，表达式 2，…，表达式 n

逗号表达式的求解过程为：先求表达式 1 的值，再求表达式 2 的值，依次进行，最后计算表达式 n，整个逗号表达式的值就是最后一个表达式的值。例如，逗号表达式"3+5,1+2"的值为 3，又如，逗号表达式"a=2*3,a*5"的求解过程是：先计算 a=2*3，经过计算和赋值后得到 a 的值为 6，然后计算 a*5，得 30，因此整个逗号表达式的值为 30。

使用逗号表达式要注意以下几个方面：

(1) 逗号表达式可以和另一个表达式组成一个新的逗号表达式。

例如逗号表达式"(a=2*3,a*5),a+5"，表达式 1 是(a=2*3,a*5)，表达式 2 是 a+5，先计算表达式 1 的值为 30，但是 a 的值仍为 6；再计算表达式 2 的值时，a 的值为 6，表达式 2 的值为 11，因此整个逗号表达式的值为 11。

(2) 并不是所有的逗号都是逗号运算符。例如：

```
int a,b,c;   /*这里的逗号是变量之间的分隔符，而不是逗号运算符*/
printf("%d,%d,%d\n",(a,b,c),a,b);   /*只有(a,b,c)里的逗号才是逗号运算符*/
```

【例 2.13】 逗号运算符运算举例。

```
#include<stdio.h>
void main( )
{   int a=3,b=4,c=5,x1,x2,x3,x4,x5,x6;
    x1=(a,b,c);
    x2=a,b,c;
    x3=(a++,--b,a+b);
```

数据类型、运算符与表达式

```
    x4 = a++, -- b, a + b;
    x5 = (a++, -- b, a + b + c++);
    x6 = ((a,b,c),a + b);
    printf("x1 = %d,x2 = %d,x3 = %d,x4 = %d,x5 = %d,x6 = %d\n",x1,x2,x3,x4,x5,x6);
}
```

程序运行结果如下：

x1 = 5,x2 = 3,x3 = 7,x4 = 4,x5 = 12,x6 = 7

2.8 位 运 算 符

2.8.1 位运算符和位运算

所谓位运算，就是指二进制位的运算。C语言的一大特点就是允许直接对数据的二进制位进行操作，这就是C语言所提供的位运算功能。位运算的功能就是对操作数按其二进制补码形式逐位进行逻辑运算；位运算的操作对象只能是整型或字符型数据，不能是实型数据。

C语言所提供的位运算符号如表2.4所示。

表2.4 位运算符

运 算 符	功 能	优 先 级	结 合 性
～	按位取反	高	从右向左
<<、>>	左移、右移	↓	从左向右
&	按位与		从左向右
^	按位异或	↓	从左向右
|	按位或	低	从左向右

位运算符中只有运算符"～"是单目运算符，其他均为双目运算符，即要求运算符的两侧各有一个操作数，且操作数只能是整型或字符型数据。

1. 按位与运算符（&）

按"位与"的一般格式为：

操作数1 & 操作数2

运算规则：先将两个操作数转换为二进制补码形式，然后将两个操作数对应的二进制位进行与运算，运算规则是对应位全1，则该位的运算结果为1，否则为0。即：

1&1 = 1;   1&0 = 0;   0&1 = 0;   0&0 = 0;

例如，计算3&5。

```
        0000 0011    （3 的二进制补码）
  (&)   0000 0101    （5 的二进制补码）
        ─────────
        0000 0001    （1 的二进制补码）
```

因此，3&5 的值为1。

例如,计算-5&6。

```
        1111 1011        (-5 的二进制补码)
(&)     0000 0110        (6 的二进制补码)
─────────────────
        0000 0010        (2 的二进制补码)
```

因此,-5&6 的值为 2。

2. 按位或运算符(|)

按"位或"的一般格式为:

操作数 1 | 操作数 2

运算规则:先将两个操作数转换为二进制补码形式,然后将两个操作数对应的二进制位进行或运算,运算规则是对应位全 0,则该位的运算结果为 0,否则为 1。即:

$1|1=1;$ $1|0=1;$ $0|1=1;$ $0|0=0;$

例如,计算 3|5。

```
        0000 0011        (3 的二进制补码)
(|)     0000 0101        (5 的二进制补码)
─────────────────
        0000 0111        (7 的二进制补码)
```

因此,3|5 的值为 7。

例如,计算-5|6。

```
        1111 1011        (-5 的二进制补码)
(|)     0000 0110        (6 的二进制补码)
─────────────────
        1111 1111        (-1 的二进制补码)
```

因此,-5|6 的值为-1。

3. 按位取反运算符(~)

运算规则:运算符"~"是单目运算符,先将操作数转换为二进制补码形式,然后各个二进制位都取其反值。即:

$\sim 1=0;$ $\sim 0=1;$

例如,计算 ~26。26 的二进制补码形式为 00011010,计算过程如下:

```
~    00011010
─────────────
     11100101
```

因此,~26 的值为-27(二进制补码 11100101 转换为十进制数就是-27)。

4. 按位异或运算符(^)

运算规则:先将两个操作数转换为二进制补码形式,然后将两个操作数对应的二进制位进行异或运算,运算规则是对应位值相同,则该位的运算结果为 0,否则为 1。即:

$0\ ^\wedge 0=0;$ $0\ ^\wedge 1=1;$ $1\ ^\wedge 0=1;$ $1\ ^\wedge 1=0;$

例如,计算 9^20。

```
     0000 1001
^    0001 0100
─────────────
     0001 1101
```

因此,9^20 的值为 29。

按位"异或"运算可以实现在不使用第三个变量的前提下,"交换"两个变量的值。

例如有两个操作数 x 和 y,假设 x＝5,y＝6 不使用临时变量,交换 x 和 y 的值。计算过程如下:

x＝x＾y;y＝y＾x;x＝x＾y;

第一步计算 x＝x＾y

```
    x      0000 0101
    y ^    0000 0110
```
――――――――――――――――
```
    x      0000 0011
```

第二步计算 y＝y＾x

```
    y      0000 0110
    x ^    0000 0011
```
――――――――――――――――
```
    y      0000 0101
```

(交换后 y 的值为 5)

第三步计算 x＝x＾y

```
    x      0000 0011
    y ^    0000 0101
```
――――――――――――――――
```
    x      0000 0110
```

(交换后 x 的值为 6)

5. 左移运算符(<<)

将一个操作数的各二进制位全部向左移动指定的位数。左移后,右边空出来的位置补 0,左边移出的位舍去。其一般格式为:

操作数 1 <<操作数 2

其中"操作数 1"是被左移的操作数,"操作数 2"是左移的位数。

例如,若 x＝13,计算 x＝x << 2 的值。

```
    x=        000 1101
  x << 2=   000011 0100
```

　　　　　　　　↑　　　　↑
　　　　　　　舍去　　补 0

x 经过左移 2 位后变为 0011 0100,即十进制数 52。

从结果可以看出将操作数左移 1 位,相当于该数乘以 2,左移 2 位相当于该数乘以 $2^2＝4$,依次类推。上例中,十进制数 13 左移 2 位的值为 52,即乘了 $2^2＝4$。

注意:以上结论只在没有 1 被左移出去或移到最高位的情况下才是正确的。

6. 右移运算符(>>)

右移运算符(>>)的一般格式为:

操作数 1 >>操作数 2

其中"操作数 1"是被右移的操作数,"操作数 2"是右移的位数。

将一个操作数的各二进制位全部向右移动指定的位数。右移后右边移出去的位舍去。左边的高位填补分两种情况。

（1）对无符号数,右移时高位补0。

例如,若 x＝20,计算 x＝x≫2 的值。

    x＝   0001 0100

x≫2＝   0000 010100

         补 0   舍去

x 经过右移 2 位后变为 0000 0101,即十进制数 5。

右移 1 位相当于除以 2,右移 n 位相当于除以 2^n。

（2）对有符号数,如果符号位为 0（即正数）,高位补 0;如果符号位为 1（即负数）,则高位补 1。这种补 1 以保持操作数原来的符号的方法称为"算术右移",补 0 的称为"逻辑右移"。

例如,计算－60≫2 的值。

－60 以二进制补码形式表示为 11000100,

            1 1 0 0 0 1 0 0

右移 2 位后 1 1 1 1 0 0 0 1 0 0

           补 1   舍去

1111 0001 的十进制数为－15 的补码表示。

因此,－60≫2 的值为－15。

【例 2.14】 位运算举例。

```
# include < stdio. h >
void main( )
{   int a = 9,b = 5;
    printf(" % d\n",a&b);
    printf(" % d\n",a|b);
    printf(" % d\n",a^b);
    printf(" % d\n",~a);
    printf(" % d\n",a << 2);
    printf(" % d\n",a >> 2);
}
```

程序运行结果如下:

```
1
13
12
－10
36
2
```

2.8.2　位运算赋值运算符

位运算赋值运算符是由位运算符和赋值运算符组合而成的复合运算符。位运算赋值运算符的一般格式如下：

操作数 1 位运算赋值运算符 操作数 2

在 C 语言中，可以使用的位运算赋值运算符有 5 种形式：&=、|=、^=、>>=和 <<=。位运算赋值运算符采用自右向左的结合顺序，运算规则是先用操作数 1 和操作数 2 进行运算，再将运算结果存入操作数 2 变量中。例如：

x&=y   等价于   x=x&y

z<<=1   等价于   z=z<<1

C 语言采用复合运算符，一是为了简化程序，使程序简练；二是使编译系统生成质量较高的目标代码，以提高编译效率。

2.9 变量的地址和指针型变量

2.9.1 变量的地址和指针型变量的概念

1. 内存地址

在程序中，一个变量实质上代表了"内存中的某个存储单元"，最基本的存储单位是字节，而且每个字节都有一个编号，这个编号就称为内存地址。就像旅馆的房间号一样，如果没有房间号，旅馆的工作人员就无法进行管理。同理，没有内存字节的编号，系统就无法对内存进行管理。内存的存储空间是连续的，因此内存地址也是连续的。一般内存地址用十六进制数来表示。

2. 变量的地址

若在程序中定义了一个变量，C 编译系统就会根据所定义的变量类型，为其分配一定字节数的内存空间（在 VC++ 中 short int 型数据占 2 字节，int 型数据和 float 型数据占 4 字节，double 型数据占 8 字节，char 型数据占 1 字节，指针变量占 4 字节），此后这个变量的地址也就确定了。

例如：

```
short a;
float b;
char c;
```

这时系统为变量 a 分配 2 字节的连续存储单元，为变量 b 分配 4 字节的连续存储单元，为变量 c 分配一个字节的存储单元。如图 2.5 所示，图中的数字只是示意的字节地址。每个变量的地址就是该变量所占存储单元的第一个字节的地址。这里变量 a 的地址为 2019H，变量 b 的地址为 1128H，变量 c 的地址为 5050H。

图 2.5 变量在内存中所占字节的地址示意图

一般情况下,我们在程序中只需指出变量名,无须知道每个变量在内存中的具体地址,每个变量与具体地址的联系由 C 编译系统来管理。程序中对变量进行存取操作,实际上就是对该变量所在的存储单元进行操作,这种直接按变量的地址存取变量值的方式称为"直接存取"方式。

3. 指针型变量

在 C 语言中,还可以定义一种特殊的变量,这种变量只是用来存放内存地址的。如图 2.6 所示,假设有一个变量 p,它也有自己的地址(假设 2001H)。若将变量 a 的地址(假设 5050H)存放到变量 p 中,也就是说变量 p 的值就是 5050H,这时要访问变量 a 所代表的存储单元,可以先找到变量 p 的地址(2001H),从中取出变量 a 的地址(5050H),然后再去访问以 5050H 为首地址的存储单元。这种通过变量 p 间接得到变量 a 的地址,然后再存取变量 a 的值的方式称为"间接存取"方式。这种用来存放地址的变量称为"指针变量",上述变量 p 就是指针变量。

图 2.6　存放地址的指针变量示意图

以后我们会经常提到指针指向某个变量,其含义就是指针变量的值是某个变量的地址。在图 2.6 中,可以说指针 p 指向了变量 a。

2.9.2　指针型变量的定义和指针变量的基类型

定义指针变量的一般形式如下:

类型名　*指针变量名 1, *指针变量名 2,…;

例如:

int *p, *q;
float **r;

在以上定义语句中,p 和 q 都是用户标识符。在每个变量前的星号 * 是一个说明符,用来说明变量 p 和 q 是指针变量,如果省略了星号 *,那么变量 p 和 q 就变成了整型变量。p 和 q 前面的 int 用来说明指针变量 p 和 q 所指向的存储单元中只能存放 int 型数据,这时我们称 int 是指针变量 p 和 q 的基类型。或者可以通俗地称 p 和 q 是两个整型指针,而且 p 和 q 属于一级指针(即指针变量 p 和 q 存放的是不同变量的地址)。

以上定义语句中的"float **r;",其中 r 是浮点型指针变量,属于二级指针,也就是说指针变量 r 所指向的是一个一级指针变量,这个一级指针变量所指向的是一个 float 型的变量。

再如:

void *p;

其含义是:定义了一个指针型变量 p,它所指的存储单元所存放的数据类型不定。称为无类型指针。

定义指针变量一定要区分基类型,因为对于不同基类型的指针变量在进行指针运算时的"跨度"是不同的,在以后的章节中会进一步体会到。另外,不同基类型的指针变量不能混

35

数据类型、运算符与表达式

合使用。

2.9.3 给指针变量赋值

一个指针变量可以通过不同的方式获得一个确定的地址值,从而指向一个具体的对象。

1. 通过求地址运算符(&)获得地址值

单目运算符"&"用来求对象的地址,其结合性为从右到左。

```
int a = 3, * p;
```

则通过以下赋值语句:

```
p = &a;                    /* 给指针变量 p 赋值 */
```

也可以把上面的两句写成以下形式:

```
int a = 3, * p = &a;       /* 给指针变量初始化 */
```

注意不能写成"int * p=&a,a;"。

图 2.7　指针变量 p 和变量 a 的
指向关系示意图

通过上面的两种方式就把变量 a 的地址赋给了指针变量 p,此时称作指针变量 p 指向了变量 a,如图 2.7 所示。

注意以下几个方面:

(1) 求地址运算符"&"的作用对象只能是变量或后面要讲到的数组,而不能是常量或表达式。

例如:

```
int *p,a;
p = &(a + 1);             /* 该赋值语句是错误的 */
```

(2) 求地址运算符"&"的运算对象的类型必须与指针变量的基类型相同。

例如:

```
int * p,a;
float b;
p = &b;                   /* 该赋值语句是错误的 */
```

因为指针变量 p 的基类型是 int 型,而求地址运算符"&"作用的对象 b 的类型是 float 型。

2. 通过指针变量获得地址值

可以通过赋值运算,把一个指针变量中的地址值赋给另一个同类型的指针变量,从而使两个指针指向同一地址。

例如:

```
int a = 3, * p = &a, * q;
q = p;
```

通过赋值运算 q=p,使得指针变量 p 和 q 同时指向了变量 a,如图 2.8 所示。注意:p 和 q 的基类型必须一致。

图 2.8　指针变量 p 和 q 与变量 a
的关系示意图

3. 给指针变量赋"空"值

不允许给一个指针变量直接赋给一个整数值。

例如：

```
int * p;
p = 2009;                    /* 该赋值语句是错误的 */
```

但是可以给一个指针变量赋空值。

例如：

```
int * p;
p = NULL;                    /* 该赋值语句是合法的 */
```

NULL 是在 stdio.h 头文件中的预定义符,它的代码值为 0,因此在使用 NULL 时,应在程序的前面出现预定义行: #include"stdio.h"或 #include<stdio.h>。当执行了上述的赋值语句 p=NULL 后,称 p 为空指针。以上赋值语句等价于:

```
p = '\0';
```

或

```
p = 0;
```

空指针的含义是：指针 p 并不是指向地址为 0 的存储单元,而是不指向任何存储单元。企图通过一个空指针去访问一个存储单元时,将会得到一个出错信息。

2.9.4 对指针变量的操作

通过上面的学习,我们已经了解关于指针变量的含义,那么对于任何的存储单元就有两种形式来存取单元的数据：一种是"直接存取"；另一种是"间接存取"。

所谓"直接存取",就是按变量的地址存取变量值的方式。通俗地说,就是直接使用变量名来对该变量所对应的存储单元进行存取操作。

所谓"间接存取",就是通过指针变量 p 间接得到变量 a 的地址,然后再存取变量 a 的值的方式。

C 语言提供了一个称作"间接访问运算符"的单目运算符: " * "。" * "出现在程序中的不同位置,其含义是不同的。

例如：

```
int a = 3, * p,b;         /* 这里的" * "是个说明符,用来说明变量 p 是个指针型变量 */
p = &a;                   /* 通过取地址运算符 & 使指针变量 p 指向变量 a,即先赋值 */
b = * p;                  /* 这里的" * "是代表"取数据",即把 p 所指向的存储单元中的数据(3)读
                             出来赋给变量 b,等价于 b=a */
* p = 5;                  /* 这里的" * "是代表存数据,即把一个整数 5 存到指针变量 p 所指向的单
                             元(也就是变量 a),等价于 a=5,此时 a 的值变为 5 */
```

使用指针变量应注意以下几个方面：

（1）对指针变量的使用必须是先使指针变量有固定的指向然后才可以使用,即先赋值后使用。

数据类型、运算符与表达式

例如：

```
int a, * p;
* p = 5;                /* 这种写法是错误的,因为此时指针变量 p 还没有固定指向,这样使用容易造
                           成重要数据的破坏 */
```

(2) 运算符"&"和"*"的优先级相同,结合性是从右到左。

例如：

```
int a = 3, * p, ** q;
p = &a;
q = &p;
```

① & * p 的含义是什么? 由于 & 和 * 的优先级相同,按从右到左结合,等价于 &(* p),* 先和 p 结合,* p 就是变量 a,再执行 & 运算,相当于 &a,即取变量 a 的地址。因此 & * p 等价于 &a。

② * &a 的含义是什么? 由于 & 和 * 得优先级相同,按从右到左结合,等价于 *(&a),& 先和 a 结合,即 &a,取变量 a 的地址,然后再进行 * 运算相当于变量 a 的值。因此 * &a 等价于 a。

③ q = &p;可以用图 2.9 来形象表示:

④ * 、++、--的优先级是相同的,结合性为从右到左。

图 2.9　变量 q、p 和 a 的关系

例如：

```
( * p)++                /* 等价于 a++ */
* p++                   /* 等价于 * (p++) */
++ * p                  /* 等价于++a */
* ++p                   /* 等价于 * (++p) */
```

【例 2.15】　指针变量使用举例。

```
# include < stdio. h>
void main( )
{    int a = 9, * p = &a, ** q = &p;
     printf(" % d\n",a);        /* 对变量的直接存取 */
     printf(" % d\n", * p);      /* 对变量的间接存取 */
     printf(" % d\n", ** q);     /* 对变量的间接存取 */
}
```

程序运行结果如下：

```
9
9
9
```

【例 2.16】　指针变量使用举例。

```
# include < stdio. h>
void main( )
{    int a = 9, * p;
     p = &a;
     * p = * p + 1;             /* 等价于 a = a + 1 */
     printf(" % d ",a);          /* 对变量的直接存取 */
```

```
    printf(" % d\n", * p);        /* 对变量的间接存取 */
    printf(" % d ",++ * p);       /* 对变量的间接存取 */
    printf(" % d\n",( * p)++);     /* 对变量的间接存取 */
}
```

程序运行结果如下：

10 10
11 11

习　题　2

一、选择题

2.1　下列不合法的数值常量是(　　　)。

    A) 011　　　　　　　　B) 1e1　　　　　　　C) 8.0e0.5　　　　　　D) 0xabcd

2.2　下列定义变量的语句中错误的是(　　　)。

    A) int _int;　　　　　B) double int_;　　　C) char For　　　　　D) float US $

2.3　以下选项中正确的整型常量是(　　　)。

    A) 12.　　　　　　　　B) —20　　　　　　　C) 1000　　　　　　　D) 4 5 6

2.4　以下选项中正确的实型常量是(　　　)。

    A) 0　　　　　　　　　B) 3. 1415　　　　　C) 0. 234 * 10²　　　　D) 0.456

2.5　以下选项中不正确的实型常量是(　　　)。

    A) 1. 369E—2　　　　B) 0.1234e 2　　　　C) —23. 67　　　　　D)234e—2

2.6　下列选项中,合法的一组 C 语言数值常量是(　　　)。

A) 028	B) 12.	C) .177	D) 0x8A
.5e—3	0xa23	4e1.5	10,000
0xf	4.5E0	0abc	3. e5

2.7　下列选项中,合法的一组字符常量是(　　　)。

A) 'AB'	B) '\\'	C) 'A'	D) '\r'
"a"	'\'	'\n'	'\018'
'N'	'\xaf'	'\123'	'\Xag'

2.8　以下选项不合法的用户标识符是(　　　)。

    A) abc. c　　　　　　B) file　　　　　　　C) Main　　　　　　D) PRINTF

2.9　以下选项不合法的用户标识符是(　　　)。

    A) _123　　　　　　　B) printf　　　　　　C) A $　　　　　　　D) Dim

2.10　C 语言中运算对象必须是整型的运算符是(　　　)。

    A) %　　　　　　　　B) /　　　　　　　　C) !　　　　　　　　D) **

2.11　可在 C 程序中用作用户标识符的一组标识符是(　　　)。

A) void	B) as_b3	C) For	D) 2c
define	_123	—abc	DO
WORD	If	case	SIG

2.12　若有定义"int x,＊p;",则正确的赋值表达式是(　　)。

　　　A) p＝&x　　　　　　B) p＝x　　　　　　C) ＊p＝&x　　　　　　D) ＊p＝x

2.13　若有定义"float x;",则下列对指针变量 p 进行定义且赋初值的正确语句是(　　)。

　　　A) float ＊p＝1024;　　　　　　　B) int ＊p＝(float)x;

　　　C) float p＝&x;　　　　　　　　　D) float ＊p＝&x;

2.14　若有定义"int n1＝0,n2,＊p＝&n2,＊q＝&n1;",以下赋值语句中与"n2＝n1;"语句等价的是(　　)。

　　　A) ＊p＝＊q;　　　B) p＝q;　　　C) ＊p＝&n1;　　　D) p＝＊q;

2.15　若有以下程序:

```
#include<stdio.h>
void main( )
{   int k=2,m=4,n=6,＊pk=&k,＊pm=&m,＊p;
    ＊(p=&n)=＊pk＊(＊pm);
    printf("%d\n",n);
}
```

程序的输出结果是(　　)。

　　　A) 4　　　　　　B) 6　　　　　　C) 8　　　　　　D) 10

2.16　若指针 p 已正确定义并指向如图 2.10 所示的存储单元,则表达式 ＊＋＋p 的值是(　　)。

　　　A) 20　　　　　B) 30　　　　　C) 21　　　　　D) 31

2.17　若指针 p 已正确定义并指向如图 2.10 所示的存储单元,则表达式＋＋＊p 的值是(　　)。

　　　A) 20　　　　　B) 30

　　　C) 21　　　　　D) 31

a[0]	a[1]	a[2]	a[3]	a[4]
10	20	30	40	50

p↑

图 2.10　指针 p 指向示意图

2.18　若指针 p 已正确定义并指向如图 2.10 所示的存储单元,则表达式(＊p)＋＋的值是(　　)。

　　　A) 20　　　　　B) 30　　　　　C) 21　　　　　D) 31

2.19　有以下程序:

```
#include<stdio.h>
void main( )
{   char x=040;
    printf("%d\n",x=x<<1);
}
```

程序的输出结果是(　　)。

　　　A) 100　　　　　B) 160　　　　　C) 120　　　　　D) 64

2.20　有如下定义语句:

```
char a=3,b=6,c;
```

则执行赋值语句 c＝a^b<<2;后变量 c 中的二进制是(　　)。

　　　A) 00011011　　　　B) 00010100　　　　C) 00011100　　　　D) 00011000

2.21 有以下程序：

```
# include < stdio.h >
void main( )
{    short int x = 35;char z = 'A';
    printf("% d\n",(x&15)&&(z<'a'));
}
```

程序的输出结果是（　　）。

    A）0   B）1   C）2   D）3

2.22 变量 a 中的数据用二进制表示的形式是 01011101,变量 b 中的数据用二进制表示的形式是 11110000,若要求将 a 的高 4 位取反,低 4 位不变,所要执行的运算是（　　）。

    A）a^b   B）a|b   C）a&b   D）a << 4

2.23 下列选项中,当 x 为大于 1 的奇数时,值为 0 的表达式是（　　）。

    A）x%2==1   B）x/2   C）x%2!=0   D）x%2==0

2.24 下列能正确定义且赋初值的语句是（　　）。

    A）int n1=n2=10;   B）char c=32;

    C）float f=f+1.1;   D）double x=1.23E2.5;

2.25 变量 x、y 已正确定义并赋值,下列符合 C 语言语法的表达式是（　　）。

    A）++x,y=x－－   B）x+1=y

    C）x=x+10=x+y   D）double(x)/10

2.26 若变量已正确定义并赋值,符合 C 语言语法的表达式是（　　）。

    A）a=a+7;   B）a=7+b+c,a++

    C）int(12.3%4)   D）a=a+7=c+6

2.27 以下叙述正确的是（　　）。

    A）a 是实型变量,C 允许进行赋值 a=10,但不可以这样说：实型变量中允许存放整型值

    B）在赋值表达式中,赋值号左边既可以是变量也可以是任意表达式

    C）在执行表达式 a=b 后,在内存中 a 和 b 存储单元中的原有值都将被改变,a 的值已由原值改变为 b 的值,b 的值由原值变为 0

    D）已有 a=3,b=5,当执行了表达式 a=b,b=a 之后,使 a 中的值为 5,b 中的值为 3

2.28 以下叙述正确的是（　　）。

    A）在 C 程序中无论是整数还是实数,只要在允许的范围内都能准确无误地表示

    B）C 程序由主函数组成

    C）C 程序由若干函数组成

    D）C 程序只允许包含一个函数

2.29 VC 6.0 中 int 类型变量所占字节数是（　　）。

    A）1   B）2   C）3   D）4

2.30 合法的八进制数是（　　）。

A) 0   B) 028   C) −077   D) 01.0

2.31 不合法的十六进制数是( )。

A) oxff   B) 0Xabc   C) 0x11   D) 0x19

二、填空题

2.32 若 k 为 int 型变量且赋值 1,请写出运算 k++ 后表达式的值_____和变量 k 的值_____。

2.33 若 x 为 double 型变量,请写出运算 x=3.2,++x 后表达式的值_____和变量 x 的值_____。

2.34 表达式 3.6−5/2+1.2+5%2 的值是_____。

2.35 设有定义:float x=123.4567;则执行下列语句后的输出结果是_____。

```
printf("%f\n",(int)(x*100+0.5)/100.0);
```

2.36 在 C 语言程序中,用关键字_____定义基本整型变量,用关键字_____定义单精度实型变量,用关键字_____定义双精度实型变量,用关键字_____定义字符型变量。

2.37 把 a1、a2 定义成双精度实型变量,并赋初值 1 的定义语句是"_____;"。

2.38 C 程序中定义的变量,代表内存中的一个_____。

2.39 对数学式 $\frac{a \times b}{c}$,写出 3 个等价的 C 语言表达式_____、_____、_____。

2.40 表达式 a=10 应当读作_____。

2.41 写出下面表达式的值(设 a=10,b=4,c=5,d=1,x=2.5,y=3.5):

(1) a%=(b%=3)

(2) a+=a−=a*=a

(3) (float)(a+c)/2+(int)x/(int)y

(4) a*=b−c;

(5) ++a−c+b++

(6) a+b,18+(b=4)*3,(a/b,a%b)

(7) x+a%3*(int)(x+y)%2/4

(8) a=b==c

(9) b++==d

2.42 若有定义"char ch;",则

(1) 使指针 p 可以指向字符型变量的定义语句是_____。

(2) 使指针 p 指向变量 ch 的赋初值语句是_____。

(3) 使指针 p 指向变量 ch 的赋值语句是_____。

(4) 写出两种使变量 ch 的值等于字符 'A' 的赋值语句_____、_____。

(5) 写出两种输出变量 ch 的输出语句_____、_____。

2.43 以下程序段的输出结果是_____。

```
int *m,a;
a=100;
m=&a;
```

```
a = *m + 10;
printf("%d\n", *m);
```

2.44 设变量 a 的二进制数是 00101101,若想通过运算 a^b 使 a 的低 4 位取反,高 4 位不变,则 b 的二进制数是_____。

2.45 a 为任意整数,能将变量 a 清 0 的表达式是_____。

2.46 能将两字节变量 x 的高 8 位置 1,低 8 位保持不变的表达式是_____。

2.47 运用位运算,能将字符型变量 ch 中的小写字母转换成大写字母的表达式是_____。

数据类型、运算符与表达式

第3章　顺序结构程序设计

从程序流程的角度来看,程序可以分为 3 种基本结构,即顺序结构、分支结构、循环结构。这 3 种基本结构可以组成所有的各种复杂程序。顺序结构是程序设计语言最基本的结构,其包含的语句是按照书写的顺序执行的,且每条语句都被执行。其他的结构可以包含顺序结构,也可以作为顺序结构的组成部分。C 语言提供了多种语句来实现这些程序结构。本章介绍这些基本语句及其在顺序结构中的应用,使读者对 C 程序有一个初步的认识,为后面各章的学习打下基础。

3.1　C 语句概述

一个 C 语言程序由若干个源程序文件组成,一个源程序文件是由预处理命令、全局变量声明部分以及若干个函数组成,一个函数是由变量声明部分和各种 C 语言的语句组成的,如图 3.1 所示。概括起来 C 语言的语句可以分为 5 类,分别是表达式语句、控制语句、函数调用语句、复合语句和空语句。

图 3.1　C 语言程序结构

1. 表达式语句

C 语言是一种表达式语言,所有的操作运算都通过表达式来完成;由表达式组成的语句称为表达式语句。

表达式语句的一般形式为:

表达式;

最典型的表达式语句是由一个赋值表达式加一个分号构成的赋值语句。应注意：分号是 C 语言的语句中不可缺少的一部分，因此"a＝10"和"a＝10;"是不同的，前者是一个赋值表达式，而后者才是一个赋值语句。使用赋值语句要注意以下几个方面：

（1）赋值号"＝"左边必须是变量，不能是常量或变量表达式。赋值号"＝"右边可以是变量、常量或各种合法的表达式。如：

```
a = c + 3;
x = y = z + 2;
m = i > j;
p = &a;
*q = a + b;
x = *q + 5;
```

都是合法的赋值语句。

（2）变量赋初值与赋值语句的区别。如：

```
int x = 5,y = 5,m,n;
```

不能写成

```
int x = y = 5,m,n;
```

但

```
int x = 5,y = 5,m,n; m = n = 6;
```

却是合法的。

也就是说，在定义变量时，不允许连续给多个变量赋初值。而赋值语句可以连续给多个变量赋值。

2. 控制语句

控制语句用于完成一定的功能。C 语言有 9 种控制语句，它们是：

（1）if( )…else…（条件语句）。

（2）for( )…（循环语句）。

（3）while( )…（循环语句）。

（4）do…while( )（循环语句）。

（5）continue（结束本次循环语句）。

（6）break（中止执行 switch 或循环语句）。

（7）switch（多分支选择语句）。

（8）goto（转向语句）。

（9）return（从函数返回语句）。

上面 9 种语句表示形式中的括号"( )"表示括号中是一个条件，"…"表示内嵌语句。例如：

```
if(x > y) z = x;
else z = y;
```

这个语句的作用是：先判断条件"x > y"是否成立，如果成立，则执行语句 z＝x，否则执行 z＝y。

3. 函数调用语句

由一个函数调用加一个分号构成一个语句,其完成特定的任务。其一般形式为:

函数名(实际参数表);

例如:

```
printf("I am a student!!!")
```

该函数调用语句的作用是:在屏幕上显示 I am a student!!!。

4. 复合语句

复合语句由大括号"{ }"括起来的两条或两条以上的语句组成。一个复合语句在功能上相当于一条语句。复合语句也可称为"块语句",复合语句的一般形式为:

{ 语句 1; 语句 2; …; 语句 n; }

例如:

```
{    int a = 3,b;                              /*定义部分*/
     a++;                                      /*执行语句*/
     b * = a;                                  /*执行语句*/
     printf("b = %d\n",b);}                    /*执行语句*/
```

在复合语句内,不仅可以有执行语句,还可以有定义部分,定义部分应该出现在可执行语句的前面,且所定义的变量是局部变量,且只能在复合语句内部有效。

【例 3.1】 复合语句应用举例。

```
# include < stdio.h >
void main( )
{    char a = 'A',b = 'B';
     {char a = 'C',b = 'D';
        printf("%c,%c\n",a,b);
     }
     printf("%c,%c\n",a,b);
}
```

程序运行结果如下:

```
C,D
A,B
```

5. 空语句

C 语言中的所有语句都必须以一个分号";"作为结束。如果只有一个分号,如:

```
main( )
{ ; }
```

这个分号也是一条语句,称为"空语句"。

空语句的一般形式为:

```
;
```

在程序中空语句常用来做空循环体,可起到延时作用。由于空语句是什么也不执行的语句,因此在顺序结构程序中空语句不会影响到程序的执行结果,但空语句有时会影响分支结构程序和循环结构程序的执行结果,这一点读者一定要谨慎,不要在程序中随意写分号。

3.2 数据的输入/输出

在程序运行中,有时需要从外部设备(如键盘)得到一些原始数据,而程序计算结束后,需要把计算结果发送到外部设备(如显示器)上。我们把从外部设备获得原始数据称为"输入",而把程序计算的结果发送到外部设备上称为"输出"。C语言没有专门的输入或输出语句,但在C的标准库函数中提供了常用的输入和输出函数。本节重点介绍字符输入函数getchar( )和输出函数以及格式输入函数 scanf( )和输出函数 printf( )。

由于标准库函数中所用到的变量定义和宏定义均在扩展名为.h的头文件中描述,因此在需要使用标准 I/O 库中的函数时,应在程序前使用下面的预编译命令 ♯ include < stdio . h>或 ♯ include"stdio. h"将相应的. h 头文件包含到用户程序中。

3.2.1 字符输入/输出函数

1. 字符输出函数

一般形式为:

```
putchar(c);
```

该函数的作用是向终端(如显示器)输出一个字符。C可以是字符常量或变量、整型常量或变量、转义字符。

【例 3.2】 字符输出举例。

```
♯ include < stdio. h>
void main( )
{   char a = 'A',b = 'B';
    putchar(a);
    putchar('A');
    putchar(65);
    putchar('\n');
    putchar(b);
    putchar('B');
    putchar(66);
}
```

程序运行结果如下:

```
AAA
BBB
```

注意不能写成以下形式:

```
putchar('AB');
putchar("A");
putchar("\n");
```

顺序结构程序设计

2. 字符输入函数

一般形式为:

```
getchar( );
```

该函数的作用是从终端(如键盘)输入一个字符。

【例 3.3】 字符输入举例。

```
# include < stdio. h>
void main( )
{    char ch;
     ch = getchar( );
     putchar(ch);
     putchar('\n');
}
```

程序运行时,如果从键盘输入 A 并按 Enter 键,则可看到屏幕上输出字符 A。

程序运行结果:

```
A↙     / * ↙代表回车 * /
A
```

使用 getchar( )函数要注意以下几个方面:

(1) getchar( )函数的括号( )内不允许有任何数据,但这一对小括号不可少,这一点要和 putchar( )区别开来。

(2) 使用本函数前必须包含文件 stdio. h。

(3) getchar( )函数只能接收一个字符,输入的数字也按字符处理,而且输入的空格、回车都将作为字符读入,当输入多个字符时也只能接受一个字符。因此,在用 getchar( )函数连续输入两个字符时要注意回车符和空格符。

例如:

```
char ch1,ch2;
ch1 = getchar( );
ch2 = getchar( );
```

当从键盘输入:A12 并按 Enter 键,则变量 ch1 的值是'A',变量 ch2 的值是'1'。

当从键盘输入:A 12 并按 Enter 键,则变量 ch1 的值是'A',变量 ch2 的值是空格符。

当从键盘输入:A↙/ * ↙代表 Enter 键 * /,则变量 ch1 的值是'A',变量 ch2 的值是'\n'。

(4) 给 getchar( )函数输入字符时不需加单引号,输入字符后必须按 Enter 键,字符才能送到内存。

(5) getchar( )函数得到的字符可以赋给一个字符型变量或整型变量,也可以不赋给任何变量,可作为表达式的一部分。

例如:

```
putchar(getchar( ));
```

3.2.2 格式输入/输出函数

putchar( )和 getchar( )函数只能输出或输入一个字符,当程序需要输出或输入多个数据时,就需要使用格式输出函数和格式输入函数了。

1. 格式输出函数

(1) printf("要输出的字符序列")

注意:"要输出的字符序列"必须用英文的双引号括起来,它的作用是在屏幕上原样输出"要输出的字符序列"。

例如:

```
printf("I love China!!!");
```

在屏幕上将会看到:

```
I love China!!!
```

(2) printf("输出格式控制符",输出列表项)

注意:"输出格式控制符"必须用英文的双引号括起来,它的作用是按照输出格式来输出后面的输出列表项的值。

例如:

```
int x = 3, y = 4, * px = &x, * py = &y;
printf("%d,%d",x,y);
```

或写成:

```
printf("%d,%d", * px, * py);
```

在屏幕上将会看到:

```
3,4
```

语句"printf("%d,%d",x,y);"的作用是:以%d的格式输出变量 x 的值,以%d的格式输出变量 y 的值,中间以逗号分隔。

"输出格式控制符"即可如下所示。

(1) 格式符:即由%和格式字符组成,如%d、%f 等。

(2) 普通字符:如"printf("a=%d,b=%d\n",a,b);"中的"a="、","、"b="都是普通字符,普通字符原样输出。

(3) 转义字符:如"printf("a=%d,b=%d\n",a,b);"中的"\n",其含义是"换行"。

C 语言中常用的格式字符共有 9 种,如表 3.1 所示。

表 3.1　printf( )的格式说明

格式字符	说　　明
d,i	输出带符号的十进制整数(正数不输出符号)
o	以八进制无符号形式输出整数(不输出前导 0)
x 或 X	以十六进制无符号形式输出整数(不输出前导 0x),用 x 输出十六进制数 a~f 时以小写形式输出;用 X 时,则以大写形式输出
u	以无符号十进制形式输出整数
c	输出一个字符
s	输出字符串的字符,直到遇到"\0",或者输出由精度指定的字符数

格式字符	说　明
f	以小数形式输出单、双精度数,隐含输出 6 位小数。若指定的精度为 0,小数部分(包括小数点)都不输出
e 或 E	以标准指数形式输出单、双精度数,用 E 时,指数部分的 e 用大写 E,数字部分的小数位数为 6 位
g 或 G	由系统决定采用%f 或%e 或%E 格式,以使输出宽度最小,用 G 时,指数部分的 e 用大写 E
%	输出百分号(%)

在格式说明中,在%和上述格式字符之间还可以插入如表 3.2 所示的几种附加字符(又称修饰符)。

表 3.2　printf( )的附加格式说明符

格式字符	说　明
l 或 L	输出长整型数据,可以放在 d、o、x、u 的前面;输出 double 型数据,可以放在 f、e 之前
h	输出短整型数据,可以放在 d、o、x、u 的前面
m	输出数据的宽度
n	对于实数,表示输出 n 位小数。对于字符串,表示截取字符个数
—	输出的数据在域内左对齐

printf( )函数常用的格式符如下:

(1) d 格式符用来输出十进制整数。有以下用法:

- %d——以整数的实际位数输出。

例如:

```
printf(" % d",2009);
```

输出结果为:

2009

- %+d——以整数的实际位数输出,输出时正整数前带正号"+"。

例如:

```
printf(" % + d",2009);
```

输出结果为:

+ 2009

- %md——输出的整数占 m 列并右对齐,当 m 大于整数的宽度时,多余的位用空格填充;当 m 小于整数的宽度时,按整数的实际位数输出。

例如:

```
printf(" % 8d",2009);
```

输出结果为:

2009

- %—md——输出的整数占 m 列并左对齐,当 m 大于整数的宽度时,多余的位用空格填充,当 m 小于整数的宽度时,按整数的实际位数输出。

例如:

```
printf("%8d\n%-8d",2009,2009);
```

输出结果为:

```
    2009
2009
```

输出格式字符串"%8d\n%-8d"的含义是:先输出一个整型数据,占 8 个字符宽,右对齐,换行后,输出第二个整型数据,也占 8 个字符宽,左对齐。

- %ld 或%Ld——输出长整型数据,按实际位数输出。
- %hd——输出短整型数据,按实际位数输出。
- %mld 或%mLd——输出长整型数据占 m 列并右对齐,当 m 大于整数的宽度时,多余的位用空格填充,当 m 小于整数的宽度时,按整数的实际位数输出。
- %—mld 或%—mLd——输出长整型数据占 m 列并左对齐,当 m 大于整数的宽度时,多余的位用空格填充,当 m 小于整数的宽度时,按整数的实际位数输出。

例如:

```
long x = 123456;
printf("%8ld\n%-8ld",x,x);
```

输出结果为:

```
  123456
123456
```

- %0md——输出的整数占 m 列并右对齐,当 m 大于整数的宽度时,多余的位用 0 填充,当 m 小于整数的宽度时,按整数的实际位数输出。

例如:

```
printf("%08d",2009);
```

输出结果为:

```
00002009
```

注意:没有%—0md 格式控制符。

(2) o 格式符用来输出八进制整数,其用法同 d 格式符,用时把 d 格式符改为 o 格式符即可。

例如:

```
short int n =-1;
printf("%ho",n);
```

输出结果为:

顺序结构程序设计

177777

可以看到,八进制形式输出的整数是不考虑符号的。

(3) x 或 X 格式符用来输出十六进制数,其用法同 d 格式符,用时把 d 格式符改为 x 或 X 格式符即可。

例如:

```
short int n =- 1;
printf(" % hx ",n);
printf(" % hX",n);
```

输出结果为:

```
ffff FFFF
```

可以看到,十六进制形式输出的整数也是不考虑符号的。

(4) u 格式符用来输出无符号型的十进制整数,其用法同 d 格式符,用时把 d 格式符改为 u 格式符即可。

例如:

```
short int n =- 1;
printf(" % hd, % hu ",n,n);
```

输出结果为:

```
- 1,65535
```

从有符号的角度看,它表示的是-1;从无符号数的角度看,它表示的是 65 535。

(5) c 格式符用来输出一个字符。有以下用法:

- %c——输出一个字符。
- %mc——输出的字符占 m 列并右对齐,多余的位用空格填充。
- %-mc——输出的字符占 m 列并左对齐,多余的位用空格填充。

例如:

```
printf(" % 4c\n % - 4c",'A', 'A');
```

输出结果为:

```
   A
A
```

(6) s 格式符用来输出一个字符串。有以下用法:

- %s——以字符串的实际长度输出一个字符串。

```
printf(" % s","china");
```

输出结果为:

```
china
```

- %ms——输出的字符串占 m 列并右对齐,当 m 大于字符串的实际长度时,多余的位用空格填充,当 m 小于字符串的实际长度时,按字符串的实际长度输出。

- %-ms——输出的字符串占 m 列并左对齐,当 m 大于字符串的实际长度时,多余的位用空格填充,当 m 小于字符串的实际长度时,按字符串的实际长度输出。

例如:

```
printf("%8s\n%-8s","china","china");
```

输出结果为:

```
   china
china
```

- %m.ns→在 m 列的位置上输出一个字符串的前 n 个字符,并右对齐,当 $m>n$ 时,多余的位数用空格填充,当 $m<n$ 时,输出实际长度的字符串。
- %-m.ns→在 m 列的位置上输出一个字符串的前 n 个字符,并左对齐,当 $m>n$ 时,多余的位数用空格填充;当 $m<n$ 时,输出实际长度的字符串。

例如:

```
printf("%8.2s\n%-8.2s","china","china");
```

输出结果为:

```
      ch
ch
```

(7) f 格式符用来输出实数(包括单精度、双精度),以小数形式输出。有以下用法:

- %f——用于输出单精度小数,也可输出双精度小数,输出时实数的整数部分全部输出,小数部分保留 6 位,在有效数据范围内的小数部分要进行四舍五入。

例如:

```
printf("%f",12.123456789);
```

输出结果为:

```
12.123457
```

- %lf 或 %Lf——用于输出双精度小数,输出时实数的整数部分全部输出,小数部分保留 6 位,在有效数据范围内的小数部分要进行四舍五入。

例如:

```
double x = 12.123456789;
printf("%lf",x);
```

或写成:

```
printf("%f",x);
```

输出结果为:

```
12.123457
```

- %m.nf——在 m 列的位置上输出一个实数保留 n 位小数,并右对齐,系统自动对在有效数据范围内的小数部分进行四舍五入。当 *m* 大于实数总宽度时,多余的位数用空格填充,当 *m* 小于实数总宽度时,实数的整数部分按实际宽度输出。

- %－m. nf——在 *m* 列的位置上输出一个实数保留 *n* 位小数,并左对齐,系统自动对在有效数据范围内的小数部分进行四舍五入。当 *m* 大于实数总宽度时,多余的位数用空格填充;当 *m* 小于实数总宽度时,实数的整数部分按实际宽度输出。

例如:

```
printf("%8.2f\n%-8.2f",12.123456789,12.123456789);
```

输出结果为:

```
   12.12
12.12
```

- %.nf——实数的整数部分按实际宽度输出,保留 *n* 位小数,系统自动对在有效数据范围内的小数部分进行四舍五入。

例如:

```
printf("%.2f",12.123456789);
```

输出结果为:

```
12.12
```

(8) e 格式符用来以指数形式输出一个实数,用法同 f 格式符,用时把 f 格式符换成 e 格式符即可。

例如:

```
printf("%e",12.123456789);
```

输出结果为:

```
1.212346e+001
```

(9) g 格式符用来输出实数,系统根据实数的大小,自动选 f 格式符或 e 格式符输出,输出时选择占宽度较小的一种格式输出,且不输出无意义的 0。

【例 3.4】 输出函数应用举例。

```
#include<stdio.h>
void main( )
{   int a=27;
    char ch='A';
    float b=12.3456;
    double c=234.123456;
    printf("%4d%-4o%4x\n",a,a,a);
    printf("%-4c%4c\n",ch,ch);
    printf("b=%10.2f,b=%-10.2f\n",b,b);
    printf("b=%10.2e,b=%-10.2e\n",b,b);
    printf("c=%lf,c=%10.2lf\n",c,c);
    printf("%s,%5.2s","Hello!!!","Hello!!!");
}
```

程序运行结果如图 3.2 所示。

使用 printf( )函数要注意以下几个方面：

（1）数据类型应与格式说明符匹配，否则将会出现错误。

（2）int 型数据也可以用％u 格式输出；反之，一个 unsigned 型数据也可以用％d、％o、％x 格式输出。

图 3.2　例 3.4 程序运行结果

例如：

```
short int a =- 1;
unsigned short b = 65534;
printf("% hu, % hd\n",a,b);
```

程序运行结果如下：

```
65535, - 2
```

（3）除了 X、E、G、L 可以大写外，其他格式符必须小写，如％f 不能写成％F。

（4）如果需要输出"％"，则应在格式符内连续使用两个％。例如：

```
printf("% 5.2f % %",1/3.0 * 100)
```

输出为：

```
33.33 %
```

2. 格式输入函数

格式输入函数 scanf( )用于从键盘输入数据，该输入数据按指定的输入格式赋给相应的输入项。

其一般格式为：

```
scanf("输入格式控制符",输入项地址表列);
```

注意："输入格式控制符"必须用英文的双引号括起来，它的作用是按照输入格式从键盘输入若干类型的数据给后面的输入项。

例如：

```
int a,b;
scanf("a = % d,b= % d",&a, &b);        / * &a 和 &b 分别表示变量 a 和 b 的地址 * /
```

运行时从键盘输入：

```
a = 3,b = 5
```

按 Enter 键，则变量 a 和 b 的值分别是 3 和 5。

"输入格式控制符"可以是：

（1）格式符——即由％和格式字符组成，如％d、％f 等。

（2）普通字符——如"scanf("a =％d,b=％d\n",a,b);"中的"a ="、","、"b ="都是普通字符，输入时要照原样输入。

表 3.3 列出了 scanf( )函数常用的格式符。

表 3.3　scanf( )的格式说明

格式字符	说　　明
d、i	输入带符号的十进制整数
o	输入八进制无符号整数
x 或 X	输入十六进制无符号整数,大小写形式相同
u	输入无符号十进制整数
c	输入单个字符
s	输入字符串
f	输入实数,以小数形式或指数形式
e、E、g、G	与 f 作用相同,e 与 f、g 可以相互替换,大小写形式相同

在格式说明中,在%和上述格式字符之间还可以插入如表 3.4 所示的几种附加字符(又称修饰符)。

表 3.4　scanf( )的附加格式说明符

格式字符	说　　明
l 或 L	输入长整型数据,可以放在 d、o、x、u 的前面;输入 double 型数据。可以放在 f、e 之前
h	输入短整型数据,可以放在 d、o、x、u 的前面
m	用来指定输入数据的宽度
*	表示本输入项在读入后不赋给相应的变量

使用 scanf( )函数要注意以下几个方面:

(1)地址表列要用地址运算符"&"取变量的地址或用指针变量。例如:

```
int a,b, * pa = &a, * pb = &b;
scanf("%d%d",&a,&b);
```

或写成:

```
scanf("%d%d",pa,pb);
```

&a、&b、pa、pb 表示把输入的数据送到系统为变量 a 和 b 分配的内存中。下面的写法是错误的。

```
scanf("%d%d",a,b);
```

或写成:

```
scanf("%d%d", * pa, * pb);
```

(2)"输入格式控制符"中的普通字符一定要照原样输入。例如:

```
scanf("a=%d,b=%d",&a,&b);
```

输入时一定要把普通字符"a="、","、"b="照原样输入,否则会出现数据读入错误。

正确的输入格式是:

```
a = 3,b = 5
```

并按 Enter 键。

如果"输入格式控制符"中没有普通字符,则输入时应以一个或多个空格、Tab 键或 Enter 键来分隔。如:

```
scanf("%d%d",&a,&b);
```

正确的输入格式是:

```
3 5 ↙
3    5 ↙
3 ↙
5 ↙
```

"↙"代表 Enter 键。

(3) 可以指定输入数据的宽度,系统会自动按它截取所需的数据。例如:

```
int a;
float b;
scanf("%2d%3f",&a,&b);
```

输入:

```
123456 ↙
```

系统自动把 12 赋给 a,把 345.0 赋给变量 b。此方法也可用于字符型数据。例如:

```
scanf("%2c%3c",&c1,&c2);
```

输入:

```
abcdefg ↙
```

由于字符型变量只能存放一个字符,因此,系统将'a'赋给 c1,'c'赋给 c2。

(4) 需要连续输入多个字符时,字符之间不用分隔,而且空格、回车等均作为有效字符输入,例如:

```
scanf("%c%c",&c1,&c2);
```

输入:

```
AB ↙
```

系统把字符'A'赋给 c1,把字符'B'赋给 c2。

输入:

```
A B ↙
```

系统把字符'A'赋给 c1,把空格符赋给 c2。

(5) 如果%后面有一个'*',则表示本项输入不赋给任何变量。例如:

```
scanf("%d,%*d,%d",&a,&b);
```

输入：

12,34,56 ↙

系统将 12 赋给 a,56 赋给 b。

(6) 输入数据时不能规定精度。例如：

scanf("%6.2f",&a);

上述与输入语句是不合法的。

(7) 输入 double 型数据时,一定要在 f、e 之前加字母 l 或 L。例如：

```
double a;
scanf("%lf",&a);
```

(8) %d、%c、%f 在一起进行混合输入时,要注意输入的格式。例如：

scanf("%d%c%f",&x,&y,&z);

输入：

12A23.6 ↙

系统把 12 赋给 x,把字符'A'赋给 y,把 23.6 赋给 z。

输入：

12 A 23.6 ↙

系统把 12 赋给 x,把空格符赋给 y,z 的值为随机数。

(9) 输入数据时,遇到以下情况认为数据输入结束。

- 遇到空格、回车或 Tab 键。
- 指定的宽度结束。如"%2d",只取 2 位。
- 遇到非法输入。例如：

scanf("%d",&a);

输入：

123Q ↙

系统只将 123 赋给 a。

3.3　程序举例

本节再通过几个例子来说明输入输出函数的应用,请读者细心观察输入和输出格式。

【例 3.5】　从键盘上输入 3 个数,输出其平均值。

```
#include<stdio.h>
void main( )
{   int a,b,c;
    float aver;
```

```
    scanf("%d%d%d",&a,&b,&c);
    aver = (a + b + c)/3.0;
    printf("aver = %7.2f\n",aver);
}
```

输入：

1 6 9 ↙

输出：

area =   5.33

【例 3.6】 交换两个变量的值。

```
#include<stdio.h>
void main( )
{    int a,b,t, * pa = &a, * pb = &b;
     scanf("a = %d,b = %d",&a,&b);      /* 等价于 scanf("a = %d,b = %d",pa,pb); */
     t = * pa; * pa = * pb; * pb = t;      /* 等价于 t = a;a = b;b = t; */
     printf("a = %d,b = %d\n",a,b);      /* 等价于 printf("a = %d,b = %d\n", * pa, * pb); */
}
```

输入：

a = 3,b = 5 ↙

输出：

a = 5,b = 3

【例 3.7】 输入一个大写字母，要求输出其对应的小写字母。

```
#include<stdio.h>
void main( )
{    char ch;
     scanf("ch = %c",&ch);              /* 本语句也可以使用 ch = getchar( ); */
     ch += 32;
     printf("ch = %c\n",ch);            /* 本语句也可以使用 putchar(ch); */
}
```

输入：

ch = A ↙

输出：

ch = a

【例 3.8】 输入三角形的三边长，求三角形面积。

已知三角形的三边长 a、b、c，则该三角形的面积公式为：

$$area = \sqrt{s(s-a)(s-b)(s-c)},$$

其中 $s=(a+b+c)/2$

```
#include<stdio.h>
#include<math.h>
void main( )
{
    float a,b,c,s,area;
    scanf("%f,%f,%f",&a,&b,&c);
    s=1.0/2*(a+b+c);
    area=sqrt(s*(s-a)*(s-b)*(s-c));
    printf("area=%7.2f\n",area);
}
```

输入：

3.5,4.6,5.7↙

输出：

area=   8.05

【例 3.9】 输入一个实数，要求按保留小数点后 2 位，第三位四舍五入输出。

```
#include<stdio.h>
void main( )
{   float x;
    scanf("x=%f",&x);
    x=(int)(x*100+0.5)/100.0;
    printf("x=%f\n",x);
}
```

输入：

x=12.34567↙

输出：

x=12.350000

【例 3.10】 输入两个 2 位的正整数，要求把这两个正整数重新组合后输出。
例如：a＝35、b＝46，经重新组合后输出 c＝3456。

```
#include<stdio.h>
void main( )
{   int a,b,c;
    scanf("a=%d,b=%d",&a,&b);
    c=a/10*1000+b/10*100+a%10*10+b%10;
    printf("c=%d\n",c);
}
```

输入：

a=35,b=46↙

输出：

c = 3456

习 题 3

一、选择题

3.1 若 a、b、c、d 都是 int 型变量且初值为 0,以下选项中不正确的赋值语句是(　　)。

    A) a＝b＝c＝100;　　　　　　　　B) d++;

    C) c+b;　　　　　　　　　　　　D) d＝(c＝22)－(b++);

3.2 下列选项中不是 C 语句的是(　　)。

    A) {int i;i++;printf("%d\n",i);} B) ;

    C) a＝5,c＝10　　　　　　　　　D) {;}

3.3 合法的 C 语言赋值语句是(　　)。

    A) A＝B＝58　　　B) K＝int(a+b)　　　C) a＝58,b＝58　　　D) ——i;

3.4 使用 getchar( )函数时应在程序的开头嵌入的头文件是(　　)。

    A) "math. h"　　B) "stdio. h"　　C) "alloc. h"　　D) "dos. h"

3.5 有如下程序段：

```
char ch1,ch2;
ch1 = getchar( );
ch2 = getchar( );
putchar(ch1);
putchar(ch2);
```

若运行时输入：A B↙

则输出结果是(　　)。

    A) AB　　　　B) A B　　　　C) A　　　　D) AA

3.6 有以下程序：

```
# include"stdio. h"
void main( )
{   int x = 10,y = 3;
    printf(" %d\n",y = x/y);
}
```

程序执行后的输出结果是(　　)。

    A) 0　　　　B) 1　　　　C) 3　　　　D)不确定的值

3.7 若变量已正确定义为 int 型,要给 a、b、c 输入数据,正确的输入语句是(　　)。

    A) read(a,b,c);

    B) scanf("%d%d%d",a,b,c);

    C) scanf("%D%D%D",&a,&b,&c);

    D) scanf("%d%d%d",&a,&b,&c);

3.8 若变量已正确定义为 float 型,要通过输入语句"scanf("&f &f &f",&a,&b,

顺序结构程序设计

&c);"给 a、b、c 分别赋值为 11.0、22.0、33.0,不正确的输入形式是(　　)。

  A) 11   B) 11.0,22.0,33.0_ C) 11.0   D) 11 22

    22   22.0 33.0   33

    33

3.9 若变量 a、b、t 已正确定义,要将 a 和 b 中的数进行交换,以下选项中不正确的是(　　)。

  A) a=a+b,b=a-b,a=a-b;   B) t=a;a=b;b=t;

  C) a=t;t=b;b=a;   D) t=b;b=a;a=t;

3.10 若有正确定义语句"double x=5.16894;",则语句"printf("%f\n",(int)(x * 1000+0.5)/(double)1000);"的输出结果是(　　)。

  A) 输出格式不对 B) 5.170000   C) 5.168000   D) 5.169000

3.11 若有以下程序段:

```
int c1 = 1,c2 = 2,c3;
c3 = c1/c2;
printf("%d\n",c3);
```

程序执行后的输出结果是(　　)。

  A) 0   B) 1/2   C) 0.5   D)1

3.12 若有以下程序段:

```
int a = 0,b = 0,c = 0;
c = (a -= a - 5),(a = b,b + 3);;
printf("%d, %d, %d\n",a,b,c);
```

程序执行后的输出结果是(　　)。

  A) 3,0,-10   B) 0,0,5   C) -10,3,-10 D) 3,0,3

3.13 有以下程序段:

```
char ch; int k;
ch = 'a';k = 12;
printf("%c, %d,",ch,ch,k);
printf("k = %d\n",k)
```

已知字符'a'的 ASCII 码值为 97,则执行上述程序段后输出结果是(　　)。

  A) 因变量类型与格式符的类型不匹配输出无定值

  B) 输出项与格式描述符个数不符,输出为 0 值或不定值

  C) a,97,12k=12

  D) a,97,k=12

3.14 有以下程序段:

```
int a = 1,b = 1;
scanf("%d%d",&a,&b);
printf("a = %d,b = %d\n",a,b);
```

运行时输入:12.36↙,则输出结果是(　　)。

A) a＝12,b＝36   B) a＝12.36,b＝1

C) a＝12,b＝1   D) a＝12,b＝0

3.15　有以下程序段：

```
int a;
float b;
scanf("%2d%1f",&a,&b);
printf("%d,%f\n",a,b);
```

运行时输入：876543.0,则输出结果是(　　　)。

A) 87,6.000000   B) 876,543.000000

C) 76,543.00000   D) 87,6543.000000

3.16　若有说明语句"double * p,a;",则能通过 scanf 语句正确给输入项读入数据的程序段是(　　　)。

A) * p=&a;scanf("%lf",p);   B) * p=&a;scanf("%f",p);

C) p=&a;scanf("%lf", * p);   D) p=&a;scanf("%lf",p);

二、填空题

3.17　若有以下定义,请写出输出结果。

```
int i=-200,j=2500;
printf("(1)%d,%d".i.j);
printf("(2)i=%d,j=%d\n",i,j);
printf("(3)i=%d\nj=%d\n",i,j,);
```

3.18　变量 i、j、k 已定义为 int 型且初值为 0,用以下语句进行输入：

```
scanf("%d",&i);scanf("%d",&j);scanf("%d",&k);
```

从键盘输入：12.3↙,则 i、j、k 的值分别是_____。

3.19　复合语句在语法上被认为是_____,空语句的形式为_____。

3.20　C 语句的最后用_____结束。

3.21　以下程序段是要求 scanf 语句给变量赋值,写出运行时给 k、a、x 分别输入 100、15.81、1.89234 时的 3 种输入形式。

```
int k;float a;double x;
scanf("%d%f%lf",&k,&a,&x);
printf("k=%d,a=%f,x=%f\n",k,a,x);
```

三、编程题

3.22　从键盘输入一个小写字母,用大写形式输出该字母。

3.23　输入任意一个 3 位数,将其各位数字反序输出。

3.24　编写程序,读入 3 个整数给 a、b、c,然后交换它们中的数,交换原则：a 给 b、b 给 c、c 给 a,然后输出 a、b、c。

第4章 分支结构程序设计

第3章介绍了顺序结构的程序设计,顺序结构中的所有语句都要按照书写的顺序执行一次。但是有时根据问题的要求,程序要根据不同的情况选择不同的执行语句。在 C 语言中,用 if 语句(条件语句)或 switch 语句(开关语句)来实现分支结构程序。

4.1 关系运算符和关系表达式

4.1.1 关系运算符

关系运算实际上就是"比较运算",即进行两个数的比较,判断比较的结果是否符合指定的条件。如 x < y 中的"<"代表小于关系运算。假设 x 的值是 3,y 的值是 5,则 x < y 运算的结果为"真",即条件成立;假设 x 的值是 5,y 的值是 3,则 x < y 运算的结果为"假",即条件不成立。

C 语言提供以下 6 种关系运算符:

>(大于)

>=(大于等于)

<(小于)

<=(小于等于)

==(等于)

!=(不等于)

关系运算符都是双目运算符,其结合性为从左到右。关系成立,则关系运算的值为1,即逻辑"真";关系不成立,则关系运算的值为 0,即逻辑"假"。

例如:

3 < 5(值为 1)

5!=3(值为 1)

5==3(值为 0)

'a'<'b'(值为 1,比较两个字符的 ASCII 值)

说明:

(1) 由两个字符组成的关系运算符之间不允许有空格。

(2) 关系表达式的值为"真"或"假",即当表达式成立为"真",否则为"假",通常"真"用 1 来表示,"假"用 0 来表示。

(3) 前 4 种关系运算符(>、>= 、<、<=)的优先级相同,后 2 种关系运算符(==、!=)的

优先级相同,且前 4 种关系运算符的优先级高于后 2 种关系运算符的优先级。

例如,a>b>c 等价于(a>b)>c,在 C 语言中,先计算 a>b,得到一个值"真"或"假",然后再判断这个值是否大于 c,得到的值就是表达式的值。值得注意的是,在 C 语言中的关系表达式 a>b>c 和数学中的 a>b>c 的含义(a>b 并且 b>c)是不同的。

再如,x==y<z 等价于 x==(y<z),即先计算 y<z 的值,然后再判断这个值是否等于 x,得到的值就是表达式的值。

(4) 关系运算符的优先级低于算术运算符,但高于赋值运算符。

例如,x=y<z 等价于 x=(y<z),先计算 y<z 的值,然后把这个值再赋给 x;再如,a>b+c 等价于 a>(b+c)。

(5) 如果 a 和 b 都是实型数据,应避免使用 a==b 这样的关系表达式,因为在内存中存放的实型数据是有误差的。

(6) 注意赋值运算符"="和关系运算符"=="的区别。

4.1.2 关系表达式

由关系运算符构成的表达式,称为关系表达式。关系运算符两边的运算对象可以是 C 语言中任意合法的表达式。

关系表达式的值为"逻辑值",即"真"和"假","真"用整数 1 来表示,"假"用整数 0 来表示。

以下都是合法的关系表达式:

```
a + b > c + d
(a = 3) > (b = 5)
x! = y
a > c == c
'a' + 1 == 'b'
'A' + 32 == 'B'
…
```

【例 4.1】 关系运算符和关系表达式举例。

```
# include < stdio. h>
void main( )
{    int a = 3,b = 5,c = 23;
     char ch = 'A';
     printf(" % d, % d\n",a>b,a<b + c);
     printf(" % d, % d\n",a! = ch,c == a + b);
     printf(" % d, % d\n",a<b>c,ch + 32 == 'a');
}
```

程序运行结果如下:

```
0,1
1,0
0,1
```

4.2 逻辑运算符和逻辑表达式

4.2.1 逻辑运算符

在 C 语言中,选择条件不仅可以由关系表达式组成,还可以由逻辑表达式组成,进行逻辑判断时,如果运算对象的值为非 0,C 语言就认为是逻辑"真",否则认为是逻辑"假"。逻辑运算与关系运算的结果都是逻辑值"真"或"假",分别用整数 1(不用非 0)和 0 表示。

C 语言提供了如下 3 种逻辑运算符:!(逻辑"非")、&&(逻辑"与")和‖(逻辑"或")。其中"&&"和"‖"为双目运算符,"!"为单目运算符,出现在运算对象的左边。逻辑运算符的结合性为从左到右。

当参与逻辑"与"(&&)运算的两个操作数都为"真",结果才为"真"。

当参与逻辑"或"(‖)运算的两个操作数中只要有一个为"真",结果就为"真"。

说明:

(1) 3 种逻辑运算符的优先级从高到低是:!、&&、‖。

例如:a>0‖b<0&&!c 等价于 a>0‖(b<0&&(!c))。

(2) 逻辑运算符与关系运算符、算术运算符、赋值运算符之间的优先级从高到低是:!(逻辑"非")、算术运算符、关系运算符、逻辑运算符(&& 和‖)、赋值运算符。

例如:x=a+b>c&&!c+d 等价于 x=((a+b)>c&&((!c)+d))。

(3) 关于逻辑运算符"!"。

例如:

```
!(a>b)               /* 等价于 a<=b */
!((a>b)&&(c<=d))     /* 等价于(a<=b)‖(c>d) */
```

(4) 在 C 语言中,由"&&"或"‖"构成的逻辑表达式,在某些情况下会产生"短路"。

例如:"短路"现象 1

```
int a = 0,b = 1;
a++&&b++;
printf(" % d, % d\n",a,b);
```

输出:

```
1,1
```

先计算 a++ 的值,由于 a 的初始值为 0,所以表达式 a++ 的值为 0,即为"假",因为是"逻辑与"运算,因此系统完全可以确定表达式 a++&&b++ 的值为 0,即"假",这样就不必再对 b++ 进行求值(短路),但是由于对 a++ 进行了求值计算,因此求值计算结束后 a 自增 1。

再如:"短路"现象 2

```
int a = 1,b = 1;
```

```
a++ ‖ b++;
printf("%d,%d\n",a,b);
```

输出：

```
2,1
```

先计算 a++ 的值，由于 a 的初始值为 1，所以表达式 a++ 的值为 1，即为"真"，a 自增 1，因为是"逻辑或"运算，此时系统完全可以确定表达式 a++ ‖ b++ 的值为 1，因此不必对 b++ 进行求值计算（短路）。

4.2.2 逻辑表达式

由逻辑运算符构成的表达式，称为逻辑表达式。逻辑运算符两边的运算对象可以是 C 语言中任意合法的表达式。

逻辑表达式的值为"逻辑值"，即"真"和"假"，"真"用整数 1 来表示，"假"用整数 0 来表示。

以下都是合法的逻辑表达式：

```
a + 3 > b - 5&&!c
a ‖ b&&c
x + y&&x < y
!a
…
```

【例 4.2】 逻辑运算符和逻辑表达式举例。

```
#include<stdio.h>
void main()
{    int a = 3,b = 5,c = 23;
     int x = 9,y = 10;
     printf("%d,%d\n", a + 3 > b - 5&&!c, a ‖ b&&c);
     printf("%d,%d\n", x + y&&x < y, !a);
}
```

程序运行结果如下：

```
0,1
1,0
```

4.3 if 语句以及用 if 语句构成的分支结构

在 C 语言的程序设计过程中，往往需要处理类似于分段函数这样的问题，如下列的分段函数：

$$y = \begin{cases} x, & (-5 < x < 0) \\ x - 1, & (x = 0) \\ x + 1, & (0 < x < 10) \end{cases}$$

求解这类问题的流程如下：

(1) 输入 x。

(2) 根据 x 的值，求出相应的 y。

(3) 输出 y 的值。

显然程序的流程由 x 的值决定，这类程序结构称为"分支结构"，分支的依据是根据条件语句来作出的，分支结构程序设计中，条件语句的作用是：程序按照某种条件有选择地执行一条或多条语句。C 语言中可以用 if 语句来完成程序的分支，有 3 种基本形式。

4.3.1 if 语句的两种基本形式

1. 单分支 if 语句，即不含 else 子句的 if 语句

语句格式如下：

```
if(表达式)
    语句            /*if 的子句*/
```

语句的执行过程如下：

首先计算紧跟在 if 后面一对小括号中的表达式的值。

(1) 如果表达式的值为"真"，则执行其后的 if 子句，即其下面的最近的一条语句或其下面最近的复合语句，然后再去执行 if 语句后面的其他语句。

(2) 如果表达式的值为"假"，则跳过 if 子句，直接执行 if 语句后面的其他语句。

其执行过程可用如图 4.1 所示的流程图来表示。

例如：

```
if(a>b)
  a++;              /*if 子句*/
b++;
```

执行过程：先计算 a>b 的值，如果为"真"，则执行 a++，然后再去执行 b++；如果为"假"，则跳过 a++，直接去执行 b++。

再如：

图 4.1　单分支选择结构的执行过程

```
if(a>b)
  {a++;
  b++;}          /*此复合语句是 if 子句*/
c++;
```

执行过程：先计算 a>b 的值，如果为"真"，则执行复合语句{a++;b++;}，然后再去执行 c++；如果为"假"，则跳过复合语句{a++;b++;}，直接去执行 c++。

说明：if 后面一对小括号中的表达式可以是任意合法的表达式。

例如：

```
if(x = y)
  printf(" % d\n",x++);
printf(" % d\n", ++y);
```

执行过程：先计算表达式 x＝y 的值，即先把 y 赋给 x，然后判断 x 为"真"或"假"，如果 x 为"真"，则执行语句 printf("%d\n",x++)，然后再去执行语句 printf("%d\n"，++y)；如果 x 为"假"，则跳过语句 printf("%d\n",x++)，直接去执行语句 printf("%d\n"，++y)。

再如：

```
if(a++> b)
    printf(" % d\n",a/b);
printf(" % d\n", a % b);
```

执行过程如下：

(1) 计算 a > b 的值。

(2) a 自增 1，即执行 a＝a＋1。

(3) 根据第一步计算的结果是"真"还是"假"来决定执行哪些语句。

使用 if 语句要注意以下几个方面：

(1) if 是 C 语言的关键字，必须小写，而且 if 后面的一对小括号不能省略。

(2) 不要轻易在 if 后面的一对小括号后面加分号"；"，否则会出现错误或改变了 if 的子句。

例如：

```
if(a > b);
    a++;
b++;
```

上例中虽然不会出现错误提示，但是 if 的子句已经变为空语句"；"了。

2. 双分支 if 语句，即含 else 子句的 if 语句

语句格式如下：

```
if(表达式)        语句1
else             语句2
```

说明：if 和 else 都是 C 语言的关键字，而且 else 不能单独出现。"语句 1"称为 if 子句，"语句 2"称为 else 子句，这些语句可以是一条语句，也可以是复合语句。

语句执行过程如下：

首先计算紧跟在 if 后面一对小括号中的表达式的值。

(1) 如果表达式的值为"真"，则执行其后的 if 子句，即其下面的最近的一条语句或其下面最近的复合语句，然后再去执行 if 语句后面的其他语句。

(2) 如果表达式的值为"假"，则跳过 if 子句，去执行 else 子句，然后再去执行 if 语句后面的其他语句。

其执行过程可用如图 4.2 所示的流程图来表示。

例如：

```
if(a > b)
    printf(" % d\n",a);        / * if 子句 * /
else printf(" % d\n",b);       / * else 子句 * /
```

图 4.2 双分支选择结构的执行过程

分支结构程序设计

执行过程：先计算表达式 a>b 的值，如果为"真"，则执行 if 子句（注意：else 子句就不执行了），然后再去执行 if 语句后面的其他语句；如果为"假"，则执行 else 子句（注意：if 子句就不执行了），然后再去执行 if 语句后面的其他语句。

使用 if…else 语句应注意以下几个方面：

(1) if 和 else 都是 C 语言的关键字，必须小写。

(2) else 不是一条独立的语句，不能单独出现，必须与 if 配对使用，配对的原则是：else 与其上面最近的且没使用的 if 配对。

【例 4.3】 分析下面程序。

```
# include < stdio.h >
void main( )
  {  int a = 2, b = -1, c = 2;
     if(a < b)
        if(b < 0) c = 0;
            else c += 1;
     printf("c = % d",c);
  }
```

程序运行结果如下：

```
c = 2
```

分析：根据 else 与 if 的配对原则，else 应该与 if(b<0)配对，共同组成一条 if…else 语句来作为 if(a<b)的子句。

(3) 在 if 和 else 之间不能出现第二条语句或第二条复合语句，否则会出现错误提示。例如：

```
if(x == y)
    x++;
    printf(" % d\n",x);
else printf(" % d\n",x * y);
```

当执行上述 if…else 语句时，会出现"illegal else without matching if"错误提示，原因是：在 if 和 else 之间出现了第二条语句 printf("%d\n",x)。

如果改写成下面的形式就不会出现错误提示了：

```
if(x == y)
    {x++;
    printf(" % d\n",x);}              / * 此复合语句是 if 子句 * /
else printf(" % d\n",x * y);
```

4.3.2　嵌套的 if 语句

当 if 语句中的执行语句又是 if 语句时，则构成了 if 语句嵌套的情形。其一般形式可表示如下：

```
if(表达式)    if 语句;
```

或者为

```
if(表达式)
    if 语句;
else
    if 语句;
```

在嵌套内的 if 语句可能又是 if…else 型的,这将会出现多个 if 和多个 else 重叠的情况,这时要特别注意 if 和 else 的配对问题。

为了说明 if 语句嵌套的各种情形,下面将单分支 if 语句命名为 A,给双分支 if 语句命名为 B。

1. 在 A 语句中嵌套 A 语句

语句格式如下:

```
if(表达式 1)
    if(表达式 2) 语句 1              /＊if 子句＊/
```

2. 在 A 语句中嵌套 B 语句

语句格式如下:

```
if(表达式 1)
    if(表达式 2) 语句 1
    else 语句 2
```

3. 在 B 语句中嵌套 A 语句

1) 第一种情形

语句格式如下:

```
if(表达式 1)
    { if(表达式 2) 语句 1}
else 语句 2;
```

注意:上述语句格式中的一对大括号{}不能省略,如果省略了一对大括号{},则 else 就会与第二个 if 配对,形成了如下等价形式:

```
if(表达式 1)
    {if(表达式 2) 语句 1;
     else 语句 2; }                /＊if 子句＊/
```

例如:

```
if(a)
    {if(b) b++; }
else a++;
```

假设 a 和 b 的初值都为 0,上述程序段执行后:a＝1,b＝0。如果去掉上述程序段中的一对大括号{},则上述程序段执行后:a＝0,b＝0。

2) 第二种情形

语句格式如下:

```
if(表达式 1)
        语句 1
```

第
4
章

分支结构程序设计

else if(表达式 2) 语句 2

执行过程:当表达式 1 为"真"时,执行语句 1(此时不执行"if(表达式 2)语句 2");当表达式 1 为"假"时,执行"if(表达式 2)语句 2",即当表达式 2 为"真"时,执行语句 2;当表达式 2 为"假"时,跳过语句 2,执行其后面的其他语句。

例如:

```
int a = 6,b = 9,c;
if(a == b)
        c = a^b;
    else if(a < b) c = a|b;
```

上述程序段运行后,c 的值等于 15。

4. 在 B 语句中嵌套 B 语句

1) 第一种情形:在 B 语句的语句 1 中嵌套 B 语句

语句格式如下:

```
if(表达式 1)
    if(表达式 2) 语句 1
    else 语句 2
else 语句 3;
```

执行过程:当表达式 1 为"真"时,执行内嵌的 if…else 语句(此时不执行语句 3);当表达式 1 为"假"时,执行语句 3(此时不执行内嵌的 if…else 语句,即跳过内嵌的 if…else 语句)。

例如:

```
int a = 2,b = 4,c = 0;
if(a)
    if(!b) c = a << 1;
        else c = b >> 1;
else c += 1;
```

上述程序段运行后,c 的值等于 2。

2) 第二种情形:在 B 语句的语句 2 中嵌套 B 语句

语句格式如下:

```
if(表达式 1) 语句 1;            /* 语句 1 为 if 的子句 */
    else
        if(表达式 2) 语句 2;
        else 语句 3;            /* "if(表达式 2) 语句 2…else 语句 3"为 else 子句 */
```

或写成:

```
if(表达式 1) 语句 1;            /* 语句 1 为 if 的子句 */
    else if(表达式 2) 语句 2;
        else 语句 3;            /* "if(表达式 2) 语句 2…else 语句 3"为 else 子句 */
```

执行过程:当表达式 1 为"真"时,执行语句 1(此时不执行"if(表达式 2)语句 2…else 语句 3");当表达式 1 为"假"时,执行"if(表达式 2)语句 2…else 语句 3",即当表达式 2 为"真"时,执行语句 2,当表达式 2 为"假"时,执行语句 3。

当 else 子句中多次嵌套 if 语句时就形成了 if…else…if 语句,因此本书强调 if 语句有 2 种形式而不是 3 种。

【例 4.4】 根据输入的学生成绩输出相应的等级,大于或等于 90 分以上的等级为 A,大于或等于 80 分并且小于 90 分的等级为 B,以此类推,每 10 分为一个等级,60 分以下的等级为 E。

```
# include< stdio.h>
void main( )
{    int score;
     printf("Input score:");
     scanf(" %d",&score);
     if(score>=90) printf("The %d is belong to %c\n",score,'A');
        else if(score>=80) printf("The %d is belong to %c\n",score,'B');
            else if(score>=70) printf("The %d is belong to %c\n",score,'C');
                else if(score>=60) printf("The %d is belong to %c\n",score,'D');
                    else printf("The %d is belong to %c\n",score,'E');
}
```

当执行以上程序时,首先输入学生的成绩,然后进入 if 语句。

程序运行结果如下:

```
Input score:85 ↙
The 85 is belong to B
```

4.3.3 条件表达式构成的分支结构

如果在条件语句中,只执行单个的赋值语句时,常可使用条件表达式来实现。不但使程序简洁,也提高了运行效率。

条件运算符是由"?"和":"组成的,它是一个三目运算符,即要求有 3 个运算对象。

由条件运算符构成的条件表达式的一般形式为:

表达式 1?表达式 2: 表达式 3

执行过程为:如果表达式 1 的值为真,则以表达式 2 的值作为条件表达式的值,否则以表达式 3 的值作为整个条件表达式的值。

条件表达式通常用于赋值语句之中。

例如条件语句:

```
if(a>b) max = a;
else max = b;
```

可用条件表达式写为

```
max = (a>b)?a:b;
```

执行该语句的语义是:如 a>b 为真,则把 a 赋予 max,否则把 b 赋予 max。

使用条件表达式时,还应注意以下几点:

(1) 条件运算符的运算优先级低于关系运算符和算术运算符,但高于赋值运算符。因此表达式"max=(a>b)? a:b"与"max=a>b? a:b"等价。

分支结构程序设计

（2）条件运算符？和：是一对运算符，不能分开单独使用。

（3）条件运算符的结合方向是自右至左。因此"a＞b? a:c＞d? c:d"应理解为"a＞b? a:(c＞d? c:d)"。

这也就是条件表达式嵌套的情形，即其中的表达式 3 又是一个条件表达式。例如：

```
int a = 6, b = 3, c = 9, d = 7, t1, t2;
t1 = a > b?a:(c > d?c:d);
t2 = a > b?(a > c?d:c):d;
printf("t1 = % d\nt2 = % d\n", t1, t2);
```

上述程序段运行后的结果是：

```
t1 = 6
t2 = 9
```

【例 4.5】 用条件运算符改写例 4.4。

```
# include < stdio. h >
void main( )
{    int score;
     char grade;
     printf("Input score:");
     scanf(" % d", &score);
     grade = score >= 90?'A':score >= 80?'B':score >= 70?'C':score >= 60?'D':'E';
     printf("The % d is belong to % c\n", score, grade);
}
```

程序运行结果如下：

```
Input score:85 ↙
The 85 is belong to B
```

例 4.4 和例 4.5 程序的执行过程可用如图 4.3 所示的流程图来表示。

图 4.3　多分支选择结构的执行过程

4.4 switch 语句

4.4.1 switch 语句及用 switch 语句构成的分支结构

1. switch 语句的格式

在编写程序时，经常会碰到多分支的情况，这时可用嵌套 if…else…if 语句来实现，但如果分支较多，则 if 语句层数较多，导致使用起来不方便，并且容易出错。针对这种情况，C 语言提供了 switch 语句直接处理多分支选择。

switch 语句格式为：

```
switch(表达式)
{
    case 常量表达式 1: 语句组 1 或空;
    case 常量表达式 2: 语句组 2 或空;
    …
    case 常量表达式 n: 语句组 n 或空;
    default: 默认语句组;
}
```

2. switch 语句执行过程

（1）首先计算 switch 后面的一对小括号中的表达式的值。

（2）在 switch 语句体内寻找与其相匹配的常量表达式（值），如果找到了，则开始执行其后面的语句组，包括执行其后的所有 case 和 default 中的语句组，直到 switch 语句结束；如果没有找到，需要分两种情况：一是有 default，则开始执行 default 后面的语句，包括执行 default 后面所有 case 中的语句组；二是没有 default，则跳过 switch 语句体，去执行 switch 语句之后的其他语句。

3. 使用 switch 语句的注意事项

（1）switch 后面的表达式可以是整型常量或变量、字符常量或变量、关系表达式、逻辑表达式、整型算术表达式等。

（2）case 后面的常量表达式可以为任何整型数据或字符型数据但不能是变量。

（3）每一个 case 的常量表达式的值必须互不相同，否则就会出现互相矛盾的现象（对表达式的同一个值，有两种或多种执行方案）。

（4）每个 case 或 default 后的语句可以是语句组，但不需要使用"{"和"}"括起来。

（5）多个 case 可以共用同一组执行语句。

（6）关键字 csae 和后面的常量表达式之间一定要有空格，例如"case 10:"不能写成"case10:"。

（7）default 语句可以缺省，也可以放在大括号内的任意位置（不一定放在最后），如果缺省，而且所有 case 后面的常量表达式的值与 switch 后面的表达式的值不等，则什么也不执行，直接退出 switch 语句。

（8）switch 结构也可以嵌套，即在一个 switch 语句中嵌套另一个 switch 语句。

【例 4.6】 用 switch 语句改写例 4.4。

```
# include < stdio. h >
void main( )
{   int score;
    printf("Input score:");
    scanf(" % d",&score);
    switch(score/10)
    {   case 10:
        case 9: printf("The % d is belong to % c\n",score,'A');
        case 8: printf("The % d is belong to % c\n",score,'B');
        case 7: printf("The % d is belong to % c\n",score,'C');
        case 6: printf("The % d is belong to % c\n",score,'D');
        default: printf("The % d is belong to % c\n",score,'E');
    }
}
```

当执行以上程序,输入了一个 85 分的学生成绩后,接着执行 switch 语句,首先计算 switch 后一对括号中的表达式:85/10,它的值是 8,然后寻找与 8 匹配的 case 值,找到 case 8 分支后,开始执行其后的各语句。程序执行结果为:

```
Input score:85 ↙
The 85 is belong to B
The 85 is belong to C
The 85 is belong to D
The 85 is belong to E
```

从程序执行结果可见并不满足我们的要求,除了输出我们期望的 B 级以外,还多输出了 C、D、E。为了改变这种多余输出的情况,switch 语句还常常需要与 break 语句配合使用。即把 break 语句作为每个 case 分支的最后一条语句,当执行到 break 语句时,使流程跳出本条 switch 语句。

4.4.2 在 switch 语句体中使用 break 语句

从上例中我们可以看出,没有得到期望的输出结果,通常 switch 语句总是与 break 语句联合使用,使得 switch 语句真正起到多分支的作用。

break 语句的作用是:跳出本层的 switch 语句。

【例 4.7】 用 switch 语句和 break 语句联合改写例 4.6。

```
# include < stdio. h >
void main( )
{   int score;
    printf("Input score:");
    scanf(" % d",&score);
    switch(score/10)
    {   case 10:
        case 9: printf("The % d is belong to % c\n",score,'A');break;
        case 8: printf("The % d is belong to % c\n",score,'B'); break;
```

```
case 7: printf("The %d is belong to %c\n",score,'C'); break;
case 6: printf("The %d is belong to %c\n",score,'D'); break;
default: printf("The %d is belong to %c\n",score,'E');
    }
}
```

程序运行结果如下：

```
Input score:85 ↙
The 85 is belong to B
Input score:56 ↙
The 56 is belong to E
```

从运行结果来看，达到了我们预期的输出结果。

这里的例 4.4～例 4.7 说明了一个问题，即一个实际问题可以有多种方法来解决，请读者思考一下如果学生的成绩不是整数，上述的几个例子将如何改动才能实现问题的要求呢？

其实以上各种分支结构都可以应用于同一问题，只要真正掌握其中一种编程时就没有问题，C 语言提供这么多种方法也只是为了迎合不同人的习惯。

4.5   程 序 举 例

【例 4.8】   从键盘输入两个整数，要求由小到大输出。

```
# include < stdio.h >
void main( )
{   int a,b,t, * pa = &a, * pb = &b;
    printf("Input a,b:");
    scanf("%d,%d",&a,&b);        /* 从键盘上输入两个整数分别赋给 a 和 b,注意输入格式 */
    if(a > b)
      {t = * pa; * pa = * pb; * pb = t;}/* 借助第三变量 t 交换 a 和 b 的值,等价于{t = a;a = b;b = t;} */
    printf("\na = %d,b = %d\n", * pa, * pb);        /* 等价于 printf("\na = %d,b = %d\n",a,b); */
}
```

程序运行结果如下：

```
Input a,b:5,3 ↙
a = 3,b = 5
```

【例 4.9】   从键盘输入一个整数，判断其是奇数还是偶数。

```
# include < stdio.h >
void main( )
{   int x,y;
    printf("Input x:");
    scanf("%d",&x);
    if(x % 2 == 0)
      printf("%d is 偶数\n",x);
    else printf("%d is 奇数\n",x);
}
```

程序运行结果如下：

Input x:5 ↙
5 is 奇数

【例 4.10】 分析下面的程序。

```
#include<stdio.h>
void main()
{    int a=2,b=-1,c=2;
     if(a++<b)
        if(b<0) c=0;                            /*语句1*/
          else c+=1;                            /*语句2*/
     printf("a=%d,b=%d,c=%d\n",a,b,c);          /*语句3*/
}
```

程序运行结果如下：

a=3,b=-1,c=2

分析：可以把条件 a++<b 分成 3 个步骤来执行：

(1) 先判断 a<b 是真还是假？

(2) 把 a 加 1,即 a=a+1。

(3) 根据步骤(1)的判断情况来决定程序的执行方向。

上述程序的执行过程可用如图 4.4 所示的流程图来表示。

图 4.4   带嵌套的选择结构的执行过程

请考虑：若把 if(a++<b)中的条件表达式 a++<b 改为++a<b 会输出什么样的结果呢？

【例 4.11】 完成下面的分段函数：

$$y=\begin{cases} x & (-5<x<0) \\ x-1 & (x=0) \\ x+1 & (0<x<10) \end{cases}$$

```
#include<stdio.h>
void main()
```

```
{    int x,y;
     printf("Input x( - 5 < x < 10):");
     scanf("%d",&x);
     if(x > - 5&&x < 0) y = x;
        else if(x == 0) y = x - 1;
                  else y = x + 1;
        printf("y = %d\n",y);
}
```

程序运行结果如下：

```
Input x( - 5 < x < 10):5 ↙
y = 6
```

【例 4.12】 用户输入运算数和四则运算符,输出计算结果。

```
#include < stdio. h>
void main( )
{    float a,b;
     char c;
     printf("Input expression: a + ( - , * , /)b :");
     scanf("%f%c%f",&a,&c,&b);
     switch(c)
          {
               case ' + ': printf("%f + %f = %f\n",a,b,a + b);break;
               case ' - ': printf("%f - %f = %f\n",a,b,a - b);break;
               case ' * ': printf("%f * %f = %f\n",a,b,a * b);break;
               case '/': printf("%f/%f = %f\n",a,b,a/b);break;
               default: printf("input error\n");
          }
}
```

程序运行结果如下：

```
Input expression: a + ( - , * , /)b :3 + 5 ↙
3.000000 + 5.000000 = 8.000000
```

【例 4.13】 分析下面程序：

```
#include < stdio. h>
void main( )
{    int x = 0,y = 2,z = 3;
     switch(x)
     {    case 0:printf(" * ");
          case 1:printf(" # ");break;
          default: printf("!");
     }
}
```

程序运行结果：

```
* #
```

分支结构程序设计

习 题 4

一、选择题

4.1 下列运算符优先级最高的是（   ）。

    A）！   B）％   C）−=   D）＆＆

4.2 下列运算符优先级最低的是（   ）。

    A）‖   B）！=   C）<=   D）+

4.3 为表示关系：$x \geqslant y \geqslant z$，应使用的 C 语言表达式是（   ）。

    A）(x>=y)＆＆(y>=z)   B）(x>=y)AND(y>=z)

    C）(x>=y>=z)   D）(x>=y)＆(y>=z)

4.4 设 a、b、c 都是 int 型变量且 a=3、b=4、c=5，下列表达式值为 0 的是（   ）。

    A）a＆＆b   B）a<=b

    C）a‖b+c＆＆b−c   D）!((a<b)＆＆!c‖1)

4.5 已知字母 A 的 ASCII 码值为 65，若变量 ch 为 char 型，以下不能正确判断出 ch 中的值为大写字母的是（   ）。

    A）ch>='A'＆＆ch<='Z'   B）!(ch>='A'‖ch<='Z')

    C）(ch+32)>='a'＆＆(ch+32)<='z'   D）isalpha(ch)＆＆(ch<91)

4.6 当变量 c 的值不为 2、4、6 时，值也为"真"的表达式是（   ）。

    A）(c==2)‖(c==4)‖(c==6)

    B）(c>=2＆＆c<=6)‖(c!=3)‖(c!=5)

    C）(c>=2＆＆c<=6)＆＆!(c％2)

    D）(c>=2＆＆c<=6)＆＆(c％2!=1)

4.7 有以下程序段：

```
y=-1;
if(x!=0)
    if(x>0) y=1;
else y=0;
```

它所能正确表示的数学函数关系是（   ）。

    A）$y=\begin{cases} -1 & (x<0) \\ 0 & (x=0) \\ 1 & (x>0) \end{cases}$ B）$y=\begin{cases} 1 & (x<0) \\ -1 & (x=0) \\ 0 & (x>0) \end{cases}$

    C）$y=\begin{cases} 0 & (x<0) \\ -1 & (x=0) \\ 1 & (x>0) \end{cases}$ D）$y=\begin{cases} -1 & (x<0) \\ 1 & (x=0) \\ 0 & (x>0) \end{cases}$

4.8 变量 x 和 y 均已正确定义并赋值。下列 if 语句中，在编译时产生错误信息的是（   ）。

    A）if(x++);   B）if(x>y＆＆y!=0);

C) if(x > 0) x－－
    else y++;

D) if(y < 0) {;}
    else x++;

4.9　设有条件表达式：(EXP)? i++:j－－,则下列表达式中与条件表达式中表达式1等价的是(　　)。

A) (EXP==0)　　B) (EXP!=0)　　C) (EXP==1)　　D) (EXP!=1)

4.10　若 a 和 b 均是正整型变量,正确的 switch 语句是(　　)。

A) switch(pow(a, 2) + pow(b, 2))
    { case 1:case:y = a + b;break;
       case 0:case 5:y = a - b;
    }

B) switch(a * a + b * b);
    { case 3:
       case 1:y = a + b;break;
       case 0:y = b - a; break; }

C) switch a
    { default:x = a + b;
    case 10:y = a - b;break;
    case 11:y = a - b;break;
    }

D) switch(a + b)
    { case 10:x = a + b;break;
       case 11:y = a - b;break;
    }

4.11　下列程序输出结果是_____。

```
# include < stdio. h>
void main( )
{   int a = 2,b = -1,c = 2;
    if(a < b)
      if(b < 0) c = 0;
      else c += 1;
    printf(" % d\n",c);
}
```

4.12　下列程序输出结果是_____。

```
# include < stdio. h>
void main( )
{   int w = 4,x = 3,y = 2,z = 1;
    printf(" % d\n",(w < x?w:z < y?z:x));
}
```

4.13　下列程序若执行以后从键盘上输入 3 和 4,则输出结果是_____。

```
# include < stdio. h>
void main( )
{   inta,b,s;
    scanf(" % d % d",&a,&b);
    s = a;
    if(a < b) s = b;
    s * = s;
    printf(" % d\n",s);
}
```

二、填空题

4.14　C 语言中用_____表示逻辑"真",用_____表示逻辑"假"。

4.15　C 语言中的关系运算符"!="的优先级比"<="_____。

4.16　C语言中的逻辑运算符"&&"比"‖"的优先级_____。

4.17　C语言中的关系运算符"=="比逻辑运算符"&&"的优先级_____。

4.18　C语言中的逻辑运算符!的优先级_____算术运算符。

4.19　将下列数学式改为C语言的表达式：a)_____ b)_____。

a) a = b 或 a < c　b)|x|>4

4.20　下列程序输出结果是_____。

```
# include < stdio. h >
void main( )
{    int a = 100;
     if(a > 100) printf(" % d\n",a > 100);
     else printf(" % d\n",a <= 100);
}
```

4.21　写出与以下表达式等价的表达式 a)_____ b)_____。

a) !(x > 0)　　b)!0

4.22　当 a = 1、b = 2、c = 3 时,以下 if 语句执行后,a、b、c 中的值分别是 _____、_____、_____。

if(a > c) b = a;a = c;c = b;

4.23　下列程序运行后的输出结果是_____。

```
# include < stdio. h >
void main( )
{    int a = 1,b = 2,c = 3;
     if(c = a) printf(" % d\n",c);
     else printf(" % d\n",b);
}
```

4.24　下列程序的功能是输出 a、b、c 3 个变量中的最小值。请填空。

```
# include < stdio. h >
void main( )
{    int a,b,c,t1,t2;
     scanf(" % d % d % d",&a,&b,&c);
     t1 = a < b?____【1】____;
     t2 = c < t1?____【2】____;
     printf(" % d\n",t2);
}
```

4.25　以下程序输出结果是_____。

```
x = 0;y = 2;z = 3;
switch(x)
{    case 0:switch(y == 2)
     { case 1:printf(" * ");break;
       case 2:printf(" % ");break;
     }
```

```
case 1:switch(z)
    { case 1:printf(" $ ");
      case 2:printf(" * ");break;
      default:printf(" # ");
    }
}
```

三、编程题

4.26　编写程序,输入年号,判断它是否为闰年。判断闰年的条件是:如果此年号能被400 整除,则它是闰年;如果能被 4 整除,而不能被 100 整除,则也是闰年。

4.27　求 $ax^2+bx+c=0$ 的实数解。

分支结构程序设计

第5章 循环结构程序设计

循环结构是程序中一种很重要的结构。其特点是,在给定条件成立时,反复执行某程序段,直到条件不成立为止。给定的条件称为循环条件,反复执行的程序段称为循环体。C语言提供了多种循环语句,可以组成各种不同形式的循环结构。

(1) 用 goto 语句和 if 语句构成循环(此法已不提倡使用,本书不做介绍)。

(2) 用 while 语句。

(3) 用 do…while 语句。

(4) 用 for 语句。

5.1 while 语句以及用 while 语句构成的循环结构

5.1.1 while 循环的一般形式

由 while 语句构成的循环也称"当"循环,while 循环的一般形式如下:

while(表达式) 语句

其中表达式是循环条件,语句为循环体。

while 语句的语义是:计算表达式的值,当值为真(非 0)时,执行循环体语句,否则退出循环。

说明:

(1) while 是 C 语言的关键字,要小写。

(2) while 后一对小括号中的表达式可以是 C 语言中任意合法的表达式,但不能为空,由它来控制循环体是否执行。

(3) 在语法上,循环体只能是一条可执行语句,若循环体内有多条语句,则必须用一对大括号{}括起来,构成一条复合语句。

(4) 对于任何循环,必须掌握两点内容:一是循环条件是什么? 二是循环体是谁?

(5) 如何结束循环,一般是两种方式:一是正常结束(即不满足循环条件了);二是中途结束(用 break 语句,具体使用方法的介绍见 5.4 节)。

5.1.2 while 循环的执行过程

while 循环的执行过程如下:

(1) 计算 while 后小括号中表达式的值。当值为非 0 时,执行步骤(2);当值为 0 时,执行步骤(4)。

(2) 执行循环体一次。

(3) 转去执行步骤(1)。

(4) 退出 while 循环。

其执行过程如图 5.1 所示。

请初学者注意：

(1) while 语句的循环体可能一次都不执行,因为 while 后小括号中的条件表达式可能一开始就为 0。

(2) 不要把由 if 语句构成的分支结构与由 while 语句构成的循环结构混同起来。若 if 后条件表达式的值为非 0,其后的 if 子句只可能执行一次；而 while 后条件表达式的值为非 0 时,其后的循环体语句可能重复执行。在设计循环时,通常应在循环体内改变条件表达式中有关变量的值,使条件表达式的值最终变为 0,以便能结束循环。

图 5.1 while 循环语句的执行流程

(3) 当循环体需要无条件循环,条件表达式可以设为 1(恒真),但在循环体内要有带条件的非正常出口(break 等)。

【例 5.1】 用 while 语句求 s＝1＋2＋3＋…＋100。

用传统流程图和 N-S 结构化流程图表示算法,如图 5.2(a)和图 5.2(b)所示。

(a) 传统流程图　　　(b) N-S结构化流程图

图 5.2 例 5.1 算法流程图

根据流程图写出程序:

```c
# include < stdio. h>
void main( )
{
    int i, sum = 0;
    i = 1;
    while(i <= 100)
        {
        sum = sum + i;
        i++ ;
        }
    printf("sum = % d\n",sum);
}
```

循环结构程序设计

程序执行后输出以下结果：

sum = 5050

本例利用 while 循环语句实现了数据累加运算和循环控制变量 i 自增运算的重复执行。

【例 5.2】 用 while 语句求 s＝1＋1/(2＊2)＋1/(3＊3)＋1/(4＊4)＋…＋1/(100＊100)

分析：本题的算法也是求累加和，只是求和的每一项与例 5.1 不同。本题是求分式的累加和，因此需要注意：求和变量 sum 应该是 double 或 float 类型。由于分式中每一项的分子小于分母，因此为使分式的值不为零，累加的每一项应该写成 1.0/(i＊i)。编写程序如下：

```
# include < stdio. h>
void main( )
    { double sum = 0;
      int i;
      i = 1;
      while(i < = 100)
         {
           sum = sum + 1.0/(i * i);
           i++;
         }
      printf("sum = % f\n",sum);
    }
```

程序执行后输出以下结果：

sum = 1.634984

【例 5.3】 用 $\dfrac{\pi}{4}=1-\dfrac{1}{3}+\dfrac{1}{5}-\dfrac{1}{7}+\dfrac{1}{9}\cdots$公式求 π 的近似值，直到最后一项的绝对值小于 10^{-6} 为止。

分析：本题的基本算法也是求累加和，但比例 5.2 稍复杂。

(1) 用分母的值来控制循环的次数。若用 n 存放分母的值，则每累加一次 n 应当增 2。每次累加的数不是整数，而是一个实数，因此 n 应当定义成 float 类型。

(2) 可以看成隔一项的加数是负数。若用 t 来表示相加的每一项，则每加一项之后，t 的符号 s 应当改变，这可用交替乘 1 和 −1 来实现。

(3) 从以上求 π 的公式来看，不能决定 n 的最终值应该是多少，但可以用最后一项的绝对值小于 10^{-6} 来作为循环的结束条件。

程序如下：

```
# include < stdio. h>
# include < math. h>              /* 调用 fabs 函数时要求包含 math. h 文件 */
void main( )
    {
      float n,t,pi;
      int s;
      s = 1;                      /* 用 s 存放符号位，其值在 1～−1 之间变化 */
      n = 1.0;                    /* 用 n 存放每项的分母 */
```

```
t = 1.0;                          /* 用 t 存放每项的值,初值为 1 */
pi = 0;                           /* 用 pi 存放所求 π 的值,初值为 0 */
while(fabs(t)> = 1e - 6)          /* fabs(t)就是 t 的绝对值 */
    { pi += t;
      n += 2;
      s = - s;                    /* 改变符号 */
      t = s/n;
    }
pi = pi * 4;
printf("pi = % f\n",pi);
}
```

程序执行后输出以下结果:

pi = 3.141594

while 语句一般用于事先并不知道循环次数的循环,例如通过控制精度等进行的计算可用 while 循环来实现。

5.2 do…while 语句以及用 do…while 语句构成的循环结构

5.2.1 do…while 语句构成的循环结构

do…while 循环结构的形式如下:

do
  循环体
while(表达式);

do…while 语句的语义是:先执行循环体中的语句,然后再判断表达式是否为真,如果为真则继续循环;如果为假,则终止循环。因此,do…while 循环至少要执行一次循环语句。

说明:

(1) do 是 C 语言的关键字,必须和 while 联合使用。

(2) do…while 循环由 do 开始,至 while 结束。必须注意的是:在 while(表达式)后的 ";"不可丢,它表示 do…while 语句的结束。

(3) while 后一对小括号中的表达式,可以是 C 语言中任意合法的表达式,由它控制循环是否执行。

(4) 按语法,在 do 和 while 之间的循环体只能是一条可执行语句。若循环体内需要多个语句,应该使用复合语句。

5.2.2 do…while 循环的执行过程

do…while 循环的执行过程如下:

(1) 执行 do 后面循环体中的语句。

(2) 计算 while 后一对小括号中表达式的值。当值为非 0 时,转去执行步骤(1);当值为 0 时,执行步骤(3)。

(3) 退出 do…while 循环。

其执行过程可如图 5.3 所示。

图 5.3 do…while 语句的
执行流程

由 do…while 构成的循环与 while 循环十分相似,它们之间的重要区别是:while 循环的控制出现在循环体之前,只有当 while 后面条件表达式的值为非 0 时,才可能执行循环体,因此循环体可能一次都不执行;在 do…while 构成的循环中,总是先执行一次循环体,然后再求条件表达式的值,因此,无论条件表达式的值是 0 还是非 0,循环体至少要被执行一次。

和 while 循环一样,在 do…while 循环体中,一定要有能使 while 后表达式的值变为 0 的操作,否则,循环将会无限制地进行下去,除非循环体中有带条件的非正常出口(break 等)。

【例 5.4】 用 do…while 语句求 $s = 1 + 2 + 3 + \cdots + 100$。

用传统流程图和 N-S 结构化流程图表示算法,如图 5.4(a)和图 5.4(b)所示。

(a) 传统流程图   (b) N-S结构化流程图

图 5.4 例 5.3算法流程图

根据流程图写出程序:

```c
#include <stdio.h>
void main( )
  {
      int i, sum = 0;
      i = 1;
      do
      {
        sum = sum + i;
        i++;
      }
    while(i <= 100);
    printf("%d\n", sum);
  }
```

程序执行后输出以下结果：

```
5050
```

【例 5.5】 用迭代法求方程 $\cos(y)=y$ 的根，要求误差小于 10^{-6}。

分析：迭代法的求解思想是从一个初始值开始，将初始值代入迭代公式，得到一个迭代输出值。再次迭代时，将上一次的迭代输出当作本次的迭代输入，不断重复以上过程，直到满足要求为止。根据迭代法的基本思想，求解步骤如下：

(1) 取 $y1$ 的初值为 0.0。

(2) $y0=y1$，把 $y1$ 的初值赋给 $y0$。

(3) $y1=\cos(y0)$，求出一个新的 $y1$。

(4) 判断 $|y0-y1|<10^{-6}$ 是否成立，若 $y0-y1$ 的绝对值小于 10^{-6}，则执行步骤(5)，否则执行步骤(2)。

(5) 所求 $y1$ 就是方程 $\cos y=y$ 的根。计算结束，输出结果。

程序如下：

```c
#include<stdio.h>
#include<math.h>
void main( )
   {   double y0,y1 = 0.0;
       do{
            y0 = y1;
            y1 = cos(y0);
       }
       while(fabs(y0 - y1)>= 1e - 6);
       printf("y1 = % f\n",y1);
   }
```

程序执行后输出以下结果：

```
y1 = 0.739086
```

【例 5.6】 计算 Fibonacci 数列，直到某项大于 1000 为止，并输出该项的值。

分析：Fibonacci 数列，$f_0=0$，$f_1=1$，$f_2=1$，$f_3=2$，$f_4=3$，$\cdots$，$f_n=f_{n-2}+f_{n-1}$。程序中可定义 3 个变量 f_1、f_2 和 f，给 f_1 赋初值 0，f_2 赋初值 1，然后进行以下步骤：

(1) $f=f_1+f_2$；$f_1=f_2$；$f_2=f$；

(2) 判断 f_2 是否大于 1000，若不大于，重复步骤(1)继续循环；否则执行步骤(3)。

(3) 循环结束，输出 f_2 的值。

程序如下：

```c
#include<stdio.h>
void main( )
   {   int f1,f2,f ;
       f1 = 0; f2 = 1;
       do
          { f = f1 + f2;
               f1 = f2;
```

```
                f2 = f;
        } while(f2 < = 1000);
    printf("F = % d\n",f2);
}
```

程序执行后输出以下结果：

```
F = 1597
```

5.3 for 语句以及用 for 语句构成的循环结构

5.3.1 for 语句构成的循环结构

for 语句构成的循环结构通常称为 for 循环。for 循环的一般形式如下：

for(表达式 1; 表达式 2; 表达式 3) 循环体

for 是 C 语言的关键字，其后的一对小括号中通常含有 3 个表达式，各表达式之间用
";"隔开。这 3 个表达式可以是任意形式的表达式，通常主要用于 for 循环的控制。紧跟在
for(...)之后的循环体语句在语法上要求是一条语句，若在循环体内需要多条语句，应该使
用复合语句。

for 语句最简单的应用形式也是最容易理解的形式如下：

for(循环变量赋初值; 循环条件; 循环变量增量) 循环体

例如：

for(i = 1; i < = 100; i++) sum = sum + i;

以上 for 循环的作用是求 s＝1＋2＋3＋ … ＋100，它相当于以下语句：

```
i = 1;
while(i < = 100)
        {
            sum = sum + i;
            i++;
        }
```

显然，用 for 语句简单、方便。对于以上 for 语句的一般形式也可以改写成 while 循环
的形式：

```
表达式 1;
while(表达式 2)
{
    循环体
    表达式 3;
}
```

在 C 语言中，for 语句使用最为灵活，不仅可以用于循环次数已经确定的情况，而且可
以用于循环次数不确定而只给出循环结束条件的情况，它完全可以代替 while 语句。

5.3.2 for 循环的执行过程

for 循环的执行过程如下:

(1) 求解表达式 1。

(2) 求解表达式 2,若其值为非 0,转去执行步骤(3);若其值为 0,转步骤(5)。

(3) 执行一次 for 循环体。

(4) 求解表达式 3,转向步骤(2)。

(5) 循环结束。

其执行过程如图 5.5 所示。

由 for 循环的执行过程,可以看出"表达式 1"只能被执行一次,它可以是设置循环控制变量初始值的赋值表达式,也可以是与循环控制变量无关的其他表达式。"表达式 2"的值决定了是否继续执行循环。"表达式 3"的作用通常是不断改变循环控制变量的值,最终使"表达式 2"的值为 0。由于第一次计算"表达式 2"时,其值可能等于 0,因此 for 循环语句的循环体可能一次也不执行。

图 5.5 for 语句的执行流程

5.3.3 有关 for 语句的说明

1. 表达式的"省略"

如果在 for 语句之前给循环变量赋了初值,则表达式 1 可以省略,但其后的分号不可省略。

对于从 1~100 求和的 for 循环语句:

```
for(i = 1; i < = 100; i++) sum = sum + i;
```

如果省略表达式 1,可以写成如下形式:

```
i = 1;                     /* 在 for 语句之前给循环变量赋初值 */
for( ; i < = 100; i++) sum = sum + i;
```

如果省略表达式 3,则应在 for 语句的循环体内修改循环控制变量,例如:

```
for(i = 1; i < = 100;)
    {   sum = sum + i;
        i++;                /* 修改循环控制变量 */
    }
```

如果表达式 1 和表达式 3 都省略,则 for 语句就相当于 while 语句,例如:

```
i = 1;
for(;i < = 100;)
    {   sum = sum + i;
        i++;
    }
```

如果 3 个表达式都省略,则 for 是无循环终止条件的循环,可以利用 break 语句终止循

循环结构程序设计

环,例如:

```
i = 1;
for(; ;)
    {   sum = sum + i;
        i++;
        if(i > 100)break;          /* 如果 i 大于 100,则退出循环 */
    }
```

总之,for 语句中的 3 个表达式可以都省略,也可以部分省略,但是起分隔作用的两个分号是绝不能省略的。

2. for 语句中的逗号表达式

逗号运算符的主要应用就是在 for 语句中。for 语句中的表达式 1 和表达式 3 可以是逗号表达式,特别是在有两个循环变量参与对循环控制的情况下。若表达式 1 和表达式 3 为逗号表达式,将使程序显得非常清晰,例如:

```
# include < stdio. h>
void main( )
    {   int i,j;
        for(i = 1,j = 10;i < j;i++,j-- )
        printf("i = % d,j = % d\n",i,j);
    }
```

运行结果如下:

```
i = 1,j = 10
i = 2,j = 9
i = 3,j = 8
i = 4,j = 7
i = 5,j = 6
```

以上程序中 for 语句的表达式 1 是逗号表达式,它为两个循环变量赋初值:i=1,j=10。表达式 3 也是逗号表达式,它们的作用是修正两个循环控制变量的值:i++,j--。

3. 循环体为空语句

对于 for 语句,循环体为空语句的一般形式为:

for(表达式 1;表达式 2;表达式 3);

例如求 s=1+2+3+ … +100 可以用如下循环语句完成。

for(sum = 0,i = 1;i < = 100;sum += i,i++);

上述 for 语句的循环体为空语句,不做任何操作。实际上已把求累加和的运算放入表达式 3 中了。

C 语言中的 for 语句书写灵活,功能较强。在 for 后的一对小括号中,允许出现各种形式的与循环控制无关的表达式,虽然这在语法上是合法的,但这样会降低程序的可读性。建议初学者在编写程序时,在 for 后面的一对小括号内,仅含有能对循环进行控制的表达式,其他操作尽量放在循环体内去完成。

【例 5.7】 根据公式 $S=1+1/(1+2)+1/(1+2+3)+ … +1/(1+2+3+ … +n)$,

求前 20 项之和。

分析：本题主要是利用 for 循环来实现累加及递推运算，可由题中所给计算公式获得递推关系，程序中需要有累加和变量 sum，初值为 0，循环变量 i 从 $1\sim20$，以及一个累计量 t，$t=1+2+3+\cdots+i$。编写程序如下：

```
# include < stdio.h >
void main( )
    {   float sum = 0.0;
        int t = 0,i;
        for(i = 1;i < = 20;i++)
            {
                t += i;
                sum += 1.0/t;
            }
        printf("the result is :sum = % f\n",sum);
    }
```

程序执行后输出以下结果：

the result is :sum = 1.904762

【例 5.8】 从键盘输入一个正整数，判断它是否为素数(质数)。

分析：按照素数的定义，如果一个数只能被 1 和它本身整除，则这个数是素数。反过来说，如果一个数 x 能被 $2\sim x-1$ 之间的某个数整除，则这个数 i 就不是素数；而一个非素数至少有两对及以上因子，除一对是本身和 1 之外，另一对或以上因子中至少有一个要小于或等于原数的一半和原数开平方后的取整；由此推理可得判断一个正整数 x 是否为素数的方法有 3 个：

(1) x 被 $2\sim x-1$ 来除，若都不能被整除，则 x 就是素数。

(2) x 被 $2\sim x/2$ 来除，若都不能被整除，则 x 就是素数。

(3) x 被 $2\sim\sqrt{x}$ 来除，若都不能被整除，则 x 就是素数。

解法 1：利用标志变量法，就是在程序中设置一个标志，假定所有数都是素数，通过程序来动态改变标志，一旦标志变化则说明该数就不是素数，否则该数就是素数；编写程序如下：

```
# include < stdio.h >
void main( )
    {   int x,i,f = 1;            /* f 是标志变量 */
        scanf(" % d",&x);
        for(i = 2;i < x;i++)
        if(x % i == 0) {f = 0;break;}
        if(f == 1) printf("是素数");
        else printf("不是素数");
    }
```

解法 2：利用判断循环是如何退出的方法，编写程序如下：

```
# include < stdio.h >
void main( )
```

循环结构程序设计

```
{   int x,i;
    scanf(" % d",&x);
    for(i = 2;i < x;i++)
    if(x % i == 0) break;
    if(i == x) printf("是素数");  / * 如果 i 等于 x 的话,说明循环是正常退出的 * /
    else printf("不是素数");
}
```

上述两种解法具有异曲同工之妙,请读者认真体会!

5.4　break 语句和 continue 语句在循环结构中的应用

5.4.1　break 语句

用 break 语句可以使流程跳出 switch 语句体,也可用 break 语句在循环结构中终止本层循环体,从而提前结束本层循环。

【例 5.9】　计算 $s = 1 + 2 + 3 + \cdots + i$,直到累加到 s 大于 5000 为止,并输出 s 和 i 的值。

```
# include < stdio. h>
void main( )
  {   int i,s;
      s = 0;
      for(i = 1; ;i++)
          { s = s + i;
             if(s > 5000)break;
          }
      printf("s = % d,i = % d\n",s,i);
  }
```

程序的输出结果如下:

```
s = 5050,i = 100
```

这是在循环体中使用 break 的示例。在例 5.9 中,如果没有 break 语句,程序将无限循环下去,成为死循环。但当 i=100 时,s 的值为 100 * 101/2=5050,if 语句中的条件表达式:s > 5000 为"真"(值为 1),于是执行 break 语句,跳出 for 循环,从而终止循环。

break 语句的使用说明:

(1) 只能在循环体内和 switch 语句体内使用 break 语句。

(2) 当 break 出现在循环体中的 switch 语句体内时,其作用只是跳出该 switch 语句体,并不能终止循环体的执行。若想强行终止循环体的执行,可以在循环体中,但并不在 switch 语句中设置 break 语句,当满足限定条件时则跳出本层循环体。

5.4.2　continue 语句

continue 语句的作用是跳过本次循环体中余下尚未执行的语句,立刻进行下一次的循环条件判定,可以理解为仅结束本次循环。注意:执行 continue 语句并没有使整个循环终止。

在 while 和 do…while 循环中,continue 语句使得流程直接跳到循环控制条件的测试部分,然后决定循环是否继续进行。在 for 循环中,遇到 continue 后,跳过循环体中余下的语句,而去对 for 语句中的"表达式 3"求值,然后进行"表达式 2"的条件测试,最后根据"表达式 2"的值来决定 for 循环是否执行。在循环体内,不论 continue 是作为何种语句中的语句成分,都将按上述功能执行,这点与 break 有所不同。

【例 5.10】 把 100～200 之间不能被 3 整除的数输出。

```
# include < stdio. h >
void main( )
  {   int n;
      for(n = 100;n < = 200;n++)
          { if(n % 3 == 0)
            continue;
            printf(" % d",n);
          }
      printf("\n");
}
```

当 n 能被 3 整除时,执行 continue 语句,结束本次循环(即跳过 printf 函数语句),只有 n 不能被 3 整除时才执行 printf 函数。

当然,例 5.10 中的循环体也可以改用一个 if 语句处理:

```
if(n % 3! = 0) printf(" % d",n);
```

在程序中使用 continue 语句无非为了说明 continue 语句的作用。

5.5　循环的嵌套

在一个循环体内又包含了另一个完整的循环结构,称为循环的嵌套。前面介绍的 3 种类型的循环都可以互相嵌套,循环的嵌套可以多层,但每一层循环在逻辑上必须是完整的。

在编写程序时,为了增强程序的可读性,循环嵌套的书写要采用缩进形式,像以下例题程序中所示,内循环中的语句应该比外循环中的语句有规律地向右缩进 2～4 列,这样的程序层次分明,易于阅读。

【例 5.11】 输出 $n \times n$ 个字符" * "。

分析:

(1) n 行" * "的输出,可用下列循环控制。

```
for(i = 1;i < = n;i++)
```

(2) 每行 n 个" * "的输出,可用下列循环语句实现:

```
for(j = 1;j < = n;j++)
  putchar(' * ');
putchar('\n');
```

所以输出 $n \times n$ 行" * "可用双重循环语句实现,编写程序如下:

循环结构程序设计

```
#include<stdio.h>
void main( )
{   int i,j;
    for(i=1;i<=n;i++)
            { for(j=1;j<=n;j++)             /* 输出一行"*" */
                    putchar('*');
              putchar('\n');                /* 换行 */
            }
}
```

这是循环控制变量之间没有依赖关系的多重循环。在许多情况下,内循环的循环控制变量的初值或终值依赖于外循环控制变量。

【例 5.12】 编写程序输出如下图形:

```
*
* *
* * *
* * * *
* * * * *
```

分析:

(1) 用循环控制变量 i(1≤i≤5)控制输出行。

```
for(i=1;i<=5;i++)
```

(2) 每行上的"*"个数是随着行控制变量 i 的值变化而变化的。

i=1 时,执行 1 次 putchar('*');

i=2 时,执行 2 次 putchar('*');

…

i=5 时,执行 5 次 putchar('*');

输出第 i 行时执行 i 次"putchar('*');",所以内循环体语句应如下:

```
for(j=1;j<=i;j++)
    putchar('*');                          /* 输出一行'*' */
```

因此,可用双重循环语句编写程序如下:

```
#include<stdio.h>
void main( )
{   int i,j;
    for(i=1;i<=5;i++)
            {   for(j=1;j<=i;j++)           /* 输出第 i 行'*' */
                    putchar('*');
                putchar('\n');
            }
}
```

【例 5.13】 编写程序,找出 2~100 以内的所有素数(质数)。

分析:由例 5.8 可知,如何判定给定的一个正整数是否为素数。因此,要找出一个范围内的所有素数,可采用双重循环的方法来实现。设循环变量 i 从 2~100 做外循环,判断素

数的过程作内循环,利用标识变量法编写程序如下:

```c
# include < stdio. h >
void main( )
 {   int x,i,j,f;                        /* f是标志变量 */
     for(i = 2;i <= 100;i++)
          { f = 1;
            for(j = 2;j < i;j++)
                 if(i % j == 0) {f = 0;break;}
            if(f == 1) printf(" % d,"i);
          }
 }
```

【例 5.14】 编写程序,找出大于正整数 m 且靠近 m 的 k 个素数,m 和 k 均从键盘输入。

分析:本题中要求找出大于 m 且靠近 m 的 k 个素数,因此需要从 $m+1$ 开始循环查找素数,如果是素数则将其输出,同时计数器 n 加 1,直到 $n=k$ 为止。而验证一个数 i 是不是素数,则需要利用循环从 $2 \sim i-1$ 逐个去取余,都除不尽则是素数。编写程序如下:

```c
# include < stdio. h >
void main( )
{   int i,j,m,k,n = 0;
    printf("please enter m and k:");
    scanf(" % d % d",&m,&k);
    for(i = m + 1;n < k;i++)
         { for(j = 2;j < i;j++)
               if(i % j == 0) break;
           if(j > = i) {printf(" % d",i); n++;}
         }
}
```

程序执行过程中输入:

20 5 ↙(回车)

则输出结果如下:

23 29 31 37 41

以上 4 个例子都是两重 for 循环嵌套。另外,3 种循环(while 循环、do…while 循环和 for 循环)也可以互相嵌套。例如,下面几种都是合法的形式:

(1) while( )
     { …
         while( )
           {…}
     }
(2) do
     { …
         do
           {…}

循环结构程序设计

```
        while();
      }

(3) for(;;)
      {
        for(;;)
          { … }
      }

(4) while()
      { …
        do
        { … }
      while();
        …
      }

(5) for(;;)
      { …
        while()
          { … }
        …
      }

(6) do
      { …
        for(;;)
          { … }
      }
    while();
```

注意：循环嵌套的程序中，要求内循环必须被包含在外循环的循环体中，不允许出现内外层循环体交叉的情况。

5.6　3 种循环的比较

3 种循环都可以用来处理同一个问题，一般可以互相代替。例如，用 3 种循环方法都实现了求 s＝1＋2＋3＋ … ＋100（即从 1～100 的和）。

for 循环语句和 while 循环语句都是先检查循环条件是否成立，后执行循环体，因此循环体可能一次也不执行；而 do…while 循环语句是先执行循环体，后检查循环条件是否成立，因此循环体至少被执行一次。

对于 while 和 do…while 循环语句，对"表达式"中循环控制变量赋初始值是在执行这两个循环语句之前完成的；而对于 for 循环语句，对"表达式 2"中的循环控制变量赋初始值既可在"表达式 1"中完成，又可在执行 for 循环语句之前完成。

为了防止出现"死循环"，while 和 do…while 循环语句的循环体中一般应包括改变"表达式"中循环控制变量值的语句，以便使循环操作趋于结束；而 for 循环语句通常是在"表达式 3"中包含改变循环控制变量的值，进而使循环趋于结束。

5.7 程序举例

【例5.15】 计算并输出100以内（包括100），能被3或7整除的所有自然数的倒数之和。

分析：本例中要找到小于等于100的每一个整数，即用变量 i 从1～100循环，判断条件能否被3或者被7整除即 i%3==0 ‖ i%7==0，最后求得符合要求的倒数的累加和，编写程序如下：

```
# include < stdio. h >
void main( )
  { int i;
    double sum = 0.0;
    for(i = 1; i < = 100; i++)
       { if(i%3 == 0 ‖ i%7 == 0)
         sum += 1.0/i;
       }
    printf("sum = % f", sum);
}
```

运行结果如下：

sum = 1.728235

【例5.16】 求分数序列 1/2,2/3,3/5,5/8,… 前10项之和。

分析：本例每一个分数是 Fibonacci 数列 1,1,2,3,5,8,21,…从第三项起前后两项的商。该分数序列从第二项起，每一项的分子是前一项的分母，每一项的分母是前一项的分子与分母之和。用变量 s 求和，s 初值为0，用变量 m 来求各项的分子，变量 n 求各项的分母，k 为中间变量，初值 $m=1$，$n=2$。用变量 i 从1～10循环，$s=s+m/n$；$k=m+n$；$m=n$；$n=k$；即可求该序列的和，编写程序如下：

```
# include < stdio. h >
void main( )
  { int i;
    float k, s = 0, m = 1, n = 2;
    for(i = 1; i < = 10; i++)
         { s = s + m/n;
           k = m + n;
           m = n;
           n = k;
         }
    printf("s = % .f", s);
}
```

运行结果如下：

s = 6.097960

【例5.17】 找出100～999之间的所有"水仙花"数，所谓"水仙花"数是指一个3位数，

循环结构程序设计

其各位数字的立方和等于该数本身,例如 $153 = 1^3 + 3^3 + 5^3$,所以 153 是"水仙花"数。

分析:设 $100 \leqslant n \leqslant 999$,$i$、$j$、$k$ 分别代表数 n 百位、十位、个位上的数字,则:

```
i = n/100
j = n/10 % 10
k = n % 10
```

如果 $i^3 + j^3 + k^3 == n$,则 n 即是所求。编写程序如下:

```c
# include < stdio. h>
void main( )
  { int i,j,k,n;
    for(n = 100;n <= 999;n++)
           { i = n/100;
             j = n/10 % 10;
             k = n % 10;
             if(n == (i * i * i + j * j * j + k * k * k))
                  printf(" % d\n",n);
           }
}
```

运行结果如下:

```
153
370
371
407
```

【例 5.18】 从键盘输入两个正整数 m 和 n,求这两个数的最大公约数和最小公倍数。

分析:求解最大公约数,最小公倍数的步骤如下:

(1)输入两数 m 和 n,将较大者保存在变量 a 中,较小者保存在变量 b 中,采用 while( ) 循环的方法求解最大公约数,结束条件是余数为 0。

(2)求解最大公约数的思想俗称辗转相除法,即将 a 对 b 求余,如果余数为 0,则 b 即为两数的最大公约数;如果余数不为 0,则将 b 赋给 a,余数赋给 b,继续执行 a 对 b 求余运算,如此反复,直到余数为 0。

(3)最小公倍数等于两数的乘积除以最大公约数。

编写程序如下:

```c
# include < stdio. h>
void main( )
  {   int a,b,c,t,m,n,max,min;        /* 用 max 来放最大公约数,用 min 放最小公倍数 */
      scanf(" % d % d",&m,&n);
      t = m * n;                        /* 把 m 和 n 的乘积放在变量 t 中 */
      if(m < n) { a = n;b = m;}
      else { a = m;b = n;}              /* 让 a 放 m 和 n 中大的数 */
      c = a % b;
      while(c! = 0)
          {
              a = b;
              b = c;
```

```
        c = a % b;
            }
    max = b;                         /* b 的值就是最大公约数 */
    min = t/max;                     /* 最小公倍数等于两数的乘积除以最大公约数 */
    printf("max = % d,min = % d\n",max,min);
}
```

程序执行过程中输入：

12 21 ↙(回车)

则输出结果如下：

max = 3,min = 84

【例 5.19】 从键盘输入正整数 n，程序的功能是将 n 中各位上为偶数的数取出，并按原来从高位到低位相反的顺序组成一个新的数，将其输出。

分析：本例中要将数 n 中的个位取出，应将 n%10，得到的是 n 的低位，存放到变量 t 中，由于题中要求按原来从高位到低位的相反的顺序组成一个新数 x，因此每次 x 乘 10 再加 t，即 x＝x * 10＋t，这样低位就到高位上了，用 n 做循环变量，每次取 n 的个位，取完后应将 n 除以 10，让十位变成个位，为下次循环做好准备。编写程序如下：

```
# include < stdio. h>
void main( )
    {   long n,x = 0;
        int t;
        scanf(" % ld",&n);
        while(n)
            { t = n % 10;
              if(t % 2 == 0)
              x = x * 10 + t;
              n = n/10;
            }
        printf("x = % ld\n",x);
}
```

程序执行过程中输入：

27638496 ↙(回车)

则输出结果如下：

x = 64862

【例 5.20】 电文加密问题。已知电文加密的规律为：将字母变成其后面的第 3 个字母，其他字符保持不变。例如，a→e，A→E，W→A。编写一个程序，输入一行字符，要求转换成加密电文输出。

分析：输入字符 ch，如果 ch 是字母，则进行加密处理 ch＋＝3；判断机密后 ch 是否超出字母的范围，如果超过，则 ch－＝26；循环控制条件用 ch! = '\n'。编写程序如下：

```
# include < stdio. h>
```

循环结构程序设计

```
void main( )
  { char ch;
    while((ch = getchar( ))! = '\n')
       {if((ch> = 'a'&&ch< = 'z') || (ch> = 'A'&&ch< = 'Z'))
                { ch += 3;
                  if((ch>'Z'&&ch<'a') || (ch>'z'))       /* ch在加密后越界 */
                        ch -= 26;
                }
       printf(" % c",ch);              /* 输出电文 */
       }
}
```

程序运行时,输入:

student123 ↙

输出结果为:

vwxghqw123

习　题　5

一、选择题

5.1　有以下程序段:

```
int k,j,s;
for(k = 2;k < 6;k++,k++)
{   s = 1;
    for(j = k;j < 6;j++) s += j;
}
```

程序段的输出结果是(　　)。

  A) 11　　　　　　　　B) 9　　　　　　　　C) 1　　　　　　　　D) 10

5.2　有以下程序段:

```
int n = 10;
while(n > 7)
{ n-- ;
  printf(" % d\n",n);
}
```

程序段的输出结果是(　　)。

  A) 10　　　　　　　B) 9　　　　　　　C) 10　　　　　　　D) 9
   9　　　　　　　　8　　　　　　　　9　　　　　　　　8
   8　　　　　　　　7　　　　　　　　8　　　　　　　　7
                  7　　　　　　　　6

5.3　有以下程序段:

```
int x = 3;
do
```

```
{ printf("%3d",x-=2);
}
while(!(--x));
```

程序段的输出结果是(　　)。

    A) 3 0   B) 1   C) 1 - 2   D) 死循环

5.4　有以下程序段：

```
int n,t=1,s=0;
scanf("%d",&n);
do{ s=s+t; t=t-2;} while(t!=n);
```

为使此程序段不陷入死循环,从键盘输入的数据应该是(　　)。

    A) 任意正奇数   B) 任意负偶数   C) 任意正偶数   D) 任意负奇数

5.5　若变量已正确定义,有下列程序段：

```
i=0;
do printf("%d,",i); while(i++);
printf("%d\n",i);
```

程序段的输出结果是(　　)。

    A) 0,0   B) 0,1   C) 1,1   D) 程序进入死循环

5.6　下面的 for 语句的循环次数为(　　)。

```
for(x=1,y=0;(y!=19)&&(x<6);x++);
```

    A) 无限循环   B) 循环次数不定

    C) 最多执行 6 次   D) 最多执行 5 次

5.7　有以下程序：

```
#include <stdio.h>
void main( )
{ int i,sum;
  for(i=1;i<6;i++)
  sum += sum;
  printf("%d\n",sum);
}
```

程序的输出结果是(　　)。

    A) 14   B) 0   C) 不确定   D) 15

5.8　有以下程序：

```
#include <stdio.h>
void main( )
{ int y=10;
  for(;y>0;y--)
  if(y%3==0)
    {printf("%d",--y); continue;
    }
}
```

循环结构程序设计

程序的输出结果是(　　)。

  A) 963   B) 852   C) 741   D) 875421

5.9 有以下程序：

```c
# include"stdio. h"
void main( )
{int i;
for(i = 1;i < = 5;i++)
  {if(i % 2) printf(" * ");
            else continue;
    printf(" # ");
    }
    printf(" $ \n");
}
```

程序的输出结果是(　　)。

  A) *#*#*#$ B) #*#*#*$

  C) *#*#$ D) #*#*$

5.10 有以下程序：

```c
void main( )
{ int i,j,x = 0;
  for(i = 0;i < 2;i++)
    { x++;
      for(j = 0;j < = 3;j++)
        { if(j % 2) continue;
          x++;
        }
      x++;
    }
    printf("x = % d\n",x);
}
```

程序执行后的输出结果是(　　)。

  A) x＝4   B) x＝8   C) x＝6   D) x＝12

5.11 有以下程序：

```c
# include"stdio. h"
void main( )
{ int x,i;
  for(i = 1;i < = 100;i++)
    { x = i;
      if(++x % 2 == 0)
        if(++x % 3 == 0)
          if(++x % 7 == 0)
          printf(" % d",x);
      }
    printf("\n");
}
```

程序的输出结果是(   )。

    A) 28 70   B) 42 84   C) 26 68   D) 39 81

二、填空题

5.12 下列程序的输出结果是_____。

```c
#include"stdio.h"
void main( )
{ int n = 12345,d;
   while(n! = 0) {d = n % 10; printf(" % d",d);n/ = 10;}
}
```

5.13 以下程序的输出结果是_____。

```c
#include"stdio.h"
void main( )
{ int x = 27;
  while(x > 20&&x < 30)
    { x++;
      if(x/3) {x++;break;}
      else continue;
    }
    printf(" % d\n",x);
}
```

5.14 以下程序段的输出结果是_____。

```c
int k,n,m;
n = 10;m = 1;k = 1;
while(k++< = n) m * = 2;
printf(" % d\n",m);
```

5.15 以下程序的输出结果是_____。

```c
#include"stdio.h"
void main( )
{ int x = 2;
  while(x -- );
  printf(" % d\n",x);
}
```

5.16 下列程序的输出结果是_____。

```c
void main( )
{ int i = 0,sum = 0;
  do
    { if(i == (i/2) * 2)
      continue;
      sum += i;
      } while(++i<100);
  printf(" % d\n",sum);
}
```

5.17　以下程序段的输出结果是_____。

```
int i = 0,sum = 1;
do{ sum += i++;} while(i < 5);
printf(" % d\n",sum);
```

5.18　下列程序运行后的输出结果是_____。

```
void main( )
{ char c1,c2;
  for(c1 = '0',c2 = '9';c1 < c2;c1++,c2 -- )
    printf(" % c % c",c1,c2);
  printf("\n");
}
```

5.19　有以下程序段：

```
s = 1.0;
for(k = 1;k <= n;k++)
    s = s + 1.0/(k * (k + 1));
printf(" % f\n",s);
```

请填空，使下面的程序段的功能完全与之等同。

```
s = 0.0;
_____;
k = 0;
do
{ s = s + d;
  _____;
  d = 1.0/(k * (k + 1));
}while(_____);
printf(" % f\n",s);
```

5.20　下列程序的功能是计算：s＝1＋12＋123＋1234＋12345。请填空。

```
void main( )
{ int t = 0,s = 0,i;
  for(i = 1;i <= 5;i++)
    { t = i + _____; s = s + t;}
    printf("s = % d\n",s);
}
```

5.21　以下程序的功能是：从键盘输入若干学生的成绩，统计并输出最高成绩和最低成绩，当输入负数时结束输入。请填空。

```
# include"stdio. h"
void main( )
{ float x,amax,amin;
  scanf(" % f",&x);
  amax = x;amin = x;
  while(_____)
    { if(x > amax) amax = x;
```

```
        if(_____) amin = x;
        scanf(" % f",&x);
    }
printf("\namax = % f\namin = % f\n",amax,amin);
}
```

5.22   下面程序的输出结果是_____。

```
void main( )
{ int i = 0,a = 0;
  while(i < 20)
    { for(; ;)
      { if((i % 10) == 0) break;
        else i -- ;
      }
      i += 11; a += i;
    }
  printf(" % d\n",a);
}
```

三、编程题

5.23   编写程序,求 1−3+5−7+ ⋯ −99+101 的值。

5.24   从键盘输入一个正整数 n,计算该数的各位数字之和并输出。例如,输入 576,则计算 5+7+6=18 并输出。

5.25   一个整数等于该数所有因子之和,则称该数是一个完数。例如,6 和 28 都是完数。因为 6=1+2+3,28=1+2+4+7+14,输出 3 位数中所有的完数。

5.26   编写程序,求 e 的值,$e \approx 1+\dfrac{1}{1!}+\dfrac{1}{2!}+\dfrac{1}{3!}+\cdots$。

(1)用 for 循环计算前 50 项。

(2)用 while 循环,要求直到最后一项的值小于 10^{-6}。

5.27   编写程序,按公式 $S=1+(1+2^{0.5})+(1+2^{0.5}+3^{0.5})+\cdots+(1+2^{0.5}+3^{0.5}+\cdots+N^{0.5})$ 计算 N=20 时,该序列的和。

循环结构程序设计

第 6 章 数组与指针

整型、实型和字符型是 C 语言提供的 3 种基本数据类型,是不可再分的类型。而在实际应用当中,往往需要处理大量的或复杂多样的数据。为了能方便、简捷、高效地解决这些问题,C 语言提供了一些复杂称为构造类型的数据类型,如数组类型、结构体类型等。顾名思义,构造类型是指由基本类型数据按照一定的规则组合而构成的类型。

数组是最基本的构造类型,它是由一组相同类型的数据组成的序列,是一个有序集合。这种集合即数组使用一个统一的数组名来标识。一个数组可以分解为多个数组元素,数组元素可以是基本数据类型也可以是构造类型。在内存中,一个数组的所有元素被顺序存储在一块连续的存储区域中(有序的含义就在于此,而不是指存放的值有序),使用数组名和该数组元素所在的位置序号即数组元素下标可以唯一地确定该数组元素。

正是这种有序性,可以利用指针变量的有效移动来实现对数组元素的访问。

本章将主要讨论数组的定义、引用、初始化、数组与字符串、数组与指针、字符串与指针以及各种应用等相关问题。

6.1 一 维 数 组

6.1.1 一维数组的定义

C 语言规定:对所要用到的变量要"先定义,后使用"。使用数组前,必须先进行定义。定义一个数组应明确数组名、数组元素类型、数组的长度(即数组中共有多少个元素)以及数组中每个元素带有几个下标。一维数组中的每一个元素只带有一个下标。

一维数组的一般定义形式为:

类型标识符 数组名[整型常量表达式];

其中,类型标识符是数组中的每个数组元素所属的数据类型,可以是前面所学的基本数据类型 long、double、char 等,也可以是后面将要学习的其他数据类型,包括构造数据类型。

数组名是用户自定义的标识符,其命名规则同样遵循 C 语言用户标识符的命名规则,即变量的命名规则。

方括号中的整型常量表达式表示该数组中数组元素的个数,也称为数组的长度。

例如:

long score[10];

其中,long 表示数组元素的类型,score 是用户自定义标识符,常量表达式 10 表示数组长度,即元素个数。

关于数组定义的几点说明：

（1）在 C 语言的一个函数体中，数组名不能与其他变量名相同。例如：double score；long score[10]；是错误的。

（2）允许在同一个类型说明中，说明多个数组和多个变量。例如：float a1,a2,a3，b1[6],b2[8]。

（3）上例方括号中的 10 说明了数组 score 含有 10 个数组元素，分别是 score[0]，score[1],…,score[9]，每个数组元素只有一个下标，下标从 0 开始，每个数组的第一个元素的下标都是 0。最后一个数组元素的下标为 9，即数组的长度−1；没有 score[10]这个数组元素。

（4）类型标识符 long 说明了该数组中每个元素都是长整型，每个数组元素只能存放长整型数，在内存中占有 4 个内存字节；如果把其他类型数据赋值给长整型变量，则自动进行类型转换。

（5）设有定义 long a[10]，则在内存中，该数组占有 10 个连续的存储单元，每个存储单元占有 4 个字节，如图 6.1 所示。

图 6.1　数组在内存中的存放规则

注意：不能在方括号中用变量来表示元素的个数，但是可以是整型的符号常量或常量表达式。

例如：

```
#define NUM 5
void main()
{
 int a[8],b[3+7],c[7+NUM];
 …
}
```

是合法的。但是下述说明方式是错误的。

```
void main()
{
 int n = 5;
 int a[n];
 …
}
```

6.1.2　一维数组元素的引用

定义数组后，就可以使用它了。C 语言规定，只能引用单个数组元素，而不能一次引用整个数组。

1. 引用一维数组元素

引用一维数组的一般形式为（即下标法）：

数组名[下标]

其中下标可以是整型的常量、变量或表达式。

例如:若有定义

```
double a[6];
```

则 a[5]、a[i]、a[j]、a[i+j]、a[5+i]、a[i++]都是合法的数组元素。其中 5,i,j,i+j,5+i,i++称为下标表达式,由于定义时说明了数组的长度为 6,因此下标表达式的取值范围是大于等于 0 并且小于等于 5 的整数。

几点注意事项:

(1) 一个数组元素实质上就是一个变量,代表内存中的一个存储单元,与相应类型的变量具有完全相同的性质。

(2) 一个数组不能整体引用。对于以上定义的数组 a,不能使用 a 来代表 a[0],a[1],…,a[5] 6 个元素,数组名实质上代表一个地址常量,代表着整个数组的首地址,也是第一个元素的地址,亦是该连续存储区域的起始地址。

(3) C 语言编译器并不检查数组元素的下标是否越界,即引用下标值范围以外的元素,编译器不提示出错信息。但由于下标越界的元素所用的存储空间并非系统分配的,所以引用时,得到的是一个随机值,向这些存储单元中存储数据,可能会破坏系统。因此,引用时应避免数组越界。

【例 6.1】 数组输入、输出方法示例(采用下标法)。

```
#include <stdio.h>
void main()
{
    int i,a[10];
    for(i = 0;i <= 9;i++)
        scanf("%d",&a[i]);
    for(i = 9;i >= 0;i--)
        printf("%d",a[i]);
}
```

程序运行时输入:

```
1 3 5 7 9 11 13 15 17 19 <回车>
```

输出:

```
19 17 15 13 11 9 7 5 3 1
```

此例中,输出数组 10 个元素必须使用循环语句逐个输出各下标变量:

```
for(i = 0; i < 10; i++)
    printf("%d",a[i]);
```

而不能用一个语句输出整个数组,即不能使用数组名整体输入输出。下面的写法是错误的:

```
printf("%d",a);
```

2. 指针法引用数组元素

数组的输入、输出不但可以利用下标法,由于数组元素的有序性,因此可以利用指针法对数组元素进行输入和输出,见例 6.2。

【例 6.2】 将例 6.1 改用指针法对各个元素进行输入输出。

```
# include < stdio. h>
void main()
{
  int i,a[10];
  int * p = a;                    /* 定义指针变量 p,使之指向数组 a 首地址 */
  for(i = 0;i <= 9;i++)
      scanf(" % d",p++);          /* 注意指针变量 p 的变化 */
  p = a;
  for(i = 9;i >= 0;i -- ,p++)
      printf(" % d ", * p);        /* 输出指针变量 p 指向的数组元素的值 */
}
```

例 6.2 的运行结果和例 6.1 完全相同,这说明实现数组的输入输出方法不仅仅是一种,但注意两种方法的区别。

例 6.2 涉及指针移动的问题,所谓指针的移动就是对指针变量加上或减去一个整数,或通过赋值运算,使指针变量指向相邻的存储单元。因此只有当指针指向一串连续的存储单元(如数组、字符串)时,指针的移动才有意义。

为方便起见,现假设有定义"int a[5], * p, * q;",由于数组的有序性,编译系统将在内存中开辟了如图 6.2 所示的 5 个连续的、存放 int 型整数的存储单元。每个单元的名称分别为:a[0]、a[1]、a[2]、a[3]、a[4],且 a[0]在低地址,a[4]在高地址,同时单元中的值分别为:1、2、3、4、5。

下列语句的执行过程可用图 6.2 来形象表示。

```
p = &a[0];    /* 指针变量 * p 指向了 a[0],如图 6.2(a)所示 */
q = p + 4'    /* 指针变量 q 指向了 a[4],如图 6.2(b)所示 */
p++;          /* 向高地址移动指针 p,p 指向了 a[1],如图 6.2(c)所示 */
q -= 1;       /* 向低地址移动指针 q,q 指向了 a[3],如图 6.2(d)所示 */
q - p;        /* 指针 p 和 q 未动,q-p 的结果是:两个指针之间的存储单元的个数,即结果为 2 * */
```

图 6.2 指针移动示意图

在对指针进行加或减运算时,所加或减的整数如"1",并不代表十进制的整数"1",而是指 1 个存储单元长度。对于 1 个长度占多少字节的存储空间,要看指针的基类型而定。如果 p 和 q 的基类型是 int 型,则移动 1 个存储单元长度实质上就是移动了 4 个字节(在 VC++环境下移动 4 个字节,在 Turbo C 环境下移动 2 个字节);如果 p 和 q 的基类型是 short int 型,则移动 1 个存储单元长度实质上就是移动了 2 个字节;其他以此类推。增 1 表示指针向地址值大(高地址)的方向移动一个存储单元,减 1 表示向地址值小(低地址)的方向移动一个存储单元。因此当我们在程序中移动指针时,无论指针的基类型是什么,只需加或减一个整数而不必去管它移动的具体长度,系统会根据指针的基类型自动地来确定移动的字节数。

当移动指针时,基类型为 int 的指针只能用来指向 int 型变量,不能用来指向其他类型的变量。

6.1.3 一维数组的初始化

定义数组后,系统为所定义的数组开辟一块连续的存储空间,给数组元素赋值的本质就是给上述存储空间赋值,可以用赋值语句对数组元素逐个赋值,也可以采用数组初始化方法。

数组初始化是指在定义数组的同时给数组元素赋初值。数组初始化是在编译阶段进行的,这样将减少运行时间,提高效率。

初始化赋值的一般形式为:

类型标识符 数组名[整型常量表达式] = {初值表};

其中在{}中的各数据值即为各元素的初值,各值之间用逗号间隔,给定初值的顺序即为在内存中的存放顺序。

例如:

int b[10] = { 0,1,2,3,4,5,6,7,8,9 };

相当于

b[0] = 0;b[1] = 1...b[9] = 9;

下面介绍一维数组的几种初始化情形:

(1) 完全初始化:定义数组的同时给所有的数组元素赋初值。例如,

float s[5] = {98.5,90.1,80.6,78.8,63.2}; int a[5] = {1,2,3,4,5};

(2) 部分初始化:定义数组的同时只对前面部分数组元素赋初值。例如,

float s[5] = {98.5,90.1,80.6};int a[5] = {1};

该初始化分别等价于

float   s[5] = { 98.5,90.1,80.6,0.0,0.0}; int a[5] = {1,0,0,0,0};

即部分初始化对于没有给出具体初值的数组元素自动补 0 或 0.0。

(3) 省略数组长度的完全初始化:即完全初始化数组时可以省略数组长度,这是 C 语言编译系统会根据所给的数组元素初值的个数来确定长度。例如,

float s[] = {98.5,90.1,80.6,78.8,63.2}; int a[] = {1,2,3,4,5};

分别等价于

float s[5] = { 98.5,90.1,80.6,78.8,63.2}; int a[5] = {1,2,3,4,5};

6.1.4 一维数组程序举例

【例 6.3】 键盘上给数组输入 10 个数,求出该数组的最大值及最大值的下标并输出。

```c
# include "stdio. h"
void main()
{
```

```
    int i,max,a[10],below;
    printf("input 10 numbers: ");
    for(i = 0;i < 10;i++)                    /* 用 for 循环给数组输入 10 个数 */
        scanf("% d",&a[i]);
    max = a[0]; below = 0;                   /* 假定 a[0]为最大值,below 变量存放最大值下标 */
    for(i = 0;i < 10;i++)                    /* 用 for 循环求出最大值及下标 */
        if(a[i]> max)
{max = a[i]; below = i;}
    printf("max = % d,below = % d\n",max,below);
}
```

程序运行时输入:

1 - 10 5 - 7 9 21 13 11 - 17 19 <回车>

输出:

max = 21,below = 5

本例程序中第一个 for 语句循环 10 次逐个输入 10 个数到数组 a 中。然后把 a[0]送入 max 中。在第二个 for 语句中,从 a[0]~a[9]逐个与 max 中的内容比较,若比 max 的值大, 则把该下标变量送入 max 中并且把下标值放入 below 变量中,因此 max 总是存放已比较过 的下标变量中的最大者同时 below 变量总是存放最大者的下标。比较结束,输出 max 的值 和下标值。

【例 6.4】 使用选择排序法对数组中的元素进行从小到大排序。

```
# include "stdio.h"
void main()
{
    int i,j,p,t,a[10];
    printf("input 10 numbers: ");
    for(i = 0;i < 10;i++)                    /* 用 for 循环给数组输入 10 个数 */
        scanf("% d",&a[i]);
    for(i = 0;i < 9;i++)                      /* 10 个数进行 9 次选择 */
    {
      p = i;                                 /* 使 p 指向排序范围的第一个元素 */
      for(j = i + 1;j < 10;j++)              /* 求出最小元素的位置 */
          if(a[p]> a[j])    p = j;           /* 把最小元素的下标赋给 p */
      if(p! = i)                             /* 条件成立说明 p 的值已经改变 */
      {t = a[i]; a[i] = a[p]; a[p] = t; }    /* 用最小元素与当前的第 i 个元素交换 */
        }
        for(i = 0;i < 10;i++)                /* 用 for 循环输出排序后的 10 个数组元素 */
      printf("% d ",a[i]);
        printf("\n");
}
```

程序运行时输入:

9 7 5 3 1 0 2 4 6 8 <回车>

输出：

0 1 2 3 4 5 6 7 8 9

本例程序中用了 3 个并列的 for 循环语句,在第二个 for 语句中又嵌套了一个循环语句。第一个 for 语句用于输入 10 个元素的初值;第二个 for 语句用于排序;本程序的排序采用逐个比较的方法进行。在 i 次循环时,把第一个元素的下标 i 赋予 p;然后进入内层循环,从 a[i+1]起到最后一个元素止逐个与 a[i]作比较,找到最小元素的下标;内循环结束后,p 即为最小元素的下标,若 p!=i 说明 p 的值已经改变,则需交换 a[i]和 a[p]的值,否则无须交换;此时 a[i]之前的元素为已排序完毕的元素;转入下一次循环;对 i+1 以后各个元素排序;最后将排序后的结果输出。

6.2　二　维　数　组

6.2.1　二维数组的定义

前面介绍的一维数组只有一个下标,而 C 语言还支持两个下标或多个下标的数组称为二维数组或多维数组,数组的维数就是下标的个数。二维数组是最常见的多维数组,在逻辑上一般把二维数组看成是一个具有行和列的矩阵。本节只介绍二维数组,多维数组可由二维数组类推而得到。

二维数组的定义与一维数组的定义相似,一般形式为:

类型标识符 数组名[整型常量表达式 1][整型常量表达式 2]

其中整型常量表达式 1 表示第一维下标的长度,习惯上也叫行长度,它决定了第一维下标值(行标)的上限为整型常量表达式 1 减 1,整型常量表达式 2 表示第二维下标的长度,习惯上也叫列长度,它决定了第二维下标值(列标)的上限为整型常量表达式 2 减 1。

例如:

long a[4][3];

定义了一个 4 行 3 列的二维数组,数组名为 a,每个数组元素都为长整型,其下标变量的类型为整型。该二维数组共有 4×3 共 12 个数组元素,即:

```
a[0][0],a[0][1],a[0][2]
a[1][0],a[1][1],a[1][2]
a[2][0],a[2][1],a[2][2]
a[3][0],a[3][1],a[3][2]
```

二维数组在概念上是二维的,其下标在行与列两个方向上变化,下标在数组中的位置处于一个矩阵之中,而不像一维数组只是一个向量。而实际上,存储器却是连续编址的,也就是说存储器单元是按一维线性排列的。在 C 语言中,二维数组是按行方向存放在一维存储器中。即:先存放 a[0]行,再存放 a[1]行、a[2]行,最后存放 a[3]行。每行中有 3 个元素也是依次存放,如 a[0]行,先存放 a[0][0],再存放 a[0][1],a[0][2]。由于数组 a 说明为 long 类型,所以每个数组元素均为长整型,占用 4 个字节,如图 6.3 所示。

a[0][0]	a[0][1]	a[0][2]	a[1][0]	a[1][1]	a[1][2]	a[2][0]	a[2][1]	a[2][2]	a[3][0]	a[3][1]	a[3][2]

图 6.3　二维数组在内存中的存放规则

6.2.2　二维数组元素的引用

引用二维数组的元素需要分别指定行标和列标,引用形式为:

数组名[行下标][列下标]

其中下标应为整型的常量、变量或表达式。例如:

int　a[3][3];

表示 a 数组是 3 行 3 列的二维数组。

二维数组的引用方式与一维数组的引用方式基本相同,只是二维数组要有两个下标。下标变量和数组说明在形式中有些相似,但这两者具有完全不同的含义。数组说明的方括号中给出的是某一维的长度,即可取下标的最大值;而数组元素中的下标是该元素在数组中的位置标识。前者只能是常量,后者可以是常量,变量或表达式。在引用时,行标和列标都不能越界,对于上面的例子,a[0][3]、a[3][0]、a[3][3]三者都不是该数组的元素。

【例 6.5】　定义一个二维整型数组,给各数组元素输入值,然后将所有数组元素输出。

```c
# include < stdio. h>
void main()
{
  int i,j,a[4][3];
  for(i = 0;i < 4;i++)
    for(j = 0;j < 3;j++)
        scanf(" % d",&a[i][j]);
  for(i = 0;i < 4;i++)
    {for(j = 0;j < 3;j++)
      printf(" % - 3d ", a[i][j]);
     printf("\n");}
}
```

程序运行时输入:

1 2 3 4 5 6 7 8 9 10 11 12 <回车>

输出:

```
1　2　3
4　5　6
7　8　9
10 11 12
```

在 6.2.1 节中提到二维数组的各个元素也是顺序存放的,因此可以用指针像引用一维数组那样来引用二维数组的各个元素,将例 6.5 更改如下:

【例 6.6】 指针法输出二维数组各个元素的值。

```c
#include <stdio.h>
void main()
{
  int i,j,a[4][3];
  int * p = &a[0][0];           /* 将二维数组的首地址赋给指针变量 p */
  for(i = 0;i < 4;i++)
    for(j = 0;j < 3;j++)
        scanf(" % d",p++);      /* 指针变量 p 的值已经变化 */
  p = &a[0][0];                 /* 再次将二维数组的首地址赋给指针变量 p */
  for(i = 0;i < 4;i++)
    {for(j = 0;j < 3;j++)
        printf(" % - 3d", * p++);
      printf("\n");}
}
```

例 6.5 和例 6.6 的运行结果完全相同，由此可见二维数组元素也可应用指针法进行引用，但注意给指针变量 p 赋初值的方法不应写成 p＝a；如果写成 p＝a 的形式，C 语言编译器将给出警告；这是因为虽然 a 是数组名，但由于是二维数组名，它涉及二级指针的概念，也就是说二维数组名是一个二级指针，而目前定义的 p 是可以存放一级指针的变量，不应用它来存放二级指针；可以存放二级指针的指针变量的定义和用法将在后面的章节中介绍。

6.2.3 二维数组的初始化

与一维数组类似，二维数组也可以在定义的同时对其进行初始化，即在定义时给各数组元素赋以初值。初始化一般形式为：

类型标识符 数组名[整型常量表达式 1][整型常量表达式 1] = {初值表};

下面介绍二维数组的几种初始化情形。

1. 完全初始化

完全初始化是指在定义二维数组的同时对所有的数组元素赋初值。

(1) int arr[3][3]＝{1,2,3,4,5,6,7,8,9};

(2) int arr[3][3]＝{{1,2,3},{4,5,6},{7,8,9}};

第一种形式给出的初值按照数组元素在内存中的存放依次赋值，即 arr[0][0]＝1，arr[0][1]＝2，arr[0][2]＝3，arr[1][0]＝4，arr[1][1]＝5，arr[1][2]＝6，arr[2][0]＝7，arr[2][1]＝8，arr[2][2]＝9；第二种形式，在初始化时每一行的初值使用大括号括起来，对于以上两种形式结果是完全相同的。

2. 部分初始化

部分初始化是指在定义数组的同时只对部分数组元素赋初值。

(1) int arr[4][4]＝{{1,2,3},{4},{5,6,7,8},{9}};

(2) int arr[4][4]＝{{1,2,3,4},{5,6,7},{8,9}};

(3) int arr[4][4]＝{{1,2,3},{},{4,5,6},{7,8,9}};

(4) int arr[4][4]＝{1,2,3,4,5,6,7,8,9};

对于前 3 种形式是一样的,每行的元素使用大括号括起来,但是一行上的元素并没有完全给出,没给出具体值的数组元素自动补 0,因此对于第一种形式 arr[1][0]=4,arr[1][1]=0,arr[1][2]=0,arr[1][3]=0。对于第四种情况,由于初值没有使用大括号括起来,因此按照数组元素在内存中的存放顺序依次赋值,即 arr[0][0]=1,arr[0][1]=2,arr[0][2]=3,arr[0][3]=4,arr[1][0]=5,arr[1][1]=6,arr[1][2]=7,arr[1][3]=8,arr[2][0]=9,其余元素全部自动补 0。

3. 省略数组长度的初始化

对于一维数组可以通过所赋值的个数来确定数组的长度,而对于二维数组来说,只可以省略第一维的方括号的常量表达式,第二维的方括号的常量表达式绝不可以省略。

(1) int arr[][4]={{1,2,3},{4},{5,6,7,8},{9}};

(2) int arr[][4]={1,2,3,4,5,6,7,8};

(3) int arr[][4]={1,2,3,4,5};

对于第一种情况,每一行初值由一个大括号括起来,行下标的长度由大括号的对数来确定,因此,第一种情况等价于

int arr[4][4] = {{1,2,3},{4},{5,6,7,8},{9}};

对于第二种、第三种情况,使用公式:初值个数/列标长度,能整除则商就是行下标长度,不能整除则商+1 是行下标长度,因此第二种情况等价于

int arr[2][4] = {1,2,3,4,5,6,7,8};

第三种情况等价于

int arr[2][4] = {1,2,3,4,5};

数组是一种构造类型的数据。二维数组可以看作是由一维数组的嵌套而构成的。一维数组的每个元素又是一个一维数组,就组成了二维数组。当然,前提是各元素类型必须相同。根据这样的分析,一个二维数组也可以分解为多个一维数组。C 语言允许这种分解。

如二维数组 a[3][4],可分解为 3 个一维数组,其数组名分别为 a[0]、a[1] 和 a[2]。

对这 3 个一维数组无须另作说明即可使用。这 3 个一维数组都有 4 个元素,例如:一维数组 a[0] 的元素为 a[0][0]、a[0][1]、a[0][2]、a[0][3]。

必须强调的是,a[0]、a[1]、a[2] 不能当作下标变量使用,它们是一维数组名,是一个地址常量,不是一个单纯的下标变量;其中 a[0] 和 &a[0][0] 等价,a[1] 和 &a[1][0] 等价,a[2] 和 &a[2][0] 等价。

6.2.4 二维数组程序举例

【例 6.7】 编程实现矩阵(4 行 4 列)的转置(即行列互换)。

```
# include  <stdio.h>
void main()
{
   int i,j,t,arr[4][4];
   for(i = 0;i<4;i++)                    /* 使用二重循环给二维数组输入值 */
     for(j = 0;j<4;j++)
```

```
    scanf(" % d",&arr[i][j]);
    for(i = 0;i < 4;i++)                          /* 对二维数组转置 */
        for(j = 0;j < i;j++)
    {t = arr[i][j];   arr[i][j] = arr[j][i];   arr[j][i] = t; }
    if(i>j)
    for(i = 0;i < 4;i++)                          /* 使用二重循环输出二维数组各元素值 */
    {
      for(j = 0;j < 4;j++)
      printf(" % - 4d",arr[i][j]);
      printf("\n");
    }
}
```

程序运行时输入：

```
1 2 3 4 <回车>
5 6 7 8 <回车>
9 10 11 12 <回车>
13 14 15 16 <回车>
```

输出：

```
1   5   9   13
2   6   10  14
3   7   11  15
4   8   12  16
```

本例程序中用了 3 个并列的 for 嵌套循环语句。第一个 for 语句用于输入 16 个元素的初值。第二个 for 语句用于矩阵的转置，应注意该语句内层循环条件，使用对角线以上的元素或以下的元素与相对应的元素交换。最后再使用一个循环将结果输出。从该题可以看出解决二维数组问题经常使用二重循环。

【例 6.8】 编程实现求矩阵(4 行 4 列)的主对角线之和和次对角线之和。

```
# include   < stdio. h >
void main()
{
int i,j,t,arr[4][4],sum1,sum2;
for(i = 0;i < 4;i++)                              /* 使用二重循环给二维数组输入值 */
    for(j = 0;j < 4;j++)
      scanf(" % d",&arr[i][j]);
for(i = 0;i < 4;i++)
    for(j = 0;j < 4;j++)
      {if(i == j)                                 /* 求二维数组主对角线之和 */
        sum1 += arr[i][j];
       if(i + j == 3)                             /* 求二维数组次对角线之和 */
        sum2 += arr[i][j];
      }
printf("sum1 = % d,sum2 = % d\n",sum1,sum2);
}
```

程序运行时输入：

```
1 2 3 4 <回车>
```

```
5 6 7 8 <回车>
9 10 11 12 <回车>
13 14 15 16 <回车>
```

输出：

```
sum1 = 34, sum2 = 34
```

本例程序中用了两个并列的 for 循环嵌套语句。第一组 for 语句用于输入 16 个元素的初值。第二组 for 语句用于求主对角线和次对角线之和，主对角线元素的特征：行标与列标相同，次对角线元素的特征：行标＋列标等于 3，根据上述特征来解决问题；第二组 for 语句是解决本题的关键，读者注意领会。

【例 6.9】 在二维数组 a[ ][4]＝{3,16,87,65,4,32,11,108,10,25,12,27}中选出各列最大的元素组成一个一维数组 b。

```c
# include "stdio. h"
void main()
{
    int a[ ][4] = {3,16,87,65,4,32,11,108,10,25,12,27};
    int b[3],i,j,max;
for(j = 0;j < 4;j++)
  {max = a[0][j];
  for(i = 0;i < 3;i++)
      if(max < a[i][j])    max = a[i][j];    /* 求出每列最大值 */
  b[j] = max;                                /* 把每列最大值赋值给数组 b[j] */
  }
  for(i = 0;i < 4;i++)
    printf(" % 2d ",b[i]);
  printf("\n");
}
```

程序运行时输出：

```
10  32  87  108
```

程序中外循环控制逐列处理，并把每列的第 0 行元素赋予变量 max。进入内循环后，把 max 与后面该列上各行元素比较，并把比 max 大者赋予 max。内循环结束时 max 即为该列最大的元素，然后把 max 值赋予 b[j]。等外循环全部完成时，数组 b 中已装入了 a 各列中的最大值。

6.3　字符数组和字符串

6.3.1　字符数组

字符数组是指用于存放字符型数据的数组。字符数组的定义、引用和初始化与前面介绍的数组相关知识相同。

1. 字符数组的定义

当用 char 作类型标识符定义数组时就是字符数组的定义方法，例如：

```
char str1[50], str2[3][30];
```

定义了一个数组名为 str1 长度为 50 的一维字符数组和一个数组名为 str2 含有 3×30 个数组元素的二维数组。

2. 字符数组的初始化

与前面介绍的数组初始化一样,也包括 3 种情况。

1) 完全初始化

```
char str[5] = {'h','e','l','l','o'};
```

即

```
str[0] = 'h',str[1] = 'e', str[2] = 'l',str[3] = 'l',str[4] = 'o'
```

2) 部分初始化

```
char stu[10] = {'s','t','u','d','e','n','t\};
```

等价于完全初始化

```
char stu[10] = {'s','t','u','d','e','n','t','\0','\0','\0'};
```

即字符数组的部分初始化对于后面没有给出具体初值的数组元素自动补'\0'。由于字符型和整型通用,因此自动补'\0'与 0 是等价的。

3) 省略数组长度的初始化

```
char name[] = {'M','a','r','y'}
```

3. 字符数组元素的引用

字符数组元素的引用形式为:数组名[下标]。例如:char a[5],在程序中可以使用数组元素 a[0],a[i],a[i+j],其中,下标 i 和 i+j 的取值范围是大于等于 0 并且小于等于 4。

6.3.2 字符串

前面介绍字符串常量时,已说明字符串总是以'\0'作为串的结束符。在 C 语言中没有字符串数据类型,因此无法定义字符串变量;通常用一个字符数组来存放一个字符串常量。在实际应用中,字符数组足够大的前提下,读者往往关心的是字符串的长度,而不是存放字符串的字符数组的长度。由于 C 语言引入了'\0'作为字符串结束标志,读者在进行字符串操作时就不必在字符数组的长度上花费过多的时间。

值得说明的是:'\0'是一个转义字符,其 ASCII 值为 0,该字符是空操作符,表示什么也不做,计算字符串的实际长度时不包括'\0',但要占用存储空间。例如字符串常量"hello",字符串长度为 5,但要占用 6 个内存字节;存储如图 6.4 所示。

换句话说,如果要存储字符串常量"hello",字符数组的长度至少为 6。

字符数组和字符串的区别在于:字符数组的每个数组元素可存放一个字符,最后的那个字符可以是任意的字符,没有要求,而对于字符串来说,在字符数组中存放该字符串的最后一个字符是字符串结束标志符'\0'。

图 6.4　字符串在内存中的存放

综上所述，字符串一定是字符数组，字符数组不一定是字符串，字符串是含有'\0'的字符数组。

对于字符串的赋值，可以使用一般数组赋初值的方法给字符数组赋字符串，也可以在赋初值时直接赋字符串常量。

1. 使用一般数组赋初值的方法给字符数组赋字符串

例如：

```
char str[6] = {'h','e','l','l','o','\0'}
```

该定义说明了字符数组有 6 个元素，str[0]='h'，str[1]='e'，str[0]='l'，str[0]='l'，str[0]='o'，str[0]='\0'，但作为字符串有 5 个有效字符，因此字符串 str 的长度为 5。实际上，数组最后一个字符'\0'可以省略，系统会自动补'\0'。即

```
char str[6] = { 'h','e','l','l','o'}
```

应注意：如果省略了数组长度，则一定要列出字符'\0'，即

```
char str[] = {'h','e','l','l','o','\0'}
```

其数组长度为 6，如果没有列出'\0'，则此定义只是定义了一个字符数组，其数组长度为 5；即下面的数组定义后的数组长度是 5，而不是 6。

```
char str[] = {'h','e','l','l','o'}
```

2. 直接用字符串常量给字符数组赋初值

例如，

```
char str[6] = {"hello"};
```

其中大括号可以省略，即

```
char str[6] = "hello";
```

数组长度也可以省略，即

```
char str[ ] = "hello";
```

以上三者完全等价，对于字符串结束标志'\0'，系统自动在最后一个字符'o'后加上字符串结束标志'\0'。在定义时应注意：数组长度必须足够大能存放下字符串中的每个字符以及'\0'。下面的定义是错误的：

```
char str[5] = "hello";
```

虽然也有可能得到正确结果，但实际上是错误的，是不安全的。为了避免上述情况，在定义时可以将数组长度设为较大的值，但是容易造成存储空间的浪费；最佳方法是采用省略数组长度的初始化方法，如下：

```
char str[] = "hello";
```

此时字符串的有效字符个数加 1 等于 6，系统将自动认为数组的长度为 6。

6.3.3 字符串的输入输出

使用 scanf 函数和 printf 函数输入输出一个字符数组中的字符串有两种方法。一是使用循环语句逐个地输入输出每个字符,输入的最后人为加上'\0'从而构成字符串,输出时'\0'作为输出结束标志。二是对字符串整体输入输出,使用格式控制符%s。输入时,输入项可以是字符数组名(或指向字符串的指针变量),把输入的各字符逐个放入已经开辟的字符数组(或指针变量值为起始地址)的连续存储空间中。输出时,输出项可以是字符串常量、字符数组名或指向字符串的指针变量,从输出项地址开始逐个输出各字符,遇到'\0'截止。

此外,可以使用 C 函数库所提供的函数 gets 和 puts 输入输出字符串,下面分别介绍它们的用法。

1. 使用 scanf 函数整体输入字符串

函数调用形式为:

scanf("%s",字符数组名或指针变量);

在输入时,输入的一串字符依次存入以字符数组名或指针变量为起始地址的存储单元中,并自动补'\0'。应注意:使用 scanf 函数输入字符串时,回车键和空格键均作为分隔符而不能被输入;就是说不能用 scanf 函数输入带空格的字符串,而且输入字符串的长度应小于字符数组的长度或小于指针所指的连续存储空间。

例如下面程序段:

```
char str[10], * p1 = str, * p2 = &str[3];
scanf("%s",str);scanf("%s",p1); scanf("%s",p2);
```

以上 3 条输入语句都是正确的,应注意 str 是数组名,它代表常量地址,p1、p2 是已经有确定地址值的指针变量,如果没有确定地址值,就不能使用第二条和第三条语句,否则将出现无法预料的不良后果,又由于 str、p1、p2 已经代表地址,因此不需再加取地址运算符 &。

执行时,输入"How are you?",执行"scanf("%s",str);"后数组内容如下:

'H'	'o'	'w'	'\0'						

又执行"scanf("%s",p1);"后数组内容如下:

'a'	'r'	'e'	'\0'						

最后执行"scanf("%s",p2);"后数组内容如下:

'a'	'r'	'e'	'y'	'o'	'u'	'?'	'\0'		

分析:由于 scanf 函数不能输入带空格的字符串,因此 C 语言编译系统会把上述字符串看成是 3 个字符串,又因为第一个和第二个 scanf 函数的参数 str 和 p1 代表的都是字符数组 str 的起始地址,所以当执行第二个 scanf 函数时输入的字符串"are"将把第一个覆盖,而p2 代表的是数组元素 str[3] 的地址,于是执行第三个 scanf 函数之后,字符数组的内容就变成了上面图示的情况。

2. 使用 printf 函数整体输出字符串

函数调用形式为：

```
printf("%s", 地址);
```

输出项为准备输出的字符串的首地址,功能是从所给地址开始,依次输出各字符直到遇到第一个'\0',当有多个'\0'时,以第一个为准,输出结束后不自动换行。例如:

```
char str[] = "man";printf("%s",str);
```

输出结果为 man。又如

```
char str[] = "man\0women";printf("%s",str);
```

输出结果仍为 man。

3. 使用 gets 函数输入字符串

函数调用形式为：

```
gets(地址);
```

该地址可以是字符数组名或指针变量名,进行输入时,仅以回车键作为结束符且不被输入,因而这个函数可以输入带空格的字符串。例如:

```
char str[20];gets(str);
```

执行时输入"How are you?",则字符数组 str 的内容如下:

| 'H' | 'o' | 'w' | ' ' | 'a' | 'r' | 'e' | ' ' | 'y' | 'o' | 'u' | '?' | '\0' | … | |

4. 使用 puts 函数整体输出字符串

使用 puts 函数输出字符串,函数调用形式为:

```
puts(地址);
```

该地址可以是字符数组名或指针变量名,功能是从所给地址开始,依次输出各字符,遇到第一个'\0'结束,并把'\0'转换为'\n',即输出结束后自动换行。例如:

```
char str[] = "How are you?"; puts(str); puts(str);
```

输出结果为:

```
"How are you?"
"How are you?"
```

6.3.4 字符串处理函数

由于字符串应用广泛,为方便用户对字符串的处理,C 语言库函数中除了前面用到的库函数 gets()与 puts()之外,还提供了另外一些字符串处理函数,包括字符串的合并、修改、比较、转换、复制等。使用这些函数可大大减轻编程的负担。其函数原型说明在 string.h 中,在使用前应包含头文件 string.h。

下面介绍一些最常用的字符串处理函数,这里只介绍这些函数的使用方法,原型说明参见附录 C。

1. 字符串连接函数 strcat

调用格式：

strcat (字符串 1,字符串 2)

功能：把字符串 2 连接到字符串 1 的后面，并覆盖字符串 1 的字符串结束标志'\0'。本函数返回值是字符串变量对应的字符数组的起始地址即字符数组 1 的首地址。

说明：字符串 1 必须写成数组名或指针变量形式，并且要求指针变量指向确切的内存空间，而字符串 2 可以是字符串常量，也可以是已经存有字符串的字符数组名形式或已经指向存有字符串的内存空间的指针变量。

【例 6.10】 字符串连接函数 strcat 的使用。

```
# include"stdio.h"
# include"string.h"
void main()
{
  char str1[30] = "My name is ", str2[10] = "John.";
puts(str1);
puts(str2);
  strcat(str1,str2);
puts(str1);
puts(str2);
}
```

程序运行时输出结果如下：

```
My name is
John.
My name is John.
John.
```

本程序把初始化赋值的两个字符串连接起来。注意：字符数组 1 应定义足够的长度，否则全部装入被连接的字符串时产生越界，可能产生不可预知的后果。

2. 字符串复制函数 strcpy

调用格式：

strcpy (字符串 1,字符串 2)

功能：把字符串 2 复制到字符串 1 中。字符串结束标志'\0'也一同复制。

说明：字符串 1 可以是一个字符数组或指向确定地址空间的指针变量，字符串 2 可以是一个字符数组或指向确定地址空间的指针变量，也可以是字符串常量。函数返回值为字符串 1 的首地址。注意：存放字符串 1 的字符数组必须足够大能存放下字符串 2，包括字符串结束标志'\0'。

【例 6.11】 字符串复制函数 strcpy。

```
# include"stdio.h"
# include"string.h"
void main()
```

```
{
    char str1[30] = "My name is ", str2[10] = "John.";
puts(str1);
puts(str2);
    strcpy(st1,st2);
puts(str1);
puts(str2);
}
```

程序运行时输出结果如下：

```
My name is
John.
John.
John.
```

3. 字符串比较函数 strcmp

调用格式：

strcmp(字符串 1,字符串 2)

功能：比较字符串 1 和字符串 2 的大小,字符串的比较规则是按照顺序依次比较两个数组中的对应位置字符的 ASCII 码值,由函数返回比较结果。

字符串 1＝字符串 2,返回值＝0；

字符串 1>字符串 2,返回值>0；

字符串 1<字符串 2,返回值<0。

说明：字符串 1 和字符串 2 均可以是字符串常量,也可以是一个字符数组或指向确定地址空间的指针变量。

【例 6.12】 字符串比较函数 strcmp 的使用。

```
# include"stdio. h"
# include"string. h"
void main()
{
    char str1[15], str2[ ] = "hello";
      printf("input a string: ");
    gets(str1);
    puts("the string is: ");
    puts(str1);
    if(strcmp(str1,str2)> 0)
      printf("str1 > str2\n");
    else if(strcmp(str1,str2) == 0)
        printf("str1 = str2\n");
        else printf("str1 < str2\n");
}
```

程序运行时输出结果如下：

```
input a string:hi
the string is: hi
str1 > str2
```

本程序中把输入的字符串和数组 str2 中的字符串比较,根据比较结果,输出相应提示信息。当输入为 hi 时,字符串 1 的第一个字符'h'与字符串 2 的第一个字符'h'相等,再用字符串 1 的第二个字符'i'与字符串 2 的第二个字符'e'比较,由于'i'的 ASCII 码值大于'e'的 ASCII 码值,故字符串 1 大,输出结果"str1 > str2"。

4. 求字符串长度函数 strlen

调用格式:

strlen(字符串)

功能:求字符串的实际长度(不含字符串结束标志'\0')并作为函数返回值。

说明:字符串可以是字符数组名,指向字符串的指针变量或字符串常量。

【例 6.13】 字符串长度函数 strlen 的使用。

```
# include"stdio.h"
# include"string.h"
void main()
{
    char str1[] = "welcome",str2[10] = "to",str3[20] = "hi Beijing!", * p1 = str1,
     * p2 = &str3[3];
    printf("The lenth of const string is % d\n",strlen("welcome"));
    printf("The lenth of str1 is % d\n",strlen(str1));
    printf("The lenth of str1 is % d\n",strlen(p1));
    printf("The lenth of str2 is % d\n",strlen(str2));
    printf("The lenth of str3 is % d\n",strlen(str3));
    printf("The lenth of str1 is % d\n",strlen(p2));
}
```

程序运行时输出结果如下:

```
The lenth of const string is 7
The lenth of str1 is 7
The lenth of str1 is 7
The lenth of str2 is 2
The lenth of str3 is 11
The lenth of str1 is 8
```

注意:当用指针变量作 strlen 函数参数时,求得的字符串长度是指针变量当前指向的字符到'\0'之前的所有字符个数。

6.3.5 程序举例

【例 6.14】 输入一个长度小于 100 的字符串,统计该字符串中大写字母、小写字母、数字字符及其他字符的数量。

```
# include"stdio.h"
void main()
{
char str[100];                              / * 定义字符数组 str 来存放字符串 * /
int   i,big = 0,small = 0,num = 0,other = 0;
  printf("please input string: ");
  gets(str);
```

```
    for(i = 0;str[i];i++)                          /* 统计字符串 str 中各类字符的个数 */
        if(str[i] > = 'A'&&str[i] < = 'Z')         /* 统计大写字母个数 */
            big++;
        else if(str[i] > = 'a'&&str[i] < = 'z')    /* 统计小写字母个数 */
                small++;
            else if(str[i] > = '0'&&str[i] < = '9') /* 统计数字字符个数 */
                    num++;
                else other++;                       /* 其他字符个数 */
    printf("big = % d,small = % d,num = % d,other = % d\n",big,small,num,other);
}
```

程序运行时若输入：

Atcv249CmkE1♯tG * H<回车>

则输出：

big = 5,small = 6,num = 4,other = 2

本程序首先使用 gets 函数对数组 str 输入长度小于 100 的字符串。然后使用循环查看每一个字符是否满足大写字母条件、小写字母条件、数字字符条件，都不满足则属于其他字符。循环结束条件使用 str[i]（也可以使用 str[i]!= '\0'，因为二者等价）而不是使用字符数组长度。最后输出统计结果。

【例 6.15】 输入一个长度小于 100 的字符串，删除该字符串中所有的字符 * 。

```
♯ include"stdio.h"
void main()
{
    char str[100],i,k = 0;                  /* 定义字符数组 str 来存放字符串 */
    printf("please input string: ");
    gets(str);
    for(i = 0;str[i];i++)                   /* 使用循环查看字符串的每个字符 */
        if(str[i]! = ' * ')                 /* 如果不是字符' * '则放回去,否则丢弃 */
            str[k++] = str[i];
    str[k] = '\0';                          /* 最后给新字符串加字符串结束标记 */
    printf("new string is % s\n",str);
}
```

程序运行时若输入：

A * * * cv249 * * CmkE1♯t * * * G * H * * * * * * * *<回车>

则输出：

Acv249CmkE1♯tGH

本程序首先使用 gets 函数对数组 str 输入长度小于 100 的字符串。然后使用循环查看每一个字符是否为字符' * '，是则丢弃，不是则保留。循环结束后，新字符串中没有字符串结束标记'\0'，因此要人为加上'\0'；最后输出统计结果。

【例 6.16】 输入一个长度小于 100 的字符串，将字符串中下标为奇数位置上的字母转为大写。

数组与指针

```
# include"stdio. h"
void main()
{
  char str[100],i,k = 0;           /*定义字符数组 str 来存放字符串*/
  printf("please input string: ");
  gets(str);
  for(i = 0;str[i];i++)            /*使用循环查看字符串的每个字符*/
      if(i % 2 == 1)               /*如果下标为奇数则把该字母转化为相应的大写字符*/
          str[i] -= 32;
  printf("new string is % s\n",str);
}
```

程序运行时输入：

abcdefghijkl <回车>

输出：

aBcDeFgHiJkL

本程序首先使用 gets 函数对数组 str 输入长度小于 100 的字符串。然后使用循环查看每一个字符，如果下标为奇数则把该字母转化为对应的大写字符，最后输出结果。关系表达式 i%2==1 还可用算术表达式 i%2 或关系表达式 i%2!=0 代替。

【例 6.17】 输入一个无符号的长整型数，将该数转换为倒序的字符串。例如无符号长整型数 123456 转换为字符串"654321"。

```
# include   < stdio. h >
void main()
{
  char   str[20];
  unsigned long num,k = 0;
  printf("input a num: ");
  scanf(" % lu",&num);
  while(num)                       /*判断 num 是否等于 0*/
  { str[k++] = num % 10 + '0';     /*将 num 当前个位上的数字提取出来并变成数字字符*/
    num/ = 10;                     /*放入字符串中,使 num 缩小 10 倍*/
  }
  str[k] = '\0';
  printf("The result is: % s\n",str);
}
```

程序运行时输入：

1234567 <回车>

输出：

The result is: 7654321

本程序首先输入一个无符号的长整型数，使用算术运算符%和/提取各位上的数字并把数字变成相应的数字字符放入字符数组中，人为加'\0'使字符数组中的字符形成字符串，最后利用格式符%s输出字符串。

6.4　数组和指针

6.4.1　一维数组和指针

一个变量有一个地址,一个数组包含若干元素,每个数组元素都在内存中占用存储单元,都有相应的地址,这些数组元素占用连续的内存单元。数组名就是这块连续内存单元的起始地址,而且在程序运行过程中该地址是不可以改变的,是一个地址常量。根据指针的概念,指向数组的指针变量存放该数组的起始地址,指向数组元素的指针变量存放数组元素的地址。

定义一个指向数组元素的指针变量或指向数组的指针变量的方法,与前面介绍的指针变量的定义方法相同。例如:

```
int a[10];                  /* 定义 a 为包含 10 个整型数据的数组 */
int * p;                    /* 定义 p 为指向整型变量的指针 */
```

应当注意,因为数组为 int 型,所以指针变量的基类型也应为 int 型的指针变量。下面是对指针变量赋值:

```
p = &a[i];
```

i 的取值范围为 0～9。当 i＝0 时,把 a[0]元素的地址赋给指针变量 p。p 就指向 a 数组的第 0 号元素,把 a[i]的地址赋给指针变量 p。p 就指向 a 数组的第 i 号元素,如图 6.5 所示。

C 语言规定,数组名代表数组的首地址,亦即下标为 0 的数组元素的地址。因此,下面两个语句等价:

```
p = &a[0];
p = a;
```

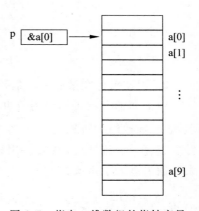

图 6.5　指向一维数组的指针变量

在定义指针变量同时可以赋初值:

```
int a[5], * p = &a[3];
```

它等效于:

```
int a[5], * p;
p = &a[3];
```

当然定义时也可以写成:

```
int a[5], * p = a;
```

从图 6.5 中可以看出有以下关系:

p、a、&a[0]均代表同一存储单元的地址,它们是数组 a 的首地址,也是下标为 0 的数组元素的地址。应注意的是:p 是变量,而 a 和 &a[0]都是常量。在编程时应予以区分。

1. 通过数组名引用数组元素

前面已经介绍数组元素的引用方式。有定义 int a[5];a[0]是其中的一个元素,该元素的地址表示为 &a[0],也可以表示为 a 或 a＋0,同理 a[1]的地址为 &a[1]或 a＋1,a[2]的地

址为 &a[2]或 a+2,a[3]的地址为 &a[3]或 a+3,a[1]的地址为 &a[4]或 a+4。由以上介绍可知,对数组元素的地址可以使用数组名+下标来标识,即地址+整数代表从当前地址向下移动几个存储单元。

通过使用间接访问运算符 * 来引用地址所在的存储单元内容。因此对于数组元素 a[0],还可以表示为 * &a[0]和 *(a+0)同理数组元素 a[1],还可以表示为 * &a[1]和 *(a+1),数组元素 a[2]可以表示为 * &a[2]和 *(a+2),数组元素 a[3],可以表示为 * &a[3]和 *(a+3),数组元素 a[4]可以表示为 * &a[4]和 *(a+4)。因此在应用中数组元素的表示和数组元素地址的表示是可以多样的。

【例 6.18】 输出数组中的全部元素(通过数组名+偏移量计算数组元素的地址,输出值)。

```c
#include "stdio.h"
void main()
{
    int a[10],i;
    for(i=0;i<10;i++)
      scanf("%d",a+i);
    for(i=0;i<10;i++)
      printf("a[%d]=%d ",i,*(a+i));
}
```

程序运行时若输入:

1 3 5 7 9 11 13 15 17 19 <回车>

则输出:

a[0]=1 a[1]=3 a[2]=5 a[3]=7 a[4]=9 a[5]=11 a[6]=13 a[7]=15 a[8]=17 a[9]=19

2. 通过指针变量引用一维数组元素

由前面的介绍可知使用数组名引用数组元素的两种方法,*(a+i)表示法中 a 为数组名,表示 a 数组的首地址,是一个指针常量。可以定义一个指针变量存放该首地址,然后使用该指针变量来引用各数组元素。假如有如下定义:

int a[10]={0,1,2,3,4,5,6,7,8,9};int *p;

或

int a[10]={0,1,2,3,4,5,6,7,8,9},*p;

此时该指针 p 存放一个随机的地址值,为了让 p 指向数组的首地址可使用赋值语句 p=a 或 p=&a[0]来实现,此时:

(1)指针变量 p 和数组名 a 都代表该数组首地址,值相同,但是 p 是变量而 a 是常量。

(2)p+i 和 a+i 都是 a[i]的地址,或者说它们指向 a 数组的第 i 个元素,如图 6.6 所示。

图 6.6 指针加偏移量和数组名加偏移量表示数组元素地址

（3）＊(p＋i)或＊(a＋i)就是 p＋i 或 a＋i 所指向的数组元素，即 a[i]。例如，＊(p＋3)或＊(a＋3)就是 a[3]。

【例 6.19】 输出数组中的全部元素(用指针变量指向数组元素,指针变量 p 没有移动)。

```
# include "stdio. h"
void main()
{
  int a[10], * p;p = a;
  for(i = 0;i < 10;i++)
  scanf(" % d",p + i);
  for(i = 0;i < 10;i++)
  printf(" % d", * (p + i));
}
```

【例 6.20】 输出数组中的全部元素(用指针变量指向数组元素,指针变量 p 移动)。

```
# include "stdio. h"
void main()
{
    int a[10], * p;p = a;
    for(i = 0;i < 10;i++)
      scanf(" % d",p++);
    for(i = 0,p = a;i < 10;i++)
      printf(" % d", * p++);
}
```

说明：

（1）注意上面三例与例 6.1 和例 6.2 的异同点。

（2）例 6.20 题中的输入语句与下面语句是等价的：

```
for(;p < a + 10;p++)
  scanf(" % d",p);
```

（3）例 6.20 题中输出语句与下面两条语句等价

```
for(i = 0,p = a;i < 10;i++,p++)
  printf(" % d", * p);
for(p = a;p < a + 10;p++)
  printf(" % d", * p);
```

上面的例子充分体现了指针变量的灵活性，与使用数组名有明显的区别。

3. 使用带下标的指针变量引用一维数组元素

引用一维数组元素还可以使用指针变量带下标的方法,类似于数组名带下标。例如：

```
int a[5] = {1,2,3,4,5}, * p = a;
```

引用数组元素 a[0]可表示为：a[0]、＊(a＋0)或＊(p＋0)。a[0]可表示成＊(a＋0),反过来＊(a＋0)可表示成 a[0],所以＊(p＋0)可表示成 p[0],即指针带下标。p[1]等价于 a[1],p[2]等价于 a[2],p[3]等价于 a[3]，p[4]等价于 a[4]。

在含义上 p 仍为指针变量,指针带下标引用法是从指针所存放的地址开始计算。如果有定义语句 int a[5]={1,2,3,4,5}, * p=&a[2]时,p[0]就等价于 a[2],p[1]等价于 a[3],p[2]等价于 a[4]。此时可以出现 p[-1]和 p[-2],它们分别等价于 a[1]和 a[0]。但需注意:在使用指向数组的指针变量时,下标值不可超出数组的实际存储空间,即此时 p 的下标不能≤-3,也不能≥3。

【例 6.21】 输出数组中的全部元素(指针变量带下标,指针变量初始值为数组的起始地址)。

```
# include "stdio. h"
void main()
{
  int a[10], * p;p = a;
  for(i = 0;i < 10;i++)
    scanf(" % d",&p[i]);
  for(i = 0;i < 10;i++)
    printf(" % d",p[i]);
}
```

【例 6.22】 输出数组中的全部元素(指针变量带下标,指针变量初始值为数组第三个元素的起始地址)。

```
# include "stdio. h"
void main()
{
  int a[10], * p = &a[2];
  for(i = - 2;i < 8;i++)
    scanf(" % d",&p[i]);
  for(i = - 2;i < 8;i++)
    printf(" % d",p[i]);
}
```

说明:

由于指针变量 p 的初值是 a[2]的地址,p[-2]就是 a[0],以此类推。需要注意两个问题:

(1) 指针变量可以实现本身的值的改变。如 p++是合法的;而 a++是错误的。因为 a 是数组名,它是数组的首地址,是常量。

(2) 要注意指针变量的当前值。

6.4.2 二维数组的地址

一维数组的指针表示法实际上是利用数组名或使用指向某个数组元素的指针变量按数组在内存中顺序存放的规则表示的。二维数组与一维数组表示法相似,可以把二维数组看作是一个一维数组,一维数组的每个数组元素又是一个一维数组。设有整型二维数组 a[3][4]如下:

```
0  1  2  3
4  5  6  7
8  9  10 11
```

它的定义为：

```
int a[3][4] = {{0,1,2,3},{4,5,6,7},{8,9,10,11}}
```

如果设数组 a 的首地址为 1000,各下标变量的首地址及其值如图 6.7 所示。

前面介绍过,C 语言允许把一个二维数组分解为多个一维数组来处理。因此数组 a 可分解为 3 个一维数组：a[0]、a[1]和 a[2]。每一个一维数组又含 4 个元素,如图 6.8 所示。

a[0]是第一个一维数组的数组名和首地址,因此也为 1000。* (a+0)或 * a 是与 a[0]等效的,它表示一维数组 a[0]的 0 号元素的首地址,也为 1000。&a[0][0]是二维数组 a 的 0 行 0 列元素首地址,同样是 1000。因此,a、a[0]、* (a+0)、* a 和 &a[0][0]是相等的。

同理,a+1 是二维数组 1 行的首地址,等于 1010。a[1]是第二个一维数组的数组名和首地址,因此也为 1010。&a[1][0]是二维数组 a 的 1 行 0 列元素地址,也是 1010。因此 a+1、a[1]、* (a+1)和 &a[1][0]是等同的；由此可得出：a+i、a[i]、* (a+i)和 &a[i][0]是等同的。

此外,&a[i]和 a[i]也是等同的。因为在二维数组中不能把 &a[i]理解为元素 a[i]的地址,不存在元素 a[i]。C 语言规定,它是一种地址计算方法,表示数组 a 第 i 行首地址。由此可得出：a[i]、&a[i]、* (a+i)和 a+i 也都是等同的。

1000 0	1004 1	1008 2	100c 3
1010 4	1014 5	1018 6	101c 7
1020 8	1024 9	1028 10	102c 11

图 6.7　下标变量的首地址及其值示意图

a[0]	=	1000 0	1004 1	1008 2	100c 3
a[1]	=	1010 4	1014 5	1018 6	101c 7
a[2]	=	1020 8	1024 9	1028 10	102c 11

图 6.8　二维数组分解为一维数组

另外,a[0]也可以看成是 a[0]+0,是一维数组 a[0]的 0 号元素的首地址,而 a[0]+1 则是 a[0]的 1 号元素首地址,由此可得出 a[i]+j 则是一维数组 a[i]的 j 号元素首地址,它等于 &a[i][j],如图 6.9 所示。

由 a[i]= * (a+i)得 a[i]+j= * (a+i)+j。由于 * (a+i)+j 是二维数组 a 的 i 行 j 列元素的首地址,所以,该元素的值等于 * (* (a+i)+j)。

由 a[i]= * (a+i)得 a[i]+j= * (a+i)+j。由于 * (a+i)+j 是二维数组 a 的 i 行 j 列元素的首地址,所以,该元素的值等于 * (* (a+i)+j)。

【例 6.23】　指针法表示输入输出二维数组的各元素。

	a[0]	a[0]+1	a[0]+2	a[0]+3
a	1000 0	1004 1	1008 2	100c 3
a+1	1010 4	1014 5	1018 6	101c 7
a+2	1020 8	1024 9	1028 10	102c 11

图 6.9　二维数组行首地址、元素地址及其值示意图

```
# include "stdio. h"
void main()
{
    int a[3][3] = {1,2,3,4,5,6,7,8,9};
    printf(" % d,",a);
    printf(" % d,", * a);
```

```
    printf("%d,",a[0]);
    printf("%d,",&a[0]);
    printf("%d\n",&a[0][0]);
    printf("%d,",a+1);
    printf("%d,",*(a+1));
    printf("%d,",a[1]);
    printf("%d,",&a[1]);
    printf("%d\n",&a[1][0]);
    printf("%d,",a+2);
    printf("%d,",*(a+2));
    printf("%d,",a[2]);
    printf("%d,",&a[2]);
    printf("%d\n",&a[2][0]);
    printf("%d,",a[1]+1);
    printf("%d\n",*(a+1)+1);
    printf("%d,%d\n",*(a[1]+1),*(*(a+1)+1));
}
```

在 VC 6.0 环境下程序运行时输出：

```
1245020,1245020,1245020,1245020,1245020
1245032,1245032,1245032,1245032,1245032
1245044,1245044,1245044,1245044,1245044
1245036,1245036
5,5
```

6.4.3 指向二维数组的指针变量

到目前为止,指向二维数组的指针有两种情况:一种是定义一级指针直接指向数组元素的指针变量,另一种是定义数组指针指向具有 n 个元素的一维数组。在含义上第一种情况定义的是一级指针,而第二种情况定义的是数组指针变量,属于二级指针。在使用上二者也存在明显的差异。

指向二维数组的指针变量说明的一般形式为:

```
类型标识符  (*指针变量名)[长度]
```

其中"类型标识符"为指针变量所指数组的数据类型。使用小括号把"*"和指针变量名括起来,表示其后的变量名是指针类型。"长度"表示指针变量所指向的一维数组的长度,二维数组分解为多个一维数组时,每个一维数组的长度,也就是二维数组的列数。应注意"(*指针变量名)"两边的括号不可少,如缺少括号则表示是指针数组(本章后面介绍),变量名就代表数组名而不是指针变量了,意义就完全不同了。

例如:

```
int a[3][4], (*p)[4],p=a;
```

二维数组 a 可以分解为 3 个一维数组,分别为 a[0]、a[1]、a[2],每一个一维数组含有 4 个元素。定义 p 为指向二维数组的指针变量。它表示 p 是指针变量,又称为行指针,它指向具有 4 个整型元素的一维数组。若有如上定义则指针变量 p 指向第一个一维数组 a[0],其值等于 a、a[0] 或 &a[0][0] 等。而 p+1 则指向一维数组 a[1],p+2 则指向一维数组

a[2]。对于 p+1 来说,*(p+1)等价于 a[1],a[1][1]元素则可以表示为 *(a[1]+1)即 *(*(p+1)+1)。因此,可得出 *(p+i)+j 是二维数组 i 行 j 列的元素的地址,而 *(*(p+i)+j)则是 i 行 j 列元素的值。则数组元素可表示为

```
p[i][j]
*(*(p+i)+j)
*(p[i]+j)
(*(p+i))[j]
```

一级指针只能指向数组元素或变量,也就是说,一级指针变量只能存放数组元素或变量的地址,下面通过例子观察一级指针和数组指针的区别。

【例 6.24】 一级指针指向二维数组。

```
# include "stdio.h"
void main()
{    int a[3][4] = { 1,2,3,4,5,6,7,8,9,10,11,12},i,j, * p;
     p = &a[0][0];
     for( i = 0;i < 12;i++)
     { if( i % 4 = = 0)  printf("\n");
       printf(" % 2d      ",p[i]);
     }
}
```

程序运行时输出结果如下:

```
1  2  3  4
5  6  7  8
9  10 11 12
```

从程序运行结果可知,通过一级指针变量可以像处理一维数组那样处理二维数组元素的输出问题。

【例 6.25】 数组指针指向二维数组。

```
# include "stdio.h"
void main()
{    int a[3][4] = { 1,2,3,4,5,6,7,8,9,10,11,12};
     int ( * p)[4],i,j;
     p = a;
     for( i = 0;i < 3;i++)
     {for( j = 0;j < 4;j++)
      printf(" % 2d   ", * ( * (p + i) + j));
      printf("\n");}
}
```

程序运行时输出结果如下:

```
1  2  3  4
5  6  7  8
9  10 11 12
```

数组与指针

注意：虽然以上两个程序的数据初值和运行结果均相同，但是它们在处理方法上是有本质区别的，读者一定要掌握。

6.4.4 指针数组的定义和应用

一个数组的元素值为指针则是指针数组。指针数组是一组有序的指针的集合。指针数组的所有元素都必须是具有相同存储类型和指向相同数据类型的指针变量。

1. 指针数组的定义的形式如下：

数据类型　 ＊指针数组名[元素个数]

例如，"int 　＊pa[2];"表示定义了一个指针数组 pa，它由指向 int 型数据的 pa[0]和 pa[1]两个指针元素组成。和普通数组一样，编译系统在处理指针数组定义时，给它在内存中分配一个连续的存储空间，这时指针数组名 pa 就表示指针数组的存储首地址。

具有相同类型的指针数组可以在一起定义，它们也可以与变量、指针一起定义。例如：

int a, ＊p,b[10], ＊pa[2], ＊q[4];

2. 指针数组的应用

在程序中指针数组常常用来处理多维数组。例如，定义一个二维数组和一个指针数组：

int 　a[2][3], ＊pa[2];

二维数组 a[2][3]可分解为 a[0]和 a[1]这两个一维数组，它们各有 3 个元素。指针数组 pa 由两个指针 pa[0]和 pa[1]组成。可以把一维数组 a[0]和 a[1]的首地址分别赋予指针 pa[0]和 pa[1]，例如：

pa[0] = a[0]; 或 pa[0] = &a[0][0];
pa[1] = a[1]; 或 pa[1] = &a[1][0];

则两个指针分别指向两个一维数组，如图 6.10 所示，这时通过两个指针就可以对二维数组中的数据进行处理。根据前面介绍的 ＊ 和[]的运算意义和地址计算规则，在程序中，a[i][j]、＊(a[i]＋j)、＊(pa[i]＋j)、pa[i][j]是意义相同的表示方法，可以根据需要使用任何一种表示形式。

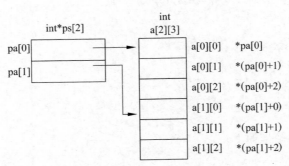

图 6.10 指针数组和二维数组

【例 6.26】 用指针数组处理二维数组。

```c
#include <stdio.h>
void main( )
{
  int  a[2][3], * pa[2];
  int i,j;
  pa[0] = a[0];
  pa[1] = a[1];
  for(i = 0;i < 2;i++)
    for(j = 0;j < 3;j++)
      a[i][j] = (i + 1) * (j + 1);
  for(i = 0;i < 2;i++)
    for(j = 0;j < 3;j++)
      { printf("a[ % d][ % d]: % 3d\n",i,j, * pa[i]);
        pa[i]++;
      }
}
```

程序运行时输出结果如下：

```
a[0][0]: 1
a[0][1]: 2
a[0][2]: 3
a[1][0]: 2
a[1][1]: 4
a[1][2]: 6
```

【例 6.27】 通常可用一个指针数组来指向一个二维数组。指针数组中的每个元素被赋予二维数组每一行的首地址，因此也可理解为指向一个一维数组。

```c
#include "stdio.h"
void main()
{
  int a[3][3] = {1,2,3,4,5,6,7,8,9}, * pa[3] = {a[0],a[1],a[2]}, * p = a[0],i;
  for(i = 0;i < 3;i++)
    printf(" % d, % d, % d\n",a[i][2 - i], * a[i], * ( * (a + i) + i));
  for(i = 0;i < 3;i++)
    printf(" % d, % d, % d\n", * pa[i],p[i], * (p + i));
}
```

程序运行时输出结果如下：

```
3,1,1
5,4,5
7,7,9
1,1,1
4,2,2
7,3,3
```

本例程序中，pa 是一个指针数组，3 个元素分别指向二维数组 a 的各行。然后用循环语句输出指定的数组元素。其中 * a[i]表示 i 行 0 列元素值；* (* (a+i)+i)表示 i 行 i 列的元素值；＊pa[i]表示 i 行 0 列元素值；由于 p 与 a[0]相同，故 p[i]表示 0 行 i 列的值；
＊(p＋i)表示 0 行 i 列的值。读者可仔细领会元素值的各种不同的表示方法。

在程序中也经常使用字符指针数组来处理多个字符串，详见 6.5 节。

3. 指针数组和数组指针变量的区别

这两者虽然都可用来表示二维数组，但是其表示方法和意义是不同的。

数组指针变量是单个的变量，其一般形式中"(＊指针变量名)"两边的括号不可少。而
指针数组类型表示的是多个指针(一组有序指针)在一般形式中"＊指针数组名"两边不能有
括号。

例如：

```
int (＊p)[3];
```

表示一个指向二维数组的指针变量。该二维数组的列数为 3 或分解后一维数组长度为 3。

```
int ＊p[3];
```

表示 p 是一个指针数组，有三个数组元素 p[0]、p[1]、p[2]，而且均为指针变量。

6.5 字符串和指针

6.5.1 单个字符串的处理方法

在 C 语言中，字符串是通过字符型数组来处理的，同样也可以使用字符型指针变量来
处理字符串。

1. 通过字符型数组来处理字符串的方法回顾

【例 6.28】 通过字符型数组来处理字符串。

```
# include "stdio. h"
void main()
{
    char str[] = "Welcome to China!";
    printf("％s\n",str);
}
```

程序运行时输出结果如下：

Welcome to China!

和前面介绍的数组属性一样，str 是数组名，它代表字符数组的首地址。输出时从该地
址开始逐个输出各字符，遇到字符串结束标记'\0'结束。

2. 使用字符型指针变量处理字符串

在字符串的处理中，使用字符型指针比用字符型数组更方便。在字符型指针初始化时，
可以直接用字符串常量作为初始值。

例如：

```
char ＊ str = "welcome!";
```

在程序中也可以直接把一个字符串常量赋予一个字符型指针变量。例如：

```
char * str;
str = "welcome!";
```

需要说明的是，此时并不是把字符串常量赋给指针变量，而是把字符串常量"welcome!"的首地址赋给指针变量，从而使指针变量指向该字符串的首字符位置。

还可以定义字符数组来存放字符串，再定义字符指针变量指向字符串。例如：

```
char str1[] = "program", * str2; str2 = str1;
```

【例 6.29】 通过字符型指针变量来输出字符串。

```
# include "stdio.h"
void main()
{
    char * str = "Welcome to China!";
    int i;
    for(i = 0;str[i]! = '\0';i++)
        printf(" % c ",str[i]);
    printf("\n ");
}
```

程序运行时输出结果如下：

Welcome to China!

【例 6.30】 输出字符串中 n 个字符后的所有字符。

```
# include "stdio.h"
void main()
{
    char * ps = "this is a book";
    int n = 10;
    ps = ps + n;
    printf(" % s\n",ps);
}
```

程序运行时输出结果如下：

book

在程序中对 ps 初始化时，即把字符串首地址赋予 ps，当 ps＝ ps＋10 之后，ps 指向字符 b，因此输出为 book。

3. 处理单个字符串的两种方法的区别

用字符数组和字符指针变量都可实现字符串的存储和运算。但是两者是有区别的。在使用时应注意以下几个问题：

（1）字符型指针变量本身是一个变量，用于存放字符串的首地址。而字符串本身是存放在以该首地址为首的一块连续的内存空间中并以'\0'作为串的结束标志。字符数组是由若干个数组元素组成的，它可用来存放整个字符串，也可以存放多个字符，数组名代表首地址，而且是一个地址常量。

（2）关于字符串常量的指针处理方式，"char ∗ ps＝"C Language""可以写为：

```
char ∗ ps;
    ps = "C Language";
```

而对数组方式：

```
char str[ ] = "C Language";
```

不能写为：

```
char str[20];
str = "C Language";
```

这是因为 str 是地址常量，不允许向它赋值。

从以上几点可以看出字符型指针变量与字符数组在使用时的区别，同时也证明了使用指针变量更加方便。

（3）当在程序执行过程中给一个没有指向具体内存空间的指针变量赋值是危险的，容易引起错误。但是对指针变量直接初始化是可以的。

（4）当用字符数组存放字符串时，可以以各种形式引用字符串中的字符，因为该数组总是代表一个固定的存储空间，首地址始终不变。而对于指针变量指向的字符串，一旦该指针变量的值发生改变而指向其他的字符串时，原字符串的引用将无法再实现。

6.5.2 多个字符串的处理方法

前文所介绍的都是用字符数组或指针变量来处理一个字符串，有的时候需要对多个字符串进行操作。C 语言中通常采用两种方式来处理多个字符串：一种是通过二维字符数组来处理，另一种是通过指针数组来处理。

1. 通过二维数组处理多个字符串

前面已经介绍一个二维数组数组可以分解为多个一维数组，可以用每个一维数组分别存放一个字符串，从而实现多个字符串的处理。例如：

```
char str[4][10] = {"hi","man","woman","first C!"};
```

此定义与"char str[4][10]＝{"hi","man","woman"," first C!"};"是等价的。

在内存中的存放形式如图 6.11 所示。

'h'	'i'	'\0'						
'm'	'a'	'n'	'\0'					
'w'	'o'	'm'	'a'	'n'	'\0'			
'f'	'i'	'r'	's'	't'	' '	'C'	'!'	'\0'

图 6.11 字符串在二维数组中的存放

数组元素按行占用连续的固定的存储单元，一行存放一个字符串，定义时列标必须足够大以便能存放下所有字符串中长度最大的。由图 6.11 可知，浪费了大量的存储单元。

2. 通过指针数组处理多个字符串

指针数组也常用来表示一组字符串，这时指针数组的每个元素被赋予一个字符串的首地址。指向字符串的指针数组的初始化更为简单。例如采用指针数组来表示一组字符串。其初始化赋值为：

```
char * str[4] = {"hi","man","woman","first C"};
```

完成这个初始化赋值之后，str[0] 指向"hi"，str[1]指向"man"……str[3]指向"first C!"，如图 6.12 所示。

图 6.12 字符串在指针数组中的存放

上述定义并初始化的结果等价于依次把字符串常量的首地址赋予数组元素，每个字符串仅占用它所需要的内存空间，从图 6.11 和图 6.12 可知，当串长差距越大，利用指针数组处理字符串就越会节省空间。

【例 6.31】 将多个字符串按字典顺序输出。

```
# include < stdio. h >
# include < string. h >
void main( )
{
char * pname,  * pstr[] = {"John","Michelle","George","Kim"};
int n = 4, i, j;
for(i = 0; i < n; i++)
 for(j = i + 1; j < = n; j++)
   if(strcmp(pstr[i],pstr[j])> 0)
   {
     pname = pstr[i];
     pstr[i] = pstr[j];
     pstr[j] = pname;
   }
for(i = 0; i < n; i++)
  printf(" % s\n",pstr[i]);
}
```

程序的运行结果如下：

```
George
John
Kim
Michelle
```

程序中定义了字符指针数组 pstr，它由 4 个指针变量组成，分别指向 4 个字符串，即初始值分别为 4 个字符串的首地址，如图 6.13 所示。用一个双重循环对字符串进行排序（选择排序法）。在内层循环 if 语句的表达式中调用了字符串比较函数 strcmp，其中 pstr[i]，pstr[j]是要比较的两个字符串的指针。当字符串 pstr[i]大于、等于或小于字符串 pstr[j]时，函数返回值分别为正数、零和负数。最后使用一个单循环将字符串以"％s"格式按字典顺序输出。

pstr[0]	→	John
pstr[1]	→	Michelle
pstr[2]	→	George
pstr[3]	→	Kim

(a) 排序前

pstr[0]		John
pstr[1]		Michelle
pstr[2]		George
pstr[3]		Kim

(b) 排序后

图 6.13　将多个字符串按字典顺序输出

当然,指针数组不仅仅可以存放多个字符串,还可以存放其他类型变量的地址,例如:

```c
int * p[4];
```

表示 p 是一个指针数组名,该数组有 4 个数组元素,每个数组元素都是一个指针,指向整型变量。

6.6　指向指针的指针

指针既可以指向基本类型变量,也可以指向指针变量,即存放其他指针变量的地址。在 C 语言中,把一个存放另一个指针变量的地址的指针称为指向指针的指针变量或称为多级指针。

在前面已经介绍过,通过指针访问变量称为间接访问。由于指针变量直接指向基本类型变量,所以称为“单级间址”。而如果通过指向指针的指针变量来访问变量则构成“二级间址”。

从图 6.14 可以看到,指针变量 1 存放的是指针变量 2 的地址,而不是基本类型变量的地址。指针变量 2 存放的是普通变量的地址。因此,可以得出指针变量 2 是一级指针,而指针变量 1 是指向一级指针的指针为二级指针(二重指针)。同理如果一个指针变量指向二级指针则称为三级指针(三重指针)。

图 6.14　指向指针的指针

本节将以二级指针为例说明多级指针的定义和使用。

指向指针型数据的指针变量定义形式如下:

数据类型 ＊＊指针变量名;

假设有定义"int ＊＊p",p前面有两个＊,相当于＊(＊p)。显然＊p是指针变量的定义形式,如果没有最前面的＊,那就是定义了一个指向字符数据的指针变量。现在它前面又有一个＊,表示指针变量p是指向一个指针型变量。＊p就是p所指向的指针变量,＊＊p就是p所指向的指针变量所指向的基本类型变量。从定义形式可以得出:定义时有一个＊则为一级指针,两个＊则为二级指针,以此类推。

定义举例:

int r = 3, ＊p = &r, ＊＊q = &p;

等价于

int r, ＊p, ＊＊q;r = 3;p = &r;q = &p;

假设r的地址为2000H,p的地址为2100H,q的地址为2200H,如图6.15所示。

从图6.15可以看出,二级指针变量q存放一级指针变量p的地址2100H而指向指针变量p,而二级指针变量q本身的地址为2200H;一级指针变量p存放基本类型变量r的地址2000H而指向变量r,r变量存放的是具体的值3。

图6.15 指向指针的指针变量实例

虽然p和q都是指针变量,但是二者含义有明显的区别,对于二级指针q,它必须存放一级指针的地址,只加一个间接访问运算符＊即＊q等价于指针变量p,遇到两个间接运算符＊＊即＊＊q等价于整型变量r,而对于一级指针p,加一个间接运算符＊即＊p等价于整型变量r。不能进行简单的赋值q＝r,数据类型指的是r的类型,而不是p或q的类型。

【例6.32】 一个指针数组的元素指向数据的简单例子。

```
# include "stdio.h"
void main()
{ int r, ＊p, ＊＊q;
r = 3;
p = &r;
q = &p;
    printf("r = ％d, ＊p = ％d, ＊＊q = ％d\n",r, ＊p, ＊＊q);
    printf("p = ％o, ＊q = ％o\n",p, ＊q);
    printf("q = ％o\n",q);
}
```

程序运行时输出结果如下:

```
r = 3, ＊p = 3, ＊＊q = 3
p = 4577574, ＊q = 4577574
q = 4577570
```

【例6.33】 使用指向指针的指针处理指针数组。

```
# include "stdio.h"
void main()
{char ＊＊p, ＊name[] = {"China","Russia","France","America","Canada","Brazil"};
```

```
    int i;
    p = name;
    for(i = 0;i <= 5;i++)
      {
        printf(" % s\n", * p++);
      }
}
```

程序运行输出结果如下：

```
China
Russia
France
America
Canada
Brazil
```

【例 6.34】 一个指针数组的元素指向数据的简单例子。

```
void main()
{ int a[5] = {1,3,5,7,9};
 int * num[5] = {&a[0],&a[1],&a[2],&a[3],&a[4]};
 int ** p,i;
 p = num;
 for(i = 0;i < 5;i++)
   {printf(" % d \n", ** p);p++;}
}
```

程序运行时输出结果如下：

```
1 3 5 7 9
```

习　题　6

6.1　有以下程序：

```
# include  < stdio. h>
main ()
{ int k = 2, m = 4,n = 6, * pk = &k, * pm = &m, * p;
* (p = &n) = * pk * ( * pm);   printf(" % d\n",n);
}
```

程序的输出结果是(　　　)。

　　A) 4　　　　　　　　B) 6　　　　　　　C) 8　　　　　　　D)10

6.2　有以下程序：

```
# include   < stdio. h>
void main()
{ int ** k, * a, b = 100;
a = &b ; k = &a;   printf(" % d\n", ** k ) ;
}
```

程序的输出结果是（   ）。

      A）运行出错   B）100   C）a 的地址   D）b 的地址

6.3   有以下程序：

```c
#include <stdio.h>
void main()
{ int aa[3][3] = {{2},{4},{6}},i, * p = &aa[0][0];
   for( i = 0; i < 2;i++)
{   if (i == 0) aa[i][i + 1] = * p + 1;
else   ++p;
printf (" % d", * p);
}
printf("\n");
}
```

程序的输出结果是（   ）。

      A）23   B）26   C）33   D）36

6.4   有以下程序：

```c
#include <stdio.h>
void main()
{ int a[3][4] = {1,3,5,7,9,11,13,15,17,19,21,23}, ( * p)[4] = a,i,j,k = 0;
   for(i = 0; i < 3; i++)
for(j = 0;j < 2;j++) k += * ( * (p + i) + j);
printf(" % d\n",k);
}
```

程序的输出结果是（   ）。

      A）60   B）68   C）99   D）108

6.5   有以下程序：

```c
#include <stdio.h>
void main()
{char s[] = "ABCD", * p;
   for(p = s;p < s + 4;p++) printf(" % s\n",p);
}
```

程序的输出结果是（   ）。

A）ABCD	B）A	C）D	D）ABCD
BCD	B	C	ABC
CD	C	B	AB
D	D	A	A

第 6 章

数组与指针

第7章　函数与指针

7.1　概　　述

在前面已经介绍过,C 源程序是由函数组成的。虽然在前面各章中介绍的程序大都只有一个主函数 main(),但实际应用中编制的程序往往是相当复杂的,如果把一个复杂任务交由只包含一个函数的源程序来完成,那么该程序的可读性会非常低,同时也不利于团队合作;为了解决上述矛盾,C 语言提供了丰富的库函数和自定义函数的功能,我们看到的真正用 C 编写的实际应用中的源程序均由多个函数组成。C 语言的这一特点有利于实现程序的模块化,所谓模块化就是把大任务分解成若干个子任务功能模块后,可以用一个或多个 C 语言的函数来实现这些子任务功能模块,通过函数的调用来实现完成大任务的全部功能。任务、模块与函数的关系是:大任务分成功能模块,功能模块则由一个或多个函数实现。函数是 C 源程序的基本模块,通过对函数模块的调用实现特定的功能。这种方法有利于模块的重用和团队协作;比如用户可把自己的算法编成一个个相对独立的函数模块,然后使用者有需要时可以像使用库函数那样使用已经定义好的函数;从而简化了许多重复的工作;可以说学会了设计函数才能说我们学会了 C 语言,因为 C 程序的全部工作都是由各类函数完成的,C 语言是一种函数式语言;而在函数中灵活运用指针更会使工作效率大大提高。

由于采用了函数模块式的结构,C 语言易于实现结构化程序设计,使程序的层次结构清晰、可读性强、易于调试。

7.2　函数的定义

C 语言虽然给用户提供了丰富的标准库函数,也能够利用这些标准库函数完成很多功能模块的编写,但在实际应用中只有这些标准库函数是远远不能满足要求的,因此 C 语言提供了有参函数和无参函数的自定义方法,下面分别介绍。

1. 无参函数的定义形式

```
类型标识符 函数名()
{[声明部分]
 语句
}
```

2. 有参函数定义的一般形式

```
类型标识符 函数名(形参类型 形参 1,形参类型 形参 2,…,形参类型 形参 n)
```

```
{[声明部分]
    语句
}
```

其中类型标识符和函数名称为函数首部或函数头。类型标识符指明了本函数的类型,该类型标识符与前面介绍的各种数据类型说明符相同。函数名是由用户定义的标识符,无参函数名后有一个必写的空括号;有参函数比无参函数多了一个形参列表;形参全称形式参数,它们可以是各种类型的变量,但必须和实参相容(具体方法将在 7.3 节介绍),各参数之间用逗号间隔。在进行函数调用时,主调函数将赋予这些形式参数实际的值。有参函数还可以用如下形式定义:

```
类型标识符 函数名(形参1,形参2,…,形参 n)
    形参类型 形参1,形参类型 形参2,…,形参类型 形参 n;
{[声明部分]
        语句
    }
```

这是以前 C 语言曾有过的定义方法,现在基本不再使用。

大括号中的内容称为函数体;在函数体中声明部分,是对函数体内部所用到的变量的类型说明,即遵循 C 语言变量先定义后使用的原则;方括号内的声明部分视具体情况确定其有无。

在很多情况下都不要求无参函数有返回值,此时函数类型符严格来讲应写为 void。

【例 7.1】 无参函数的定义举例。

```
void fun()
{
    printf ("Welcome to BeiJing!\n");
}
```

这里 fun 函数是一个无参函数,当被其他函数调用时,输出"Welcome to BeiJing!"。

【例 7.2】 定义一个函数,用于将任意两个两位数按示例方法合并成一个 4 位数,示例:若 a=24,b=51,则合并后为 1425。

```
int hbfun(int a, int b)
{int c;
 c = a/10 * 10 + a % 10 * 100 + b/10 + b % 10 * 1000;
 return c;
}
```

第一行说明 hbfun 函数是一个整型函数,其返回的函数值是一个整数。形参为 a 和 b 均为整型变量。a 和 b 的具体值是由主调函数在调用时传过来的。在{}中的函数体内,除形参外又使用一个变量,因此应先定义。在 hbfun 函数体中的 return 语句是把 c 的值作为函数的值返回给主调函数。有返回值函数中至少应有一个 return 语句。

在 C 程序中,一个函数的定义可以放在任意位置,既可放在调用函数之前,也可放在其后,二者的区别是放在调用函数之前时,调用函数可不必对被调用函数进行声明,否则应进行声明,见例 7.3。

【例 7.3】 一个完整的函数定义和调用举例。

```
int hbfun(int a, int b)                          /* 定义函数 */
    {int c;
     c = a/10 * 10 + a%10 * 100 + b/10 + b%10 * 1000;
     return c;
}
# include < stdio. h >
void main()
{   int hbfun(int a, int b);                      /* 对被调用函数的声明 */
    int x, y, z;
    printf("input two numbers:\n");               /* 调用标准库函数 */
    scanf("%d%d", &x, &y);                        /* 调用标准库函数 */
    z = hbfun(x, y);                              /* 调用自定义函数 */
    printf("hbfunmum = %d.", z);
}
```

运行该程序后先是键盘输入"24 51"后按回车键,屏幕将显示 hbfunnum＝1425。

现在可以从函数定义、函数说明及函数调用的角度来分析整个程序,从中进一步了解函数的各种特点。

程序的第 1～5 行为 hbfun 函数定义。进入主函数后,因为准备调用 hbfun 函数,故先对 hbfun 函数进行说明(可省略)。函数定义和函数声明并不是一回事,在后面还要专门讨论。可以看出函数声明与函数定义中的函数首部相同,但是末尾要加分号。程序第 12 行为调用 hbfun 函数,并把 x 和 y 中的值传给 hbfun 的形参 a 和 b;hbfun 函数执行的结果利用 return 语句返回后赋给变量 z;最后由主函数输出 z 的值。

需要指出的是,int 型函数无论在何处定义,其声明均可省略。

7.3　函数的参数和函数的值

7.3.1　形式参数和实际参数

前面已经提到过,函数的参数有形参和实参之分。本节进一步介绍形参、实参的特点和两者的关系。形参出现在函数定义中,在整个函数体内都可以使用,离开该函数则不能使用。实参出现在主调函数中,进入被调函数后,实参变量也不能使用(实参变量是全局变量的除外)。发生函数调用时,主调函数把实参的值传送给被调函数的形参从而实现主调函数向被调函数的数据传送。

函数的形参和实参具有以下特点:

(1) 形参变量只有在该函数被调用时才分配内存单元(也就是说此刻形参变量才物理存在),在调用结束时,立即释放所分配的内存单元(也就是说此刻形参变量已不复存在)。因此,形参只能在该函数体内使用;函数体外不能再使用该形参变量。

(2) 实参可以是常量、变量、表达式、函数等,无论实参是何种类型的量,在进行函数调用时,它们都必须具有确定的值,以便把这些值传送给形参。因此应预先用赋值,输入等办法使实参获得确定值。

(3) 实参和形参在个数上,类型相容性上应严格一致,否则会发生"类型不匹配"的错误。

（4）函数调用时只是把实参的值传给形参,形参只是值的接收者,这和第(1)、第(3)点阐述的特点也是密切相关的。因此在函数调用过程中,形参的值发生改变不会影响实参中的值。

（5）虽然有时形参和实参同名,但要切记它们并不是同一个变量。

请分析例 7.4 和例 7.5。

【例 7.4】 两个变量原有值的交换。

```
void swap( int a, int b)                    /* 定义函数 */
{ int c;
 c = a; a = b; b = c;
 printf("(1)a = %d,b = %d\n",a,b);
}
void main( )
{ int a = 12,b = 25;
 swap(a,b);                                 /* 调用函数 */
 printf("(2)a = %d,b = %d\n",a,b);
}
```

运行该程序后其输出结果如下:

(1) a = 25,b = 12
(2) a = 12,b = 25

本程序中定义了一个函数 swap,该函数的功能是交换形参 a 和 b 的值。在主函数中调用 swap 函数,并在主调函数和被调函数中分别输出 a 和 b 的值,通过结果可以发现主调函数中的实参 a 和 b 的值确实传给了 swap 函数的形参 a 和 b,形参 a 和 b 的初值也分别为 12和 25,在执行函数过程中形参 a 和 b 的值通过变量 c 进行了交换。

注意：本例的形参变量和实参变量的标识符都为 a 和 b,但此 a 非彼 a,此 b 非彼 b,各自的有效范围和出现的时间不同。

在 swap 函数中用 printf 函数语句输出一次 a 和 b 的值,这时 a 和 b 的值是形参 a 和 b的值。在主函数中也用 printf 函数语句输出了一次 a 和 b 的值,这时 a 和 b 的值是实参 a和 b 的值(仍为 12 和 25);可见实参的值并没有因为形参的变化而有所变化。

【例 7.5】 对例 7.4 做以下改动,观察并分析原因。

```
void swap(int    * a, int   * b)            /* 定义函数 */
{ int c;
 c = * a; * a = * b; * b = c;
 printf("(1)a = %d,b = %d\n", * a, * b);
}
void main( )
{ int a = 12,b = 25;
 swap(&a,&b);                               /* 调用函数 */
 printf("(2)a = %d,b = %d\n",a,b);
}
```

运行该程序后其输出结果如下:

函数与指针

(1) a = 25, b = 12
(2) a = 25, b = 12

把实参改用 a 和 b 的地址,形参也必须用指针变量接收实参的传值(注意实参 a 和 b 是普通变量),在被调用函数中输出 * a 和 * b,其本质就是输出实参变量 a 和 b,因为 * a 表示的是指针变量 a 所指向的变量,其实就是实参 a;说到这里可以发现利用指针变量实现了在被调用函数中间接访问主调函数变量的功能,虽然无返回值,但结果像是返回了多个值。从这个例子中,细心的读者可能会发现这个程序是在被调用函数中通过指针变量改变了主函数中变量的值,这一特点如果不通过指针变量是不可能做到的,还可以对例 7.3 的自定义函数部分(也就是例 7.2)做如下更改:

```
void   hbfun(int   a, int   b, int   * c)
{
  * c = a/10 * 10 + a % 10 * 100 + b/10 + b % 10 * 1000;
}
```

主函数的修改请读者自己完成。

7.3.2　函数的返回值

函数的值是指函数被调用之后,执行函数体中的程序段所取得的并返回给主调函数的值。如调用正弦函数取得正弦值,调用例 7.3 的 hbfun 函数取得的合并后的数等。对函数的值(或称函数返回值)有以下一些说明:

(1) 函数的值只能通过 return 语句返回主调函数。

return　语句的一般形式为:

return 表达式; 或者为: return (表达式);

该语句的功能是计算表达式的值,并返回给主调函数。在函数中允许有多个 return 语句,但每次调用只能有一个 return 语句被执行,因此只能返回一个函数值。

(2) 函数值的类型和函数定义中函数的类型应保持一致。如果两者不一致,则以函数类型为准,自动进行类型转换,在 VC++ 6.0 中将给出警告错误,但不影响运行;见例 7.6。

(3) 如函数值为整型,在函数定义时可以省去类型说明。

(4) 不返回函数值的函数,可以明确定义为"空类型",类型说明符为 void。如例 7.4 中函数。

(5) 一旦函数被定义为空类型后,就不能在主调函数中使用被调函数的函数值了。例如,在定义函数 s 为空类型后,在主函数中写下述语句:

sum = s(n);

就是错误的。

(6) 为了使程序有良好的可读性并减少出错,凡不要求返回值的函数都应定义为空类型。

(7) 函数定义为空类型后,函数没有返回值,函数体内一般不再需要 return 语句,但可以只写 return;这样的语句。

(8) 如果函数未被定义为空类型,而且函数体内没有 return 语句,那么函数将返回一个不确定的值,而不是没有返回值,也就是说函数有无返回值是由函数类型决定的,而不是由return 语句决定。

(9)既然函数的类型决定函数返回值的类型,那么在定义函数类型的时候一定要注意返回值的大小范围。分析一下例 7.7,

【例 7.6】 返回值的类型与函数的类型不同。

```
# include < stdio. h>
int max(float a,float b)
{float max;
 max = a > b?a:b;
 return max;
}
void main()
{float num1,num2;
 scanf(" % f % f",&num1,&num2);
 printf("max = % d\n",max(num1,num2));
```

【例 7.7】 计算 $n!$。

```
int fac( int n)                        /* 定义求阶乘的函数 */
{int i,s = 1;
 for(i = 1;i < = n;i++) s * = i;
 return s;
}
# include < stdio. h>
void main()
{int n;
scanf(" % d",&n);
printf("n! = % d\n",fac(n));          /* 调用求阶乘的函数 */
}
```

在 VC++环境下,若输入 12 后将得到结果 479001600;若输入比 12 大的数将得不到正确答案,那么如何更改程序才能做到可以计算 12 以上的数的阶乘呢? 如果运行环境是 Turbo C,此现象会更加严重,为什么呢? 请读者认真研究一下!提示大家一点就是应从数据类型的表示范围上找原因。

7.4 函数的调用

7.4.1 函数的简单调用

1. 函数调用的一般形式

无论是标准库函数还是用户自定义函数,都是为了使用方便而设置的,前面已经介绍过一些标准库函数,C 语言强大的功能完全依赖于它丰富的库函数。库函数按功能可以分为类型转换函数、字符判别与转换函数、字符串处理函数、标准 I/O 函数、文件管理函数、数学运算函数。

这些库函数分别在不同的头文件中定义(详见附录 C),例如:

函数与指针

（1）math.h 头文件中对 sin(x)、cos(x)、exp(x)（求 e^x）、fabs(x)（求 x 的绝对值）、log(x)（求对数）等数学函数做了声明。

（2）stdio.h 头文件中对 scanf()、printf()、gets()、puts()、getchar()、putchar()等标准输入输出函数做了声明。

如果用户在程序中想调用这些函数,则必须在程序中用编译预处理命令把相应的头文件包含到程序中,参见例 7.8。

【**例 7.8**】 标准库函数的调用举例。

```
# include  <math.h>
# include  <stdio.h>
void main()
{double  a,b;
  scanf("%lf",&a);                  /* 调用输入函数,输入变量 a 的值 */
  b = sin(a);                       /* 调用 sin 函数,求 sin(a) 的值 */
  printf("%6.4lf",b);               /* 调用输出函数,输出变量 b 的值 */
}
```

C 语言中,函数调用的一般形式为:

函数名(实际参数表)

对无参函数调用时则无实际参数表。实际参数表中的参数可以是常数,变量或其他构造类型数据及表达式。各实参之间用逗号分隔;如例 7.3 和例 7.5;实参个数的多少与用户自定义的函数及系统库函数的要求有关。

2. 函数调用的方式

在 C 语言中,可以用以下几种方式调用函数。

（1）函数表达式:函数作为表达式中的一项出现在表达式中,以函数返回值参与表达式的运算。这种方式要求函数是有返回值的。例如,z＝hbfun(x,y)是一个赋值表达式,把 hbfun 的返回值赋予变量 z。

（2）函数语句:函数调用的一般形式加上分号即构成函数语句。例如,

printf("%d",a);scanf("%d",&b);

都是以函数语句的方式调用函数。

（3）函数实参:函数作为另一个函数调用的实际参数出现。这种情况是把该函数的返回值作为实参进行传送,因此要求该函数必须是有返回值的。例如:

printf("%d",hbfun(x,y));

即是把 hbfun 调用的返回值又作为 printf 函数的实参来使用的。在函数调用中还应该注意的一个问题是求值顺序的问题。所谓求值顺序,是指对实参表中各量是自左至右使用呢,还是自右至左使用。对此,各系统的规定不一定相同;因此建议大家不要编写过分依赖编译环境的程序。

3. 被调用函数的原型声明

一般情况下,在主调函数中调用某定义好的函数之前应对该被调函数进行声明,在主调函数中对被调函数作声明的目的是让编译系统知道被调函数的信息,以便作相应的处理。

函数声明与该函数定义的第一行给出的函数类型、函数名、形参的个数、类型、次序相一致，形参名可以省略。其一般形式为：

类型说明符 被调函数名(形参类型 形参,形参类型 形参…)；

或为：

类型说明符 被调函数名(形参类型,形参类型…)；

括号内给出了形参的类型和形参名，或只给出形参类型。这样编译系统就会如上形式的标识符代表的是函数名，而不是普通变量或其他。

例 7.3 main 函数中对 hbfun 函数的说明为：

int hbfun(int a,int b);

或写为：

int hbfun(int,int);

C 语言中又规定在以下几种特殊情况时可以省去主调函数中对被调函数的函数声明：

(1) 如果被调函数的返回值是整型或字符型时，可以不对被调函数作声明，而直接调用。这时系统将自动对被调函数返回值按整型处理，但在 VC++ 环境下会出现警告错误。

(2) 当被调函数的函数定义出现在主调函数之前时，在主调函数中也可以不对被调函数再作说明而直接调用。例如在例 7.3 中，函数 hbfun 的定义放在 main 函数之前，因此可在 main 函数中省去对 hbfun 函数的函数声明 int hbfun(int a,int b)。

(3) 如在所有函数定义之前，在函数外预先说明了各个函数的类型，则在以后的各主调函数中，可不再对被调函数作说明。

(4) 对库函数的调用不需要再作说明，但必须把该函数的头文件用 include 命令包含在源文件前部，printf 和 scanf 函数例外。

7.4.2 函数的嵌套调用

C 语言中不允许作嵌套的函数定义。因此各函数之间是平行的，不存在上一级函数和下一级函数的问题。但是 C 语言允许在一个函数的定义中出现对另一个函数的调用。这样就出现了函数的嵌套调用。即在被调函数中又调用其他函数。其关系可表示如图 7.1 所示。

图 7.1 表示了两层嵌套的情形。其执行过程是：执行 main 函数中调用 a 函数的语句时，即转去执行 a 函数，在 a 函数中调用 b 函数时，又转去执行 b 函数，b 函数执行完毕返回 a 函数的断点继续执行，a 函数执行完毕返回 main 函数的断点继续执行直至结束，如下面的程序段所示：

图 7.1 函数的嵌套调用示意图

```
int b([形参列表])            /* 定义函数 b */
{ … }
int a([形参列表])            /* 定义函数 a */
{  b([实参列表]);            /* a 中调用函数 b,即转去执行 b */
…
```

```
}
void main()                              /* 程序的执行起点 */
{  …
    a([实参列表]);                       /* 主函数中调用函数 a,即转去执行 a */
    …
}                                        /* 程序的执行终点 */
```

【例 7.9】 编程求组合 $C_m^n = m!/(n!(m-n)!)$。

```
# include < stdio.h >
void main()
{   int n,m;
    double c;
    scanf(" % d, % d",&n,&m);
    c = comb (n,m);                      /* 调用组合函数 */
    printf (" % .0f\n",c);
}
```

分析：根据组合的计算公式可知组合函数有两个形参：m 和 n。函数需要 3 次计算阶乘。如果利用例 7.5 定义的函数 fac(k)，求 k 的阶乘，求组合可以通过调用阶乘函数完成：

```
c = fac(m) / (fac(n) * fac(m - n) )
```

为了说明嵌套调用，分别定义求组合的函数和求阶乘的函数，为了保证更大的表示范围，将例 7.5 定义的函数略做修改，见如下函数的定义：

```
double fac(int k)                        /* 定义求阶乘的函数 */
{double f = 1;
  int i;
  for(i = 1; i <= k; i++)
  f = f * i;
  return f;
 }
double comb(int n,int m)                 /* 定义组合函数 */
{ double c;
  c = fac(m)/(fac(n) * fac(m - n));      /* 嵌套调用阶乘函数 */
  return  c;
}
# include < stdio.h >
void main()
{   int n,m;
    double c;
    scanf(" % d, % d",&n,&m);
    c = comb (n,m);                      /* 调用组合函数 */
    printf (" % .0f\n",c);
}
```

主函数调用函数 comb()；comb()在执行过程中又调用了函数 fac()。fac()的调用是嵌套在函数 comb()的调用中的。将函数和一些变量的类型说明为 double 型后，较大数的阶乘也可以正确计算，这也是例 7.7 题后要读者思考的内容的答案，当然求阶乘的数也不可能太大，否则也会造成计算错误，这也是程序员必须要考虑的问题。

7.4.3 函数的递归调用

若一个函数在它的函数体内调用它自身,则称为递归调用。这种函数称为递归函数。C 语言允许函数的递归调用。在递归调用中,主调函数又是被调函数。函数在本函数体内直接调用本函数,称直接递归。某函数调用其他函数,而其他函数又调用了本函数,这一过程称间接递归。

递归在解决某些问题中,是一个十分有用的方法。因为其一,有的问题它本身就是递归定义的;其二,它可以使某些看起来不易解决的问题变得容易解决和容易描述,使一个蕴涵递归关系且结构复杂的程序变得简洁精练,可读性好。

递归调用本质上也是嵌套调用,递归调用几次就相当于嵌套几层,而且递归调用必须有是递归趋于结束的条件,否则是没有意义的。

例如有函数 f 如下:

```
int f(int x)
{ int y;
  z = f(y);
  return z;}
```

这个函数虽然是一个递归函数,但是运行该函数将无休止地调用其自身,这当然是不正确的。为了防止递归调用无终止地进行,必须在函数内有终止递归调用的手段。常用的办法是加条件判断,满足某种条件后就不再作递归调用,然后逐层返回。下面举例说明递归调用的执行过程。

【例 7.10】 用递归法计算 n!。

用递归法计算 n!,可用下述公式表示:

$$n! = 1 \qquad (n = 0,1)$$
$$n! = n \times (n-1)! \qquad (n > 1)$$

按公式可编程如下:

```
# include < stdio. h>
long ffac(int n)
{   long f;
    if(n < 0) printf("n < 0,input error");
    else if(n == 0 || n == 1) f = 1;
    else f = ffac(n - 1) * n;
    return(f);   }
void main()
{   int n;
    long y;
    printf("\ninput a inteager number:\n");
    scanf(" % d",&n);
    y = ffac(n);
    printf(" % d! = % ld",n,y);   }
```

程序中给出的函数 ffac 是一个递归函数。主函数调用 ffac 后即进入函数 ffac 执行,如果 n < 0,n == 0 或 n = 1 时都将结束函数的执行,否则就递归调用 ffac 函数自身。由于每次递归调用的实参为 n−1,即把 n−1 的值赋予形参 n,最后当 n−1 的值为 1 时再作递归调

用,形参 n 的值也为 1,将使递归终止。然后可逐层退回。

下面我们再举例说明该过程。设执行本程序时输入为 5,即求 5!。在主函数中的调用语句即为 y=ffac(5),进入 ffac 函数后,由于 n=5,不等于 0 或 1,故应执行 f=ffac(n−1) ∗ n,即 f=ffac(5−1) ∗ 5。该语句对 ffac 作递归调用即 ffac(4),……

进行 4 次递归调用后,ffac 函数形参取得的值变为 1,故不再继续递归调用而开始逐层返回主调函数。ffac(1)的函数返回值为 1,ffac(2)的返回值为 1 ∗ 2=2,ffac(3)的返回值为 2 ∗ 3=6,ffac(4)的返回值为 6 ∗ 4=24,最后返回值 ffac(5)为 24 ∗ 5=120。

从求 n!的递归程序中可以看出,递归定义有两个要素:

(1) 递归边界条件。也就是所描述问题的最简单情况,它本身不再使用递归的定义,即程序必须终止。如例 7.10,当 n=0 或 n=1 时,f=1,不使用 ffac(n−1)来定义。

(2) 递归定义是使问题向边界条件转化的规则。递归定义必须能使问题越来越简单,即参数越来越小。如上例,ffac(n)由 ffac(n−1)定义,越来越靠近 ffac(0),也即边界条件。最简单的情况是 ffac(0)=1 或 ffac(1)=1。

例 7.8 可以不用递归的方法来完成。如可以用递推法,即从 1 开始乘以 2,再乘以 3……直到 n。递推法比递归法更容易理解和实现。我们再来看一下求最大公约数和求 Fibonacci 数列的递归程序编写方法;如例 7.9 和例 7.10。

【例 7.11】 用递归算法求整数 m 和 n 的最大公约数。

分析:递归出口:m % n ==0。如果 m % n ≠0,则求 n 与(m MOD n)的最大公约数。与原问题相同,但参数变小。如此继续,直到新的 n=0 时,其最大公约数就是新的 m。

设求 m 和 n 最大公约数的函数为 gcd(m,n)。它可以用递归式表示:

$$gcd(m,n) = \begin{cases} n & (n=0) \\ gcd(n,m\%n) & (n>0) \end{cases}$$

程序如下:

```
#include <stdio.h>
int  gcd(int m,int n)
{ int g;
  if  (n==0) g=m;
  else g=gcd(n,m%n);                        /* 递归调用 */
  return g ;
}
void main()
{ int m,n;
  scanf("%d,%d",&m,&n);
  printf("gcd=%d",gcd(m,n));
 }
```

如果运行时输入"21,15",递归调用过程如图 7.2 所示。

图 7.2　辗转相除法求最大公约数的递归调用

递归程序结构清楚,但是递归程序的效率往往很低,费时又费内存空间。在递归调用的过程当中,系统为每一层的返回点、局部量等开辟了栈来存储。递归次数过多容易造成栈溢出等。

【例 7.12】 用递归算法求 Fibonacci 数列的第 n 项。

```
# include < stdio.h>
void main( )
{   int fun(int);                                    /* 函数声明,由于是整型函数,因此可省略此行! */
    int x;
    x = fun(6);
    printf(" % d\n",x);   }
int fun(int n)
{if (n==1 ‖ n==2)       return(1);
 else       return(fun(n-1) + fun(n-2));
}
```

fun()函数有一个 int 型参数 n,第一次调用该函数时,n 为 6,即 fun(6)。递归过程如下:

由于 n 为 6,不满足 n==1 ‖ n==2 的条件,于是,

fun(6)——▶fun(5)+fun(4)

即 fun(6)返回值表示为 fun(5)的返回值加上 fun(4)的返回值。同理,

fun(5)——▶fun(4)+fun(3)

fun(4)——▶fun(3)+fun(2)

fun(3)——▶fun(2)+fun(1)

由递归结束条件知,fun(2)或 fun(1)的返回值都为 1。于是可知:

fun(3)——▶1+1,   即 fun(3)的返回值为 2

fun(4)——▶2+1,   即 fun(4)的返回值为 3

fun(5)——▶3+2,   即 fun(5)的返回值为 5

fun(6)——▶5+3,   即 fun(6)的返回值为 8

所以,该程序的输出结果为 8。

有些问题若不用递归算法实现时将使程序相当烦琐,典型的问题是 Hanoi 塔问题。

【例 7.13】 Hanoi 塔问题。

这是一个典型的用递归方法来解决的问题。问题是这样的:有 3 根针 A、B、C,A 针上有 64 个盘子,盘子大小不等,大的在下,小的在上。要求把这 64 个盘子从 A 针移到 C 针,在移动过程中可以借助 B 针,每次只允许移动一个盘子,且在移动过程中在 3 根针上都保持大盘在下,小盘在上。要求编程序打印出移动的步骤。

将 n 个盘子从 A 针移到 C 针可以分解为以下 3 个步骤:

(1) 将 A 上 n-1 个盘借助 C 针先移到 B 针上。

(2) 把 A 针上剩下的一个盘移到 C 针上。

(3) 将 n-1 个盘子从 B 针借助于 A 针移到 C 针上。

例如,要想将 A 针上 3 个盘子移到 C 针上,可以分解为以下 3 步:

(1) 将 A 针上 2 个盘子移到 B 针上(借助 C)。

(2) 将 A 针上 1 个盘子移到 C 针上。

(3) 将 B 针上 2 个盘子移到 C 针上(借助 A)。

其中第(2)步可以直接实现。

第(1)步又可用递归方法分解为：

(1) 将 A 上 1 个盘子从 A 移到 C。

(2) 将 A 上 1 个盘子从 A 移到 B。

(3) 将 C 上 1 个盘子从 C 移到 B。

第(3)步可以分解为：

(1) 将 B 上 1 个盘子从 B 移到 A 上。

(2) 将 B 上 1 个盘子从 B 移到 C 上。

(3) 将 A 上 1 个盘子从 A 移到 C 上。

综上所述，可得到移动的步骤为：

A→C,A→B,C→B,A→C,B→A,B→C,A→C

上面第(1)步和第(3)步，都是把 n−1 个盘子从一个针移到另一个针上，采取的办法是一样的，只是针的名字不同而已。为使之一般化，可以将第(1)步和第(3)步表示为：

将 one 针上 n−1 个盘移到 two 针,借助 three 针。

只是在第(1)步和第(3)步中,one、two、three 和 A、B、C 的对应关系不同。对第(1)步，对应关系是:one—A,two—B,three—C。对第(3)步,对应关系是:one—B,two—C,three—A。因此,可以把上面 3 个步骤分成两类操作：

第一类：将 n−1 个盘子从一个针移到另一个针上(n>1)。这是一个递归的过程。

第二类：将 1 个盘子从一个针上移到另一个针上。

下面编写程序。分别用两个函数实现以上的两类操作,用 hanoi 函数实现上面第一类操作,用 move 函数实现上面第二类操作,hanoi(n,one,two,three)表示将 n 个盘子从 one 针移到 three 针,借助 two 针。move(getone,putone)表示将 1 个盘子从 getone 针移到 putone 针。getone 和 putone 也是代表 A、B、C 针之一,根据每次不同情况分别取 A、B、C 代入。

程序如下：

```
void   move(char getone ,char putone)
{      printf(" % c→ % c\n",getone   ,putone);    }
void   hanoi( int n,char one ,char two,char three)    /* 将 n 个盘从 one 借助 two,移到 three */
{
    if(n == 1)   move(one,three);
    else
      { hanoi(n−1,one,three,two);
       move (one,three):
       hanoi(n−1 ,two, one,three);
      }
}
void main( )
  { int m;
    printf("input the number of diskes   : ");
    scanf(" % d",&m);
    printf("The step to moving % 3d   diskes : \n",m);
    hanoi(m,'A','B','C');
    }
```

程序的运行结果如下：

```
input the number of diskes:   3 ↙
The step to moving 3 diskes:
```

```
A ──→ C
A ──→ B
C ──→ B
A ──→ C
B ──→ A
B ──→ C
A ──→ C
```

由于篇幅关系,不再对上述程序做过多解释,请读者仔细理解。

7.5 函数与指针

7.5.1 指针变量作为函数参数

函数的参数不仅可以是整型、实型、字符型等数据,还可以是指针类型。指针变量的作用是将一个变量的地址值传送到被调函数中,这时要求被调函数的形参必须是与实参类型相匹配的指针变量如前例 7.5。请分析一下下面的程序和例 7.5 有哪些不同。

【例 7.14】 将例 7.5 做以下改动,观察并分析原因。

```
void swap(int  * p1,int  * p2)                    /* 定义函数 */
{int * c;
 c = p1; p1 = p2;p2 = c;
 printf("(1)a = % d,b = % d\n", * p1, * p2);
}
void main()
{int a = 12,b = 25;
 swap(&a,&b);                                     /* 调用函数 */
 printf("(2)a = % d,b = % d\n",a,b);
}
```

程序运行后的输出结果如下:

(1) a = 25,b = 12
(2) a = 12,b = 25

程序说明如下:从结果我们看出被调用函数中的两个形参指针变量 p1 和 p2 的值进行了交换,即 p1 和 p2 由原来的分别指向 a 和 b 变成了分别指向 b 和 a,而它们所指向的变量 a 和 b(主函数中的变量)的值并没有发生任何变化,为了叙述方便,把原来形参 a 和 b 分别用 p1 和 p2 来表示,如图 7.3(a) 所示是执行第三行之前的情况,图 7.3(b)是执行第三行之后的情况。

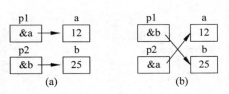

图 7.3 例 7.12 变量内容变化示意图

7.5.2 数组作为函数参数

数组可以作为函数的参数使用,进行数据传送。数组用作函数参数有两种形式:一种是把数组元素(下标变量)作为实参使用;另一种是把数组名作为函数的形参和实参使用。

1. 数组元素作函数实参

数组元素就是下标变量,它与普通变量并无区别。因此它作为函数实参使用与普通变量是完全相同的,在发生函数调用时,把作为实参的数组元素的值传送给形参,实现单向的值传送。

【例 7.15】 从键盘上输入两个字符串,不用字符串函数 strcmp() 比较两者的大小。

分析:

(1) 输入两个字符串,分别存放在字符数组 str1、str2 中。

(2) 用循环语句依次比较两个字符串的对应字符。

(3) 用自定义函数 compstr 比较两个字符,返回被比较两个字符的 ASCII 码差值 flag。

(4) 只要有一个字符串结束或 flag 不为 0,则循环比较结束。

程序如下:

```c
# include < stdio. h>
void main()
{ int i = 0, flag;
    int compstr(char, char );
    char str1 [80], str2 [80];
    gets(str1);   gets(str2);
do{
  flag = compstr(str1[i[,str2[i]); /*两个字符数组元素作实参,函数返回字符 ASCII 码之差*/
  i++;
 }while((str1 [i]! = '\0')&&(str2 [i]! = '\0')&&(flag == 0));
                    /*只要有一个字符串到了结尾比较就结束*/
if  (flag == 0)  printf("%s = %s",str1,str2);
else  if (flag > 0)  printf("%s > %s",str1,str2);
      else    printf("%s < %s",str1,str2);
}
int compstr (char c1, char c2)
{ int t;
  t = c1 − c2;
  return  t;
}
```

输入:

very well ↙
very good ↙

输出:

very well > very good

例 7.15 中数组元素 str1[i] 和 str2[i] 作实参,将其值分别传给函数 compstr() 的形参 c1 和 c2,函数求两字符的 ASCII 码之差,通过函数返回赋给主函数的变量 flag,循环结束的条件是两字符串至少有一个结束,或者比较字符不相等。当循环结束时 flag 的值为 0 或为第一个不相等的字符的 ASCII 码值之差,由此可以判断出字符串的大小。

2. 数组名作为函数参数

数组名就是数组的首地址,而且是一个常量。因此在数组名作函数参数时是地址的传送,也就是说把实参数组的首地址赋予形参数组名。形参数组名取得该首地址之后,也就等于有了实在的数组。实际上是形参数组和实参数组为同一数组,共同拥有一段内存空间。

需要指出的是当用数组名作函数参数时,形参数组名不是常量,而是指针变量,因为只有变量才能被赋值,而且要赋值相容;比如一维数组名作函数实参时,形参既可以写成一维数组的情形,还可以写成一级指针变量的情形;若是二维数组名作函数实参时,形参既可以写成二维数组的情形,还可以写成行指针变量的情形;请看下面的例子。

【例 7.16】 数组 a 中存放了一个学生 5 门课程的成绩,求平均成绩。

```
# include < stdio. h >
float average( int * p, int n)
{ int i;
  float ave = 0;
  for( i = 0; i < n; i++)   ave += p[ i];
  ave/ = n;
  return( ave);
}
void main( )
{ int a[5], i;
  float avg;
  for( i = 0; i < 5; i++)
  scanf(" % d", &a[ i]);
  avg = average( a, 5);
  printf(" Average = % f", avg);
}
```

若输入

68 89 75 92 63 ↙

程序运行结果如下:

Average = 77. 400000

在 main( )函数中使用数组名 a 和元素个数作为实际参数,它表示该数组的首地址。在 average 函数中使用形参指针变量 p 接受数组 a 的地址,用普通变量 n 接收元素个数,则指针 p 指向该数组的首地址,然后在 for 循环中,通过下标的变化分别访问数组的每个元素,并进行累加。最后将平均值返回给主调函数,函数的首部还可以定义为 float average(int p[ ], int n),形参数组长度可以省略。

【例 7.17】 编写函数 fun 实现功能:找出 N×N 矩阵中每列元素中的最大值,并按顺序依次在主调函数中输出各列最大值。

分析:由于是 N×N 矩阵,则必会有 N 个最大值,因此被调用函数应有两个参数,一是形参二维数组,另一个是形参一维数组,程序如下:

```
# include   < stdio. h >
# define    N    4
void fun( int   ( * a)[N], int   * b)
{
  int i, j;
```

```
            for(i = 0; i < N; i++)
            { b[i] = a[0][i];
                for(j = 1;j < N;j++)
                    if(b[i] <= a[j][i])
                        b[i] = a[j][i];                          /* 把每列的最大值放到形参数组 b 中 */
            }
        }
        void main()
        {
            int x[N][N] = {{12,5,8,7},{6,1,9,3},
                {1,2,3,4},{2,8,4,3}},y[N],i,j;
            printf("\nThe matrix :\n");
            for(i = 0;i < N;i++)
            {
                for(j = 0; j < N; j++)
                    printf(" % 4d",x[i][j]);                     /* 输出原数组的第 i 行 */
                printf("\n");                                    /* 输出一行以后换行 */
            }
            fun(x, y);
            printf("\nThe result is:");
            for(i = 0; i < N; i++)   printf(" % 3d",y[i]);       /* 输出各列最大值 */
            printf("\n");
        }
```

本程序中函数 fun 的形参为行指针 a 和一级指针 b,函数首部还可以定义为 void fun (int a[ ][N],int b[ ])或 void fun(int (* a)[N],int b[ ])或 void fun(int a[ ][N],int * b),以上几种写法是等价的,无论写成哪一种,其本质都是把二维数组首地址及一维数组首地址分别传给形参 a 及 b,由于二维数组首地址及一维数组首地址虽然都是地址,但是接收它们的指针变量的定义方法是不同的,这一点一定要切记!

在被调用函数中,给指针变量 b 所指的内存空间赋予确切的值,返回主函数之后,输出数组 y 的值,而数组 y 在主函数中并未赋值;从运行结果可以看出,被调用函数改变了数组 y 所占内存空间的值,这时在主函数中输出数组 y 的各个元素值其实就是通过形参 b 改变了的那段内存空间里的值。

用数组名作为函数参数时还应注意以下几点:

(1) 形参数组和实参数组的类型必须匹配,否则将引起错误。

(2) 形参数组名的实质是指针变量,而不像实参数组名是常量,在调用时,只传送首地址给形参,因此写成形参数组的形式时,数组长度无关紧要。但我们引用形参指针变量所指的内存区域时,注意不要超出实参数组定义的长度,否则将可能导致无法确定的结果,严重时可能使系统崩溃,所以使用者应予以特别注意。

7.5.3 返回指针值的函数

函数的数据类型决定了函数返回值的数据类型。函数返回值不仅可以是整型、实型、字符型等数据,还可以是指针类型,即存储某种数据类型的内存地址。当函数的返回值是地址时,该函数就是指针型函数。

指针型函数声明和定义的一般形式为:

数据类型　　　*函数名()

这里 * 表示返回值是指针类型,数据类型是该返回值即指针所指向存储空间中存放数据的类型。

在指针型函数中,返回的地址值可以是变量的地址、数组的首地址或指针变量,还可以是后面介绍的结构体、共用体(也叫联合体)等构造数据类型的首地址。

【例 7.18】 查找星期的英文名称。

```
# include < stdio. h >
void main( )
{
char * week_name(int  n);
int x;
printf("input  one number(0~6) ");
scanf(" % d",&x);
if(x > = 0&&x < = 6)
printf("Week No. % 2d  is   % s \n",x, week_name(x));
else
printf("input error");
}

char * week_name(int  n)
{
static char a[][10] = { "Sunday","Monday","Tuesday","Wednesday","Thursday",
                        "Friday","Saturday"};
return   a[n];
}
```

程序运行结果如下:

```
input one number (0~6) 5 ↙
week No. 5 is Friday
```

在 main( )函数输入整数 x,并以 x 为实参调用 week_name( )函数。week_name( )函数被定义为字符指针型函数,它的功能是对于给定的整数 n,查出 n 所对应星期的英文名称,函数的返回值是该英文名称的存储地址 a[n]。

week_name( )函数中将二维字符数组 a 定义为具有 static 型。这是因为对于函数内部定义的局部变量或数组(auto 或 register 型),当函数执行 return 语句返回调用函数后,局部变量或数组所占据的存储空间将被释放并重新分配使用,即使它们的地址返回给调用函数,这些地址中的数据不一定能保留住。因此注意不能将指针型函数内部定义的具有局部作用域数据的地址作为返回值。当需要把指针型函数中的数据采用地址方式返回时,应该将其定义为 static 类型,因为当把局部变量或数组(auto 或 register 型)时,它的生存期将是整个程序。

7.5.4　指向函数的指针

在 C 语言中,函数名表示该函数的存储首地址,即函数的执行入口地址。例如,在程序中定义了以下函数:

```
int  func();
```

则函数名 func 就是该函数的入口地址。当调用函数时,程序流程转移的位置就是函数名给定的入口地址。因此可以把函数名赋予一个指针变量,该指针变量的内容就是该函数的程序代码存储区的首地址。这种指针变量称为指向函数的指针,简称为函数指针。它的定义形式如下:

```
数据类型  ( * 函数指针名)( );
```

数据类型是指针指向的函数所具有的数据类型即函数返回值的类型。例如:

```
int  ( * pf)();
```

这里定义了一个指针变量 pf,可以用来存储一个函数的存储首地址,该函数是一个 int 型函数,即函数返回值是 int 类型。要注意在函数指针定义中,函数指针名的小括号绝对不能缺省。例如,若缺省该小括号就成为下列形式:

```
int   * pf();
```

这样则是定义一个返回值为 int 型数据地址的指针型函数 pf()。

程序中可以给函数指针变量赋予不同函数的存储地址。当函数指针被赋予某个函数的存储地址后,它就指向该函数。例如:

```
pf = func;
```

则指针变量 pf 指向了函数 func,即指针变量 pf 中存放该函数的入口地址。

当给函数指针赋值后,进行函数的调用时既可以通过函数名,也可以通过函数指针。通过函数指针进行访问目标 * 运算时,其结果是使程序控制流程转移到指针所指向的地址执行该函数的函数体。函数指针的这一特性与其他数据指针不同,数据指针的 * 运算访问是数据。

在 C 语言中,函数指针的主要作用是作为参数在函数间传递函数。在程序中函数也可以作为参数在函数间传递,它传递的是函数的执行地址,或者说,传递的是函数的调用控制。当函数在两个函数间传递时,调用函数的实际参数应该是被传递函数的函数名,而被调用函数的形式参数就是接收函数地址的函数指针。

【例 7.19】 函数入口地址作函数参数。

```
# include < stdio. h>
void main( )
{
int   add( int x, int y);
int   sub( int x, int y);
int   mul( int x, int y);
int ecec( int x, int y, int ( * pf)( int x, int y));
int a, b;
printf("input  two  number: ");
scanf(" % d, % d", &a, &b);
printf("\na + b = % d\n", ecec(a, b, add)); getch();
printf("a - b = % d\n", ecec(a, b, sub)); getch();
printf("a * b = % d\n", ecec(a, b, mul)); getch();
}
```

```
int add(int x, int y)
{   return (x + y);
}
int sub(int x, int y)
{   return (x - y);
}
int mul(int   x, int y)
{   return (x * y);
}
int ecec(int x, int y, int ( * pf)(int x, int y))
{ int   res;
    res = ( *  pf)(x,y);
    return res;
}
```

程序运行结果如下：

```
input   two   number:10,5↙
a + b = 15
a - b = 5
a * b = 50
```

程序中定义了 add()、sub() 和 mul()3 个函数分别求两个整数的和、差和积。另外,定义了函数 ecec() 用来接受传递的函数,其中形参变量 pf 为指向函数的指针,并在函数体中通过该指针的 * 运算调用传递过来的函数。在主函数 main() 中分别以函数名 add、sub 和 mul 作为实参来调用 ecec() 函数,实现在函数间函数入口地址的传递。

7.6   有关指针的数据类型和指针运算的小结

到目前为止,已经介绍了多种类型的指针变量,为了使读者更好、更灵活地应用指针变量,下面进行简单总结。

7.6.1   有关指针的数据类型的小结

有关指针的数据类型简单总结如表 7.1 所示。

表 7.1   指针数据类型小结

定　义	含　义
int i;	定义整型变量 i
int * p	p 为指向整型数据的指针变量
int a[n];	定义整型数组 a,它有 n 个元素
int * p[n];	定义指针数组 p,它由 n 个指向整型数据的指针元素组成
int (* p)[n];	p 为指向含 n 个元素的一维数组的指针变量即行指针
int f();	f 为带回整型函数值的函数
int * p();	p 为带回一个指针的函数,该指针指向整型数据
int (* p)();	p 为指向函数的指针,该函数返回一个整型值
int ** p;	p 是一个指针变量,它指向一个指向整型数据的指针变量

7.6.2　指针运算的小结

现把全部指针运算列出如下：

（1）指针变量加（减）一个整数，例如：

p++、p--、p+i、p-i、p+=i、p-=i

一个指针变量加（减）一个整数并不是简单地将原值加（减）一个整数，而是将该指针变量的原值（是一个地址）和它指向的变量所占用的内存单元字节数加（减）。

（2）指针变量赋值：将一个变量的地址赋给一个指针变量。

```
p = &a;             （将变量 a 的地址赋给 p）
p = array;          （将数组 array 的首地址赋给 p）
p = &array[i];      （将数组 array 第 i 个元素的地址赋给 p）
p = max;            （max 为已定义的函数，将 max 的入口地址赋给 p）
p1 = p2;            （p1 和 p2 都是指针变量，将 p2 的值赋给 p1）
```

注意：不能如下：

```
p = 1000;
```

（3）指针变量可以有空值，即该指针变量不指向任何变量。

```
p = NULL;
```

或

```
p = 0;
```

（4）两个指针变量可以相减：如果两个指针变量指向同一个数组的元素，则两个指针变量值之差是两个指针之间的元素个数。

（5）两个指针变量比较：如果两个指针变量指向同一个数组的元素，则两个指针变量可以进行比较。指向前面的元素的指针变量"小于"指向后面的元素的指针变量。

7.6.3　void 指针类型

ANSI 新标准增加了一种 void 指针类型，即可以定义一个指针变量，但不指定它是指向哪一种类型数据。

7.7　变量的作用域

所谓变量的作用域是指该变量的有效范围，生存期是指该变量的存在时间；本节讨论变量的作用域，对生存期的讨论见 7.8 节。

在讨论函数的形参变量时曾经提到，形参变量只在被调用期间才分配内存单元，调用结束立即释放。这一点表明形参变量只有在函数内才是有效的，离开该函数就不能再使用了；也就是说形参变量的作用域仅限于本函数体内。不仅对于形参变量，C 语言中所有的量都有自己的作用域。变量说明的方式不同，其作用域也不同。C 语言中的变量，按作用范围可分为局部变量和全局变量两种。

7.7.1 局部变量

局部变量也称为内部变量,顾名思义是在函数内部定义的变量,只在函数体内有效,离开该函数后再使用这种变量是非法的。

【例 7. 20】 局部变量示例。

```
int f1(int a)      /* 函数 f1 内 a,b,c 有效 */
{
int b,c;   …
}
int f2(int x)      /* 函数 f2 内 x,y,z 有效 */
{
int y,z; …
}
main()             /* 主函数内 m,n 有效 */
{
   int m,n; …
}
```

在函数 f1 内定义了 3 个变量,a 为形参,b 和 c 为普通变量。在 f1 的范围内 a、b、c 有效,或者说 a、b、c 变量的作用域限于 f1 内。同理,x、y、z 的作用域限于 f2 内。m 和 n 的作用域限于 main 函数内。关于局部变量的作用域还要说明以下几点:

(1) main 函数中定义的变量(m 和 n)也是局部变量,只在主函数中有效,不会因为它们是在主函数中定义的,就可以在整个文件或程序中访问它们。同样地,主函数中也不能使用其他函数定义的变量。

(2) 形参变量是属于被调函数的局部变量,实参变量是属于主调函数的局部变量。

(3) 允许在不同的函数中使用相同的变量名,它们代表不同的对象,分配不同的内存单元,互不干扰,也不会发生混淆。如在前面的例 7.4 中,形参和实参的变量名都为 a 和 b,是完全允许的。

(4) 在复合语句中也可定义变量,其作用域只在复合语句范围内。

【例 7.21】 复合语句中使用局部变量。

```
# include < stdio. h >
void main()
{   int i = 2, j = 3, k;
    k = i + j;
    { int k = 8;
      printf(" % d\n",k);
    }
    printf(" % d\n",k);
}
```

本程序在 main 中定义了 i、j、k 3 个变量,而在复合语句内又定义了一个变量 k,并赋初值为 8。应该注意这两个 k 不是同一个变量。在复合语句外由 main 定义的 k 起作用,而在复合语句内则由在复合语句内定义的 k 起作用。因此程序第四行的 k 为 main 所定义,其值应为 5。第六行输出 k 值,该行在复合语句内,由复合语句内定义的 k 起作用,其初值为 8,故输出值为 8,第八行已在复合语句之外,所以输出 k 值应为 main 所定义的 k,此 k 值由第四行已获得为 5,故输出也为 5。

7.7.2 全局变量

全局变量也称为外部变量,也就是说是在函数外部定义的变量。它不属于哪一个函数,它属于一个源程序文件。一般情况下,其作用域是从定义处开始一直到整个源程序文件结束。如果在函数内用全局变量的说明符为 extern 进行说明,则源程序文件中定义的全局变量从说明处开始有效,在一个函数之前定义的全局变量,在该函数内使用可不再加 extern 说明。例如:

```
int a,b;          /* 外部变量 */
void f1()         /* 函数 f1 */
{ … … }
float x,y;        /* 外部变量 */
int fz()          /* 函数 fz */
{ … … }
main()            /* 主函数 */
{ … … }
```

a、b、x、y 都是在函数外部定义的外部变量,都称为全局变量。但 x 和 y 定义在函数 f1 之后,而在 f1 内又无对 x 和 y 的 extern 说明,所以它们在 f1 内无效。a 和 b 定义在源程序最前面,因此在 f1 和 f2 及 main 内即使不加说明也可使用,如果想在函数 f1 中使用 x 和 y,则必须在第三行的开始处加入如下语句:"extern x,y;",还有一点需要说明的是:当全局变量和局部变量同名时,局部变量起作用,而全局变量失效。为了更好地理解上述内容请见例 7.22 和例 7.23。

【例 7.22】 编写一个函数,求一个浮点数组中各元素的平均值、最大值和最小值。

```
# include < stdio. h>
float max = 0, min = 0;
float average(float a[ ], int n)
{ int i;   float aver,sum = a[0];
  max = min = a[0];
  for(i = 1;i < n;i++)
    { if(a[i]> max) max = a[i];
      else if(a[i]< min) min = a[i];
      sum += a[i];   }
  aver = sum/n;
  return(aver);
}
void main()
{ float t,s[10];
  int i;
  for(i = 0;i < 10;i++)
   scanf(" % f",&s[i]);
   t = average(s,10);
  printf("max = % f,min = % f,average = % f\n",max,min,t);
}
```

程序运行结果如下：

```
1 2 3 4 5 6 7 8 9 0
max = 9.000000,min = 0.000000,average = 4.500000
```

从上例读者可以看到,在被调用函数 average 中改变了 3 个变量 aver、max、min 的值,而前面介绍过函数只能有一个返回值,不可能把计算好的 3 个值都返回给主调函数,而应用全局变量就能把在被调函数改变的全局变量的值拿到主调函数中来使用,像是有多个返回值。

【例 7.23】 外部变量与局部变量同名。

```
# include <stdio.h>
int x = 1,y = 2;              /* x、y 为全局变量 */
int max( int x, int y)        /* x、y 为局部变量 */
{ int z;
  if(x > y) z = x;
   else z = y;
  return(z);
void main()
{ int x = 10,z;               /* x、z 为局部变量 */
  z = max(x,y);
  printf("% d",z);
}
```

程序的运行结果如下:

```
10
```

程序中定义了全局变量 x 和 y,在 max 函数中又定义了 x 和 y 形参,形参也是局部变量。全局变量 x 和 y 在 max 函数范围内不起作用。main 函数中定义了一个局部变量 x,因此全局变量 x 在 main 函数范围内不起作用,而全局变量 y 在此范围内有效。因此 max(x,y)相当于 max(10,2),程序运行后得到的结果为 10。

注意：使用全局变量会增加程序的内存开销,因为全局变量在程序的整个执行过程中都有效,即一直占用内存单元,而不像局部变量那样,在进入所在函数时才开辟存储单元,函数调用结束时便将其释放。使用全局变量还会降低函数的通用性,而且会降低程序的清晰度。建议不要无限制地使用全局变量。

7.8　变量的存储类别

7.8.1　动态存储方式与静态存储方式

7.7 节从变量的作用域角度将 C 语言中的变量分为局部变量和全局变量两类。实际上,在 C 语言中,变量的定义分为两个方面:一是变量的数据类型,二是变量的存储类别。

变量的数据类型决定变量的取值范围及其操作方法。而变量的存储类别指的是数据在内存中存储的方法,它决定变量的生存期。从变量值存在的时间(即生存期)角度来分,可以分为静态存储方式和动态存储方式。

静态存储方式：是指在程序运行期间分配固定的存储空间的方式。

动态存储方式：是在程序运行期间根据需要进行动态的分配存储空间的方式。

用户存储空间可以分为 3 个部分，如图 7.4 所示。

(1) 程序区。

(2) 静态存储区。

(3) 动态存储区。

程序区
静态存储区
动态存储区

全局变量全部存放在静态存储区，在程序开始执行时给全局变量分配存储区，程序执行完毕就释放。在程序执行过程中它们占据固定的存储单元，而不动态地进行分配和释放。

图 7.4　用户存储空间示意图

动态存储区存放以下数据：

(1) 函数形式参数。

(2) 自动变量（未加 static 声明的局部变量）。

(3) 函数调用时的现场保护和返回地址。

对以上这些数据，在函数开始调用时分配动态存储空间，函数结束时释放这些空间。

在 C 语言中，每个变量和函数有两个属性：数据类型和数据的存储类别。

7.8.2　auto 变量

函数中的局部变量，如不专门声明为 static 存储类别，都是动态地分配存储空间的，数据存储在动态存储区中。函数中的形参和在函数中定义的变量（包括在复合语句中定义的变量），都属此类，在调用该函数时系统会给它们分配存储空间，在函数调用结束时就自动释放这些存储空间。这类局部变量称为自动变量。自动变量用关键字 auto 作存储类别的声明。

例如：

```
int f(int a)              /* 定义 f 函数,a 为参数 */
{auto int b,c = 3;        /* 定义 b,c 自动变量 */
 …
}
```

a 是形参，b 和 c 是自动变量，对 c 赋初值 3。执行完 f 函数后，自动释放 a、b、c 所占的存储单元。

关键字 auto 可以省略，auto 不写则隐含定为"自动存储类别"，属于动态存储方式。

7.8.3　用 static 声明局部变量

有时希望函数中的局部变量的值在函数调用结束后不消失而保留原值，这时就应该指定局部变量为"静态局部变量"，用关键字 static 进行声明。

【例 7.24】 考察静态局部变量的值。

```
# include < stdio. h >
f(int a)                  /* 可以省略函数类型但被默认为 int 型或 char 型 */
{auto b = 0;              /* int 可以省略 b 默认为 int 型 */
 static c = 3;            /* int 可以省略 c 默认为 int 型 */
```

```
  b = b + 1;
  c = c + 1;
  return(a + b + c);
}
void main()
{int a = 2,i;
 for(i = 0;i < 3;i++)
 printf("%d  ",f(a));
}
```

程序的输出结果是:

7 8 9

对静态局部变量的说明:

(1) 静态局部变量属于静态存储类别,在静态存储区内分配存储单元。在程序整个运行期间都不释放,但有一点主调函数是不可以直接引用静态局部变量;而自动变量(即动态局部变量)属于动态存储类别,占动态存储空间,函数调用结束后即释放。

(2) 静态局部变量在编译时赋初值,即只赋初值一次;而对自动变量赋初值是在函数调用时进行,每调用一次函数重新给一次初值,相当于执行一次赋值语句。

(3) 如果在定义局部变量时不赋初值的话,则对静态局部变量来说,编译时自动赋初值0(对数值型变量)或空字符(对字符变量)。而对自动变量来说,如果不赋初值则它的值是一个不确定的值。

【例 7. 25】 打印 1～5 的阶乘值。

```
int fac(int n)
{static int f = 1;
 f = f * n;
 return(f);
}
void main()
{int i;
 for(i = 1;i <= 5;i++)
 printf("%d! = %d\n",i,fac(i));
}
```

程序的输出结果是:

1! = 1
2! = 2
3! = 6
4! = 24
5! = 120

7.8.4 register 变量

为了提高效率,C 语言允许将局部变量得值放在 CPU 中的寄存器中,这种变量叫"寄存器变量",用关键字 register 作声明。

为了提高程序的执行效率,C 语言允许将局部变量的值放在 CPU 的通用寄存器中,这种变量称为寄存器变量。寄存器变量是局部变量,它只适用于 auto 型变量和函数的形式参数。所以,它只能在函数内部定义,它的作用域和生命期同 auto 型变量一样。

寄存器变量定义的一般形式为:

register 数据类型标识符 变量名表;

在计算机中,从内存存取数据要比直接从寄存器中存取数据慢,所以对一些使用特别频繁的变量,可以通过 register 将其定义成寄存器变量,是程序直接从寄存器中存取数据,以提高程序的效率。

由于计算机的寄存器数目有限,并且不同的计算机系统允许使用寄存器的个数不同,所以不宜定义太多的寄存器变量,只有将少量变化频繁的变量定义成寄存器变量,如循环控制变量等。当一函数内定义的寄存器变量的个数超过系统所允许使用的寄存器数时,系统将自动将其作为一般局部变量处理,即仍使用内存单元存放其值,并不提高运行速度。

说明:

(1) 只有局部自动变量和形式参数可说明为寄存器变量。

(2) 一个计算机系统中的寄存器的数目是有限的。

(3) 不同的系统对 register 的处理不同。

(4) 局部静态变量不能定义为寄存器变量。不能写成:

register static int a,b,c;

7.8.5 用 extern 声明外部变量

外部变量(即全局变量)是在函数的外部定义的,它的作用域为从变量定义处开始,到本程序文件的末尾。如果外部变量不在文件的开头定义,其有效的作用范围只限于定义处到文件终了。如果在定义点之前的函数想引用该外部变量,则应该在引用之前用关键字 extern 对该变量作"外部变量声明"。表示该变量是一个已经定义的外部变量。有了此声明,就可以从"声明"处起,合法地使用该外部变量。

【例 7.26】 用 extern 声明外部变量,扩展程序文件中的作用域。

```
# includes < stdio. h>
int hbfun( int x, int y)
{ int z;
 z = x > y?x:y;
 return(z);
}
void main()
{extern A,B;
 printf(" % d\n",hbfun(A,B));
}
int A = 13, B = - 8;
```

说明:在本程序文件的最后 1 行定义了外部变量 A 和 B,但由于外部变量定义的位置在函数 main 之后,因此本来在 main 函数中不能引用外部变量 A 和 B。现在在 main 函数中用 extern 对 A 和 B 进行"外部变量声明",就可以从"声明"处起,合法地使用该外部变量 A 和 B。

7.9　内部函数和外部函数

函数一旦定义后就可被其他函数调用。但当一个源程序由多个源文件组成时,在一个源文件中定义的函数能否被其他源文件中的函数调用呢? 为此,C 语言又把函数分为两类。

1. 内部函数

如果在一个源文件中定义的函数只能被本文件中的函数调用,而不能被同一源程序其他文件中的函数调用,这种函数称为内部函数。定义内部函数的一般形式为:

static 类型说明符 函数名(形参表)

例如"static int f(int a,int b)",内部函数也称为静态函数。但此处静态 static 的含义已不是指存储方式,而是指对函数的调用范围只局限于本文件。因此在不同的源文件中定义同名的静态函数不会引起混淆。

2. 外部函数

外部函数在整个源程序中都有效,其定义的一般形式为:

extern 类型说明符 函数名(形参表)

例如:

extern int f(int a, int b)

如在函数定义中没有说明 extern 或 static 则默认为 extern。在一个源文件的函数中调用其他源文件中定义的外部函数时,应用 extern 说明被调函数为外部函数。例如:

```
F1.C (源文件一)
main()
{
extern int f1(int i);        /* 外部函数说明,表示 f1 函数在其他源文件中 */
…
}
F2.C (源文件二)
extern int f1(int i);        /* 外部函数定义,extern 可以省略 */
{ … }
```

*7.10　main 函数的参数

在前面介绍的程序中,main 函数都是不带参数的,一般写成如下形式:

[void] main()

实际上,main 函数可以带参数,其一般形式如下:

[void] main (int argc,char * argv[])

---

* 　此节可选学。

　　这个参数可以认为是 main 函数的形式参数。main 函数的参数是固定的,形参 argc 是一个整型变量,形参 argv 是一个指向字符串的指针数组。

　　由于 main 函数不能被其他函数调用,因此不可能在程序的其他函数中内部取得参数值,只能来自程序之外,由于 main 函数是由系统调用的,因此它只能通过系统的命令行给出。命令行的一般形式为:

可执行文件名　参数 1　参数 2……参数 n;

　　命令名和各参数之间用空格分隔。命令名是 main 所在的执行文件名,而命令行中的参数个数原则上未加限制。但是应该特别注意的是,main 的两个形参和命令行中的参数在位置上不是一一对应的。argc 参数表示了命令行中参数的个数(注意:文件名本身也算一个参数),argc 的值是在输入命令行时由系统按实际参数的个数自动赋予的。

　　例如有命令行为:

C:\> file1　BASIC　foxpro　FORTRAN

　　由于文件名 file1 本身也算一个参数,所以共有 4 个参数,因此 argc 取得的值为 4。argv 参数是字符串指针数组,其各元素值为命令行中各字符串(参数均按字符串处理)的首地址。指针数组的长度即为参数个数。数组元素初值由系统自动赋予。其表示如图 7.5 所示。

图 7.5　命令行参数传递结果示意图

【例 7.27】　带参数的 main 函数。

```
main(int argc,char * argv)
{
    while(argc -- >1)
        printf(" % s\n", * ++argv);
}
```

　　本例是显示命令行中输入的参数。如果例 7.22 的可执行文件名为 file1,因此输入的命令行为:

C:\> file1 BASIC foxpro FORTRAN

则运行结果为:

BASIC
foxpro
FORTRAN

　　该行共有 4 个参数,执行 main 时,argc 的初值即为 4。argv 的 4 个元素分为 4 个字符串的首地址。执行 while 语句,每循环一次 argv 值减 1,当 argv 等于 1 时停止循环,共循环

3 次,因此共可输出 3 个参数。在 printf 函数中,由于打印项 * ++argv 是先加 1 再打印,故第一次打印的是 argv[1] 所指的字符串 BASIC。第二次和第三次循环分别打印后 2 个字符串。

习　题　7

一、选择题

7.1　若有以下程序:

```
# include  < stdio. h >
void sub( int  x, int  y, int  * z)
{ * z = y − x;}
void main()
{ int a,b,c;
sub( 10,5,&a); sub(7, a,&b) ; sub ( a, b, &c);
printf("% d, % d, % d\n", a ,b ,c);}
```

程序的输出结果是(　　)。

　　　A) 5,2,3　　　　　B) −5,−12,−7　　C) −5,−12,−17　　D) 5,−2,−7

7.2　若有以下程序:

```
# include  < stdio. h >
void fun (float  * a , float  * b)
{  float w;
* a =  * a + * a; w =  * a; * a =  * b ; * b = w;
}
main ()
{ float x = 2. 0, y = 3. 0 , * px = &x, * py = &y;
fun (px,py);   printf ( "% 2.0f, % 2.0f\n", x, y);
}
```

程序的输出结果是(　　)。

　　　A) 4,3　　　　　B) 2,3　　　　　C) 3,4　　　　　D) 3,2

7.3　若有以下程序:

```
#  include < stdio. h >
void sub ( double  x, double  * y , double  * z)
{ * y =  * y − 1.0; * z =  * z + x;}
main ()
{ double a = 2. 5, b = 9. 0, * pa, * pb;
pa = &a; pb = &b;
sub ( b − a, pa,pa );   printf ( "% f\n", a);
}
```

程序输出结果是(　　)。

　　　A) 9. 000000　　　　　　　　　B) 1. 500000
　　　C) 8. 000000　　　　　　　　　D) 10. 500000

7.4 若有以下程序：

```
# include < stdio. h>
void fun ( int   * s ,int   n1,int   n2)
{int i,j,t;
i = n1; j = n2;
while (i < j)
{ t =  * (s + i);  * (s + i) =  * (s + j);  * (s + j) = t; i++; j -- ;}
}
main ()
{ int a[10] = {1,2,3,4,5,6,7,8,9,0}, i, * p = a;
  fun(p,0,3); fun(p,4,9); fun(p,0,9);
   for( i = 0; i < 10; i++) printf(" % d", * (a + i));
}
```

程序的输出结果是（   ）。

A) 0987654321   B) 4321098765   C) 5678901234   D) 0987651234

二、填空题

7.5 以下程序的输出结果是_____。

```
# include < stdio. h>
int func(int,int);
void main()
{int k = 4,m = 1, p;
 p = func(k,m);printf(" % d,",p);
 p = func(k,m);printf(" % d\n",p);
}
 int func(int   a,int   b)
{static int m,i = 2;i += m + 1;m = i + a + b;return m;}
```

7.6 以下程序的输出结果是_____。

```
# include < stdio. h>
void func(int   s[])
{ static int j = 0;
 do s[j] += s[j + 1];while(++j < 2);
}
void main()
{int k,a[10] = {1,2,3,4,5};
for(k = 1;k < 3;k++) func(a);
for(k = 1;k < 5;k++) printf(" % d",a[k])
}
```

7.7 以下程序的输出结果是_____。

```
# include < stdio. h>
func(int   a)
{ static int c = 3; int b = 0;
 a = c++,b++; return(a);
}
void main()
```

```
{int a = 2,i,k;
for(i = 0;i < 2;i++)   k += func(a++);
printf(" % d\n", k);
}
```

7.8 以下程序的输出结果是_____。

```
# include < stdio. h >
int m = 13;
func( int   x,int y)
{ int m = 3;
 return(x + y - m);
}
void main( )
{int a = 7,b = 5;
printf(" % d\n",func(a,b)/m);
}
```

7.9   以下程序的输出结果是_____。

```
# include < stdio. h >
void func( )
{ static int a = 3;
 a += 2;printf(" % d",a);
}
void main( )
{int a;
for(a = 1;a < = 4;a++) func( );
printf("\n");
}
```

7.10   以下程序的输出结果是_____。

```
# include < stdio. h >
double sub(double   x,double   y,double   z )
{y -= 1. 0;z = z + x;return z;}
void main( )
{double   a = 2. 5,b = 9. 0;
printf(" % f\n",sub(b - a,a,a));
}
```

7.11   以下程序的输出结果是_____。

```
# include < stdio. h >
int fun2( int   a,int   b)
{int c;
 c = a * b % 3;   return c;}
int fun1( int a,int b)
 {int c;
  a += a;b += b,c = fun2(a,a); return   c * c;}
void main( )
{int x = 11,y = 19;
printf(" % d\n",fun1(x,y));
```

```
}
```

7.12   以下程序的输出结果是_____。

```
# include < stdio. h >
# define   N   5
int fun ( char   * s, char  a, int   n )
{ int   j;
 * s = a; j = n;
while (a < s[ j])
j -- ;
return j;
}
main ()
{ char s[N + 1];   int k;
  for( k = 1;k < = N; k++) s[k]  =  'A' + k + 1;
printf(" % d\n",fun(s,'E',N));
}
```

7.13   对于以下程序,若输入 ABC123,则输出结果是_____。

```
# include < stdio. h >
char fun (char   * c)
{
if( * c < = 'Z'&& * c > = 'A')
    * c  -=  'A' - 'a';
return * c;
}
void main()
{
    char s[81], * p = s;
gets(s);
    while( * p)
  { * p = fun(p); putchar( * p); p++; }
    putchar('\n');
}
```

7.14   以下程序的输出结果是_____。

```
# include < stdio. h >
# include < string. h >
void fun (char   * w, int   m)
{
char s, * p1, * p2;
p1 = w; p2 = w + m - 1;
while( p1 < p2)
{ s = * p1++;   * p1 = * p2 -- ;   * p2 = s; }
}
void main()
{
    char a[] = "ABCDEFG";
    fun(a, strlen(a));
```

```
        puts(a);
    }
```

7.15 以下程序的输出结果是_____。

```
# include < stdio. h >
void main()
{
    char ch[2][5] = {"6937","8254"}, * p[2];
    int i,j,s = 0;
    for(i = 0;i < 2;i++)  p[i] = ch[i];
    for(i = 0;i < 2;i++)
      for(j = 0;p[i][j]>'\0'&&p[i][j]< = '9';j += 2)
          s = 10 * s + p[i][j] - '0';
    printf(" % d\n",s);
}
```

7.16 以下程序运行后的输出结果是_____。

```
# include < stdio. h >
void main()
{char b[] = "ABCDEFG", * chp = &b[7];
While ( -- chp > &b[0]) putchar ( * chp);
  putchar('\n');
}
```

7.17 以下程序运行后的输出结果是_____。

```
# include < string. h >
# include < stdio. h >
void  main()
{char s[20] = "goodgood!", * sp = s;
  sp = sp + 2; sp = "to";puts(s);
}
```

7.18 以下程序运行后的输出结果是_____。

```
# include < stdio. h >
void fun (char * a1, char * a2,int n)
{int k;
for(k = 0;k < n;k++) a2[k] = (a1[k] - 'A' - 3 + 26) % 26 + 'A';
a2[n] = '\0';
}
void main()
{char s1[5] = "ABCD",s2[5];
  fun (s1,s2,4); puts(s2);
}
```

7.19 以下程序段的输出结果是_____。

```
int * var,b;
b = 100; var = &b;b = * var + 10;
printf(" % d\n", * var);
```

三、编程题

7.20 请编写函数 fun，函数的功能是：移动一维数组中的内容；若数组中有 n 个整数，要求把下标从 0～ p(含 p,p 小于等于 n−1)的数组元素平移到数组的最后。

例如，一维数组中的原始内容为：1、2、3、4、5、6、7、8、9、10,p 的值为 3；移动后一维数组中的内容应为：5、6、7、8、9、10、1、2、3、4。

```c
#include <stdio.h>
#define    N    80
void fun(int  * w,int p,int  n)
{
}
void main()
{
    FILE * out;
    int a[N] = {1,2,3,4,5,6,7,8,9,10,11,12,13,14,15};
    int i,p,n = 15;
    printf("The original data:\n");
    for(i = 0;i < n;i++)
    printf(" %3d",a[i]);
    printf("Enter p: ");   scanf("%d",&p);
    fun(a,p,n);
    printf("The data after moving:\n");
    out = fopen("out.dat","w");
    for(i = 0;i < n;i++)
    {
        printf(" %3d",a[i]);
        fprintf(out,"%d",a[i]);
        fputs(" ",out);
    }
    fclose(out);
    printf("\n\n");
}
```

7.21 请编写函数 fun()，该函数的功能是：统计一行字符串中单词的个数，作为函数值返回。一行字符串在主函数中输入，规定所有单词由小写字母组成，单词之间有若干个空格隔开，一行的开始没有空格。

```c
#include <string.h>
#include <stdio.h>
#define    N    80
int fun(char  * s)
{
}
void main()
{
FILE * out;
    char line[N];
    int num = 0;
    printf("Enter a string:\n ");
```

```
    gets(line);
    num = fun(line);
    printf("The number of word is: % d\n ",num);
    out = fopen("out.dat","w");
    fprintf(out," % d",num);
    fclose(out);
}
```

7.22 请编写函数 fun(),该函数的功能是：统计各年龄段的人数。N 个年龄通过调用随机函数获得,并放在主函数的 age 数组中。要求函数把 0～9 岁年龄段的人数在 d[0]中,把 10～19 岁年龄段的人数放在 d[1]中,把 20～29 岁年龄段的人数放在 d[2]中,以此类推,把 100 岁(含 100)以上年龄的人数都放在 d[10]中。结果在主函数中输出。

```
# include  < stdio. h>
# define    N    50
# define    M    11
void fun( int  * a, int  * b)
{
}
double  rnd()
{
    static t = 29, c = 217, m = 1024, r = 0;
    r = (r * t + c) % m;
    return((double)r/m);
}
void main()
{
    FILE * out;
    int age[N], i, d[M];
    for(i = 0; i < N; i++)
      age[i] = (int)(115 * rnd());   /* 产生一个随机的年龄数组 */
    printf("The original data :\n");
    for(i = 0; i < N; i++)
      printf((i + 1) % 10 == 0?" % 4d\n":" % 4d", age[i]);
    printf("\n\n");
    fun(age, d);
    out = fopen("out.dat","w");
    for(i = 0; i < 10; i++)
    {
    printf(" % 4d -- % 4d: % 4d\n", i * 10, i * 10 + 9, d[i]);
    fprintf(out," % d", d[i]);
    fputs(" ", out);
    }
    printf("Over 100 :  % 4d\n", d[10]);
    fprintf(out," % d", d[10]);
    fclose(out);
}
```

7.23 请编写函数 void fun(int y, int b[], int * m),它的功能是：求出能整除 y 且是奇数的各整数,并按从小到大的顺序放在 b 所指的数组中,这些除数的个数通过形参 m 返回。

```
# include < conio. h>
# include < stdio. h>
void fun(int y, int b[ ], int * m)
{
}
void main()
{
 int y, a[500], m, j;
 FILE * out;
 printf("\nPlease input an integer number:\n");
 scanf(" % d", &y);
 fun(y, a, &m);
 for(j = 0; j < m; j++)
 printf(" % d ", a[j]);
 printf("\n");
 fun(730, a, &m);
 out = fopen("outfile. dat", "w");
 for(j = 0; j < m; j++)
 fprintf(out, " % d\n", a[j]);
 fclose(out);
}
```

7.24 假定输入的字符串中只包含字母和 * 。请编写函数 fun(),它的功能是:除了尾部的 * 之外,将字符串中其他 * 全部删除。形参 p 已指向字符串中最后一个字母。在编写函数时,不得使用 C 语言的字符串函数。

例如,若字符串中的内容为 ****A*BC*DEF*G* *****,删除后,字符串中的内容应当是 ABCDEFG* *****。

```
# include  < conio. h>
# include  < stdio. h>
void fun(char * a, char * p)
{
}
void main()
{
    FILE * out;
  char s[81], * t;
  printf("Enter a string:\n ");
  gets(s);
  t = s;
  while( * t)   t++;
  t-- ;                              /* 指针 t 指向字符串尾部 */
  while( * t == ' * ')
    t-- ;                            /* 指针 t 指向最后一个字母 */
  fun(s, t);
  printf("The string afterdeleted:\n");
  puts(s);
  out = fopen("out. dat", "w");
  fputs(s, out);
  fclose(out);
}
```

7.25 请编写函数 fun(),其功能是：将所有大于 1 小于整数 m 的非素数存入 xx 所指数组中,非素数的个数通过 k 传回。

例如,输入 17,则应输出 4 6 8 9 10 12 14 15 16。

```
# include   < conio. h >
# include   < windows. h >
# include   < stdio. h >
void fun( int m, int  * k, int xx[ ])
{
}
void main()
{
    FILE  * out;
  int m, n, zz[100];
  system("cls");
  printf("Please enter an integer number between 10 and 100: ");
  scanf(" % d", &n);
  fun(n, &m, zz);
  printf("There are  % d non – prime numbers less than  % d: ", m, n);
  out = fopen("out. dat", "w");
  for( n = 0; n < m; n++)
  {
  printf("\n  % 4d", zz[n]);
  fprintf(out, " % d", zz[n]);
  fputs("\n", out);
  }
  fclose(out);
}
```

7.26 编写 fun 函数用以判断一个数是否为素数,提示:可在函数中设置一个逻辑量,并把该值返回给调用者。

7.27 编写函数,根据整型参数 n 的值,计算如下公式的值:
$$1 - \frac{1}{2} + \frac{1}{3} - \frac{1}{4} + \frac{1}{5} - \frac{1}{6} + \frac{1}{7} - \cdots + (-1)^{n+1} \frac{1}{n}$$

7.28 编写函数,根据整型参数 m 的值,计算如下公式的值:
$$1 - \frac{1}{2 \times 2} - \frac{1}{3 \times 3} - \cdots - \frac{1}{m \times m}$$

第8章 编译预处理

编译预处理是以"#"开头的一些命令,如包含命令#include、宏定义命令#define等,预处理是指在源程序正式编译之前所做的工作。预处理是 C 语言的一个重要功能,它由专门的预处理程序负责完成。

编译预处理是由编译系统中的预处理命令进行的,这是 C 语言的一个重要特点。它能改善程序设计环境,有助于编写易移植、易调试的程序,也是模块化程序设计的一个工具。

C 语言的编译预处理功能主要有宏定义、文件包含、条件编译等。本章介绍常用的几种预处理功能。

8.1 宏 定 义

宏定义是指用一个标识符来表示一个字符串,标识符称为宏名。在编译预处理时,把程序文件中在该宏定义之后出现的所有宏名都用宏定义中的字符串去代换,这个过程称为宏替换。

在 C 语言中,宏分为有参数和无参数两种。下面分别讨论这两种宏的定义和调用。

8.1.1 无参宏定义

所谓无参宏就是宏名后不带任何参数。其定义的一般形式为:

#define　标识符　字符串

由"#"开始的命令是 C 预处理命令。define 为宏定义命令。"标识符"为所定义的宏名。"字符串"可以是常数、表达式、格式串等。

在前面已经介绍过的符号常量的定义就是一种无参宏定义,例如:

#define PI　3.1415926

此外,对程序中反复使用的表达式进行宏定义,将对程序的书写带来很大的方便,例如:

#define N (2 * a + 2 * a * a)

在编写源程序时,所有的$(2*a+2*a*a)$都可由 N 代替,而对源程序作编译时,将先由预处理程序进行宏替换,即用$(2*a+2*a*a)$表达式去置换所有的宏名 N,然后再进行编译。

【例 8.1】 对表达式进行宏定义。

```
#define N  (2*a+2*a*a)
void  main()
{
  int s,a;
  scanf("%d",&a);
  s=N+N*N;
  printf("s=%d\n",s);
}
```

上例程序中首先进行宏定义,定义 N 来替代表达式(2*a+2*a*a),在 s= N+N*N 中作了宏调用。在预处理时经宏展开后该语句变为:

s=(2*a+2*a*a)+ (2*a+2*a*a)* (2*a+2*a*a)

注意:在宏定义中表达式(2*a+2*a*a)两边的括号不能少。

对于宏定义还要说明以下几点:

(1) 宏名的前后应有空格,以便准确地辨认宏名,如果没有留空格,则程序运行结果会出错。

(2) 宏定义是用宏名来表示一个字符串,这只是一种简单的替换,字符串中可以含任何字符,可以是常数,也可以是表达式,预处理程序对它不做任何检查。如有错误,只能在编译已被宏展开后的源程序时发现。

(3) 习惯上宏名用大写字母表示,以便于与变量区别。但也允许用小写字母。

(4) 宏定义不是语句,在行末不必加分号,如加上分号则连分号也一起置换。

(5) 宏定义必须写在函数之外,其有效范围为宏定义命令起到源程序结束。

(6) 可以使用 # undef 命令终止宏定义的作用域。

【例 8.2】 宏定义的作用域。

```
#define M 10
void main()
{
   …
}
#undef M
f1()
{
   …
}
```

表示 M 在 main 函数中有效,在 f1 中无效。

(7) 宏名在源程序中若用引号括起来,则预处理程序不对其作宏代换。

【例 8.3】 不进行替换的"宏名"。

```
#define  L   80
void main()
 {
  printf("L");
```

```
        printf("\n");
    }
```

上例中定义宏名 L 是 80；在 printf 语句中 L 引号括起来，因此不作宏代换。程序的运行结果为：L，表示把 L 当字符处理。

（8）在进行宏定义时，可以使用已经定义的宏名。在宏展开时由预处理程序层层代换。例如：

```
#define  PI  3.1415926
#define  S  PI*r*r            /* PI 是已定义的宏名 */
```

对语句：

```
printf("%f",S);
```

在宏代换后变为：

```
printf("%f",3.1415926*r*r);
```

（9）对输出格式作宏定义，可以减少书写麻烦。

【例 8.4】 宏的嵌套。

```
#define P printf
#define D "%d\n"
#define F "%f\n"
void main()
{
    int a = 5, c = 8, e = 11;
    float b = 3.8, d = 9.7, f = 21.08;
    P(D F,a,b);
    P(D F,c,d);
    P(D F,e,f);
}
```

8.1.2　带参宏定义

C 语言允许宏带有参数。在宏定义中的参数称为形式参数，在宏调用中的参数称为实际参数。

对带参数的宏，在调用中，不仅要宏展开，而且要用实参去代换形参。带参宏定义的一般形式为：

```
#define  宏名(形式参数表)  字符串
```

其中，形式参数称为宏名的形式参数，建成形参；构成宏体的字符串中应该包含所指的形式参数，宏名与后续括号之间不能留空格。例如：

```
#define  SR(n)  n*n
#define  DR(a,b)  a+b
```

对于带参数的宏，调用时必须使用参数，这些参数称为实际参数，简称实参。带参宏调用的一般形式为：

宏名(实参表);

例如,源程序中可以使用如下宏调用:

```
x1 = SR(6)
x2 = SR(x + y)
y1 = DR(3,4)
y2 = DR(a + b * b + c)
```

宏调用时,其实参的个数与次序应与宏定义时的形参一一对应,且实参必须有确定的值。

【例 8.5】 求 a、b 两个数中较大者。

```
#define  MAX(a,b)  (a>b)?a:b
void main()
{
  int a,b,c,max;
  scanf("%d%d",&a,&b);
  max = MAX(a,b);
  printf("max = %d\n",max);
}
```

程序运行结果如下:

```
3 5 ↙
max = 5
```

上例程序的第一行进行带参宏定义,用宏名 MAX 表示条件表达式(a>b)? a:b,形参 a 和 b 均出现在条件表达式中。程序第五行 max=MAX(x,y)为宏调用,实参 a 和 b 将代换形参 a 和 b。对于带参的宏定义有以下问题需要说明:

(1) 带参宏定义中,宏名和形参表之间不能有空格出现。如"#define SR (n) n*n",编译预处理程序将把宏名的参数与宏体都看成是宏体,在展开后编译出错。

(2) 在带参宏定义中,形式参数是字符,不分配内存单元,不需说明类型。而宏调用中的实参有具体的值。要用它们去代换形参,因此必须作类型说明。这是与函数中的情况不同的。在函数中,形参和实参是两个不同的量,各有自己的作用域,调用时要把实参值赋予形参,进行"值传递"。

(3) 在宏定义中的形参是标识符,而宏调用中的实参可以是表达式。

【例 8.6】 带参数的宏定义(参数有括号)。

```
#define SA(x) (x)*(x)
void main()
{
  int a,s;
   scanf("%d",&a);
  s = SA(a + 1);
  printf("s = %d\n",s);
}
```

程序运行结果如下:

```
3 ↙
s = 16
```

上例中第一行为宏定义,形参为 x。程序第五行宏调用中实参为 a+1,是一个表达式,在宏展开时,用 a+1 代换 x,再用(x)*(x) 代换 SA,得到如下语句:

```
s = (a+1)*(a+1);
```

这与函数的调用是不同的,函数调用时要把实参表达式的值求出来再赋予形参。而宏代换中对实参表达式不作计算直接原样代换。

(4) 在宏定义中,字符串内的形参通常要用括号括起来以避免出错。如果去掉括号,把程序改为以下形式:

【例 8.7】 带参数的宏定义(参数无括号)。

```
#define  SA(x)   x * x
void main()
{
  int a,s;
  scanf("%d",&a);
  s = SA(a+1);
  printf("s = %d\n",s);
}
```

程序运行结果如下:

```
3 ↙
s = 7
```

同样输入 3,但结果是不一样的。这是由于代换只作符号代换而不作其他处理造成的。宏代换后将得到以下语句:

```
s = a+1 * a+1;
```

由于 a 为 3 故 s 的值为 7。因此参数两边的括号是不能少的。

(5) 带参的宏和带参函数很相似,但有本质上的不同,除上面已谈到的各点外,把同一表达式用函数处理与用宏处理两者的结果有可能是不同的。

【例 8.8】 函数处理表达式。

```
#include <stdio.h>
void main()
{
  int i = 1;
  while(i <= 5)
    printf("%d\n",B(i++));
}
B(int x)
{
  return((x)*(x));
}
```

程序运行结果如下:

```
1
4
9
16
25
```

【例 8.9】 宏定义处理表达式。

```
#define B(x) ((x)*(x))
#include<stdio.h>
void main()
{
  int i=1;
  while(i<=5)
    printf("%d\n",B(i++));
}
```

程序运行结果如下：

```
1
9
25
```

在例 8.8 中,函数名为 B,形参为 x,函数体表达式为((x)*(x))。在例 8.9 中宏名为 B,形参也为 x,字符串表达式为(x)*(x))。例 8.8 的函数调用为 B(i++),例 8.9 的宏调用为 B(i++),实参也是相同的。从输出结果来看,却大不相同。

分析如下:在例 8.8 中,函数调用是把实参 i 值传给形参 y 后自增 1。然后输出函数值。因而要循环 5 次。输出 1~5 的平方值。而在例 8.9 中宏调用时,只作代换。B(i++) 被代换为((i++)*(i++))。在第一次循环时,由于 i 等于 1,其计算过程为:表达式中 i 的初值为 1,先进行 1*1 的运算并输出结果 1,然后 i 两次自增 1 变为 3。在第二次循环时,i 值已为 3,因此表达式先进行 i*i 的运算并输出结果 9,然后 i 再两次自增 1 变为 5。进入第三次循环,由于 i 值已为 5,因此表达式先进行 i*i 的运算并输出结果 25,然后 i 再两次自增 1 变为 7,此时表达式 i<=5 已经不成立,循环结束。

从以上分析可以看出,函数调用和宏调用在形式上相似,在本质上是完全不同的。

8.2　文　件　包　含

在前面各章中使用系统函数时,已经使用了文件包含命令。文件包含是 C 预处理程序的另一个重要功能。

文件包含命令行的一般形式为:

#include"文件名"

#include 文件包含命令的功能是把指定的文件插入该命令行位置取代该命令行,从而把指定的文件和当前的源程序文件连成一个源文件。文件应使用双引号或尖括号"<"和">"括起来。例如:

```
# include"stdio.h"
# include < math.h >
```

在程序设计中,文件包含可以节省程序设计人员的重复劳动。对于有些公用的符号常量或宏定义等可单独组成一个文件,在其他文件的开头用包含命令包含该文件即可使用,从而节省时间,并减少出错。

对文件包含命令还要说明以下几点:

(1) 包含命令中的文件名可以用双引号括起来,也可以用尖括号括起来。例如以下写法都是允许的:

```
# include"string.h"
# include < string.h >
```

但是这两种形式是有区别的:使用尖括号表示在包含文件目录中去查找(包含目录是由用户在设置环境时设置的),而不在源文件目录去查找。

使用双引号则表示首先在当前的源文件目录中查找,若未找到才到包含目录中去查找。用户编程时可根据自己文件所在的目录来选择某一种命令形式。

(2) 一个 include 命令只能指定一个被包含文件,若有多个文件要包含,则需用多个 include 命令。

(3) 文件包含命令也允许嵌套到其他文件中。

8.3　条　件　编　译

预处理程序提供了条件编译的功能。条件编译就是对某段程序设置一定的条件,符合条件才能编译这段程序。

条件编译命令一般有以下 3 种形式。

1. 第一种形式

```
# ifdef　标识符
  程序段 1
# else
  程序段 2
# endif
```

其中的标识符是一个符号常量,如果标识符已被 #define 命令定义过则对程序段 1 进行编译;否则对程序段 2 进行编译。

此命令形式中的 #else 以及其后的程序段 2 可以省略,即可以写为:

```
# ifdef　标识符
  程序段
# endif
```

即如果标识符已被 #define 命令定义过则对程序段 1 进行编译;否则不编译程序段 1。

【例 8.10】 条件编译应用举例一。

```
# include < stdio. h>
# define Max 100
void main()
{
   int i = 10;
float x = 12.5;
# ifdef MAX
printf(" % d\n",i);
# else
printf(" % .1f\n",x);
# endif
printf(" % d, % .1f\n",i,x);
}
```

程序运行结果如下：

```
10
10,12.5
```

2. 第二种形式

```
# ifndef 标识符
   程序段 1
# else
   程序段 2
# endif
```

第二种形式与第一种形式的区别是将 ifdef 改为 ifndef。它的功能是：如果标识符未被 #define 命令定义过则对程序段 1 进行编译，否则对程序段 2 进行编译。这与第一种形式的功能正相反。

3. 第三种形式

```
# if 常量表达式
   程序段 1
# else
   程序段 2
# endif
```

它的功能是：如常量表达式的值为真（非 0），则对程序段 1 进行编译，否则对程序段 2 进行编译。因此可以使程序在不同条件下，完成不同的功能。

【例 8.11】 条件编译应用举例二。

```
# define M 5
void main(){
   float c,r,s;
   printf ("input a number:   ");
   scanf(" % f",&c);
   # if R
```

```
        r = 3.14159 * c * c;
        printf("area of round is: % f\n",r);
    #else
        s = c * c;
printf("area of square is: % f\n",s);
#endif
}
```

本例中采用了第三种形式的条件编译。在程序第一行宏定义中,定义 M 为 5,因此在条件编译时,常量表达式的值为真,故计算并输出圆面积。

上面介绍的条件编译当然也可以用条件语句来实现。但是用条件语句将会对整个源程序进行编译,生成的目标代码程序很长,而采用条件编译,则根据条件只编译其中的程序段 1 或程序段 2,生成的目标程序较短。使用条件编译可以增强程序的可移植性。

习　题　8

8.1　#define　SWAP(z, x, y)　{z＝x; x＝y; y＝z;}
通过宏调用实现变量 a,b 内容交换,请填空:

```
double a = 3,b = 5,c;
SWAP(_____, a, b);
```

8.2　如下程序输出结果是_____。

```
#include <stdio.h>
#define  PT  5.5
#define  S(x)  PT * x * x
void main()
{
  int a = 1, b = 2;
  printf("% 5.1f\n", S(a + b));
}
```

8.3　程序中头文件 type.h 的内容是:

```
#define  N  5
#define  M  N * 3
```

程序如下:

```
#include  "type.h"
#define  L  N * 2
void main()
{
  int  i;
  i = M + L;
  printf("% d\n", i);
}
```

该程序输出结果是_____。

8.4 如下程序输出结果是_____。

```
#define  M(x)  x * x
void main()
{
   int  a, k = 3;
a = ++M(k + 1);
printf(" % d\n", a);
}
```

8.5 如下程序输出结果是_____。

```
#define  PLUS(x, y)  x + y
void main()
{
   int  x = 1, y = 2, z = 3, sum;
   sum = PLUS(x + y, z) * PLUS(y, z);
   printf("SUM = % d\n", sum);
}
```

8.6 如下程序输出结果是_____。

```
# include  < stdio. h >
#define  F(x)  2.84 + x
#define  W(y)  printf(" % d", (int)(y));
#define  P(y)  W(y)putchar('\n')
void main()
{
   int x = 2;
   P(F(5) * x);
}
```

8.7 如下程序输出结果是_____。

```
# include "stdio. h"
#define  MIN(x,y)  (x) < (y) ? (x) : (y)
void main()
{
   int  i, j, k;
   i = 10; j = 15;
   k = 10 * MIN(i, j);
   printf(" % d\n", k);
}
```

第9章 结构体与共用体

前面已经介绍了数据的基本类型,如整型、实型、字符型,还介绍了一种构造数据类型——数组,数组中的各元素属于同一个类型。

但是在实际问题中,一组相关数据往往具有不同的数据类型。例如,在学生登记表中,姓名应为字符型;学号可为整型或字符型;年龄应为整型;性别应为字符型;成绩可为整型或实型。显然不能用一个数组来存放这样的一组数据。为了将这组具有不同数据类型,但相互关联的数据组合成一个有机整体使用,C语言中提供了另一种构造数据类型——结构体(structure),它相当于其他高级语言中的"记录"。

9.1 结构体类型的定义

结构体由若干成员组成,各成员可有不同的类型。在程序中要使用结构体类型,必须先对结构体的组成进行描述(定义)。

结构体类型的定义形式为:

```
struct  结构体名
{
    成员表列
};
```

说明:

(1) struct 是定义结构体类型的关键字,不能省略;结构体名是由程序设计者按 C 语言标识符命名规则指定的;"struct 结构体名"称为结构体类型名。

(2) 成员表列由若干个成员组成,对每个成员也必须做类型说明,其格式与说明一个变量的一般格式相同,即

```
类型名 成员名;
```

(3) 结构体类型定义最后的分号不能省略。

例如,学生信息可用结构体定义为:

```
struct student
{
    int num;                        /* 学号 */
    char name[20];                  /* 姓名 */
    char sex;                       /* 性别 */
    int age;                        /* 年龄 */
```

```
    float score;                          /* 成绩 */
    char addr[40];                        /* 家庭住址 */
};
```

上面由程序设计者指定了一个新的结构体类型 struct student，它由 num、name、sex、age、score 和 addr 这 6 个成员组成。需要特别指出的是 struct student 是一个类型名，它和系统提供的标准类型（如 int、char、float 等）具有同样的作用，都可以用来定义变量的类型，只不过结构体类型需要由用户自己指定而已。

结构体类型可以嵌套定义，即一个结构体类型中的某些成员又是其他结构体类型，但是这种嵌套不能包含自身，即不能由自己定义自己。

例如，以下定义一个表示日期的结构体类型：

```
struct date
{
 int day;
 int month;
 int year;
};
```

以下定义一个表示学生信息的结构体类型：

```
struct member
{
  int num;
  char name[20];
  char sex;
  struct date birthday;           /* 成员 birthday 为结构体类型 struct date */
  float score;
  char addr[40];
};
```

由此定义的 struct member 结构如图 9.1 所示。

num	name	sex	birthday			score	addr
			day	month	year		

图 9.1　struct member 结构

结构体类型定义只是指定了一种类型（同系统已定义的基本类型，如 int、float、char 等一样），无具体的数据，系统不分配实际内存单元，只有在定义结构体变量时才分配内存空间。

在程序中，结构体的定义可以在一个函数的内部，也可以在所有函数的外部，在函数内部定义的结构体，仅在该函数内部有效，而定义在外部的结构体，在所有函数中都可以使用。

9.2　结构体类型变量

9.2.1　结构体变量的定义

结构体类型定义之后，即可进行变量的定义。定义结构体类型的变量，有以下 3 种方法。

1. 先定义结构体类型,再定义结构体变量

它的一般形式为:

`struct 结构体名 变量名表列;`

例如,上面已定义了一个结构体类型 struct student,可以用它来定义结构体变量。如:

`struct student student1, student2;`

上述语句定义了两个 struct student 类型的变量 student1 和 student2,它们具有 struct student 类型的结构,如图 9.2 所示。系统为所定义的结构体变量按照结构定义时的组成,分配存储数据的实际内存单元。结构体变量的成员在内存中占用连续存储区域,所占内存大小为结构体中每个成员的长度之和。

| student1 | 1001 | Wang Xin | M | 20 | 89 | Beijing |
| student2 | 1002 | Sun Jing | F | 19 | 92 | Tianjin |

图 9.2 两个结构变量

为了使用方便,人们通常用一个符号常量代表一个结构体类型。在程序开头加上命令:

`#define STU struct student`

这样在程序中,STU 与 struct student 完全等效。例如,先定义结构体类型:

```
STU
{
  int num;
  char name[20];
  char sex;
  int age;
  float score;
  char addr[40];
};
```

然后就可以直接用 STU 定义变量。例如:

`STU  student1,student2;`

应当注意,将一个变量定义为标准类型(基本数据类型)与定义为结构体类型不同之处在于:后者不仅要求指定变量为结构体类型,而且要求指定为某一特定的结构体类型。例如,对 struct student,不能只指定为 struct 型而不指定结构体名。而在定义变量为整型时,只需指定为 int 型即可。换句话说,可以定义许多种具体的结构体类型。

如果程序规模比较大,往往将对结构体类型的定义集中放到一个以.h 为扩展名的头文件中,哪个源文件需要用到此结构体类型,则可用 #include 命令将该头文件包含到本文件中。这样做便于结构体类型的装配、修改及使用。

2. 在定义结构体类型的同时定义结构体变量

它的一般形式为:

```
struct 结构体名
{
    成员表列
} 变量名表列;
```

例如：

```
struct student
{
    int num;
    char name[20];
    char sex;
    int age;
    float score;
    char addr[40];
}student1,student2;
```

它的作用与第一种方法相同,即定义了两个 struct student 类型的变量 student1 和 student2。

3. 直接定义结构体类型变量

它的一般形式为：

```
struct
{
    成员表列
} 变量名表列;
```

第三种方法与第二种方法的区别在于,第三种方法中省去了结构体名,而直接定义结构体变量。这种形式虽然简单,但是无结构体名的结构体类型是无法重复使用的,也就是说,后面的程序中不能再定义此类型的变量。

说明：

(1) 结构体类型与结构体变量是不同的概念,不要混同。对结构体变量来说,在定义时一般先定义一个结构体类型,然后定义变量为该类型。只能对变量赋值、存取或运算,而不能对一个类型赋值、存取或运算。在编译时,对类型是不分配存储空间的,只对变量分配存储空间。

(2) 对结构体中的成员,可以单独使用,它的作用与地位相当于普通变量。

(3) 结构体成员名可以与程序中的其他变量名相同,两者不代表同一对象。例如,程序中可以另外定义一个变量 num,它与 struct student 的 num 是两回事,互不干扰。

9.2.2　结构体变量的引用

结构体作为若干成员的集合是一个整体,但在使用结构体时,不仅要对结构整体进行操作,而且更多的是要访问结构体中的每个成员。在程序中引用结构体成员的一般形式为：

结构体变量名.成员名

例如,student1.num 表示引用结构体变量 student1 中的 num 成员,因该成员的类型为 int 型,所以可以对它施行任何 int 型变量可以施行的运算。例如：

```
student1. num = 10001;
```

"."是结构体成员运算符,"."操作的优先级在 C 语言中是最高的,其结合性为从左到右。

【例 9.1】 求某同学上学期 8 门课程的总成绩与平均成绩。

```
# include < stdio. h>
# define N 8
struct   st
{
   char   xm[8];
   float s[N];
   float sum,ave;
   }stu;
void main()
{
   int   i;
   scanf(" % s",stu. xm);              /* 输入姓名 */
   for(i = 0;i < N;i++)
      scanf(" % f",&stu. s[i]);        /* 输入各科成绩 */
   stu. sum = 0.0;                     /* 求总成绩 */
   for(i = 0;i < N;i++)
      stu. sum += stu. s[i];
   stu. ave = stu. sum/N;              /* 求平均成绩 */
   printf(" % s 的总成绩 = % 6.2f,平均成绩 = % 6.2f",stu. xm,stu. sum,stu. ave);
}
```

程序运行结果如下:

```
CHEN   80 86 79 98 88 72 96 66 ↙
CHEN 的总成绩 = 665.00,平均成绩 = 83.13
```

说明:

(1) 对结构体变量进行输入输出时,只能以成员引用的方式进行,不能对结构体变量进行整体的输入输出。例如,已定义 student1 为结构体变量并且它们已有值。不能这样引用:

```
printf(" % d, % s, % c, % d, % f, % s\n",student1);
```

(2) 如果结构体成员本身又属一个结构体类型,则要用若干个成员运算符,一级一级地找到最低一级的成员,只能对最低级的成员进行赋值或存取以及运算。例如,要使用在前面定义的 struct member 类型的变量 stu1,对 stu1 某些成员的访问需要使用如下的引用形式:

```
stu1. birthday. day = 23;
stu1. birthday. month = 8;
stu1. birthday. year = 2003;
```

(3) 与其他变量一样,结构体变量成员可以进行各种运算。而作为代表结构整体的结构体变量,要进行整体操作就有很多限制,仅在以下两种情况下,可以把结构体变量作为一个整体来访问:

① 结构体变量整体赋值,此时必须是同类型的结构体变量。如:

student2 = student1;

该赋值语句将把 student1 变量中各成员的值,对应传送给 student2 变量的同名成员,从而使 student2 具有与 student1 完全相同的值。

② 取结构体变量地址。如:

printf(" % x",&student1);   /＊ 输出 student1 的地址 ＊/

通常把结构体变量地址用做函数的参数。

9.2.3 结构体变量的初始化

所谓结构体变量的初始化,就是在定义结构体变量的同时,对其成员赋初值。在初始化时,按照所定义的结构体类型的数据结构,依次写出各初始值,在编译时就将它们赋给此变量中的各成员。

【例 9.2】 对结构体变量初始化。

```
# include < stdio. h>
struct stu
{
int num;
char name[20];
char sex;
char addr[40];
}a = {1003,"wangli",'M',"Changjiang Road"};
void main( )
{
printf("No: % d\nName: % s\nSex: % c\nAddress: % s\n",a. num,a. name,a. sex,a. addr);
}
```

程序运行结果如下:

```
No:1003
Name:wangli
Sex:M
Address:Changjiang Road
```

9.2.4 结构体变量的输入与输出

C 语言不能把一个结构体变量作为一个整体进行输入或输出,应该按成员变量输入输出。例如,若有一个结构体变量:

```
struct
{
 char name[20];
 char addr[20];
 long   num;
}stud = {"wangqiang","123 Beijing Road",3021111};
```

由于变量 stud 包含两个字符串数据和一个长整型数据,因此输出 stud 变量,应该使用如下方式:

```
printf("%s,%s,%ld\n",stud.name,stud.addr,stud.num);
```

输入 stud 变量的各成员值,则用:

```
scanf("%s%s%ld",stud.name,stud.addr,&stud.num);
```

由于成员项 name 和 addr 是字符数组,按％s 字符串格式输入,故不要写成 &stud.name 和 &stud.addr,而 num 成员是 long 型,故应当用 &stud.num。

当然也可以用 gets 函数和 puts 函数输入和输出一个结构体变量中的字符数组成员。例如:

```
gets(stud.name);
puts(stud.name);
```

gets 函数输入一个字符串给 stud.name,puts 函数输出 stud.name 数组中的字符串。

9.3 结构体类型数组

一个结构体变量中可以存放一组数据(如一个学生的学号、姓名、成绩等数据)。如果有 10 个学生的数据需要参加运算和处理,显然应该用数组,这就是结构体数组。结构体数组与以前介绍过的数值型数组不同之处在于每个数组元素都是一个结构体类型的数据,相当于一个结构体变量。

9.3.1 结构体数组的定义

与定义结构体变量的方法相仿,只需说明其为数组即可。例如:

```
struct student
  {
    int num;
    char name[20];
    char sex;
    int age;
    float score;
    char addr[40];
  }
struct student stu[3];
```

以上定义了一个数组 stu,数组有 3 个元素,均为 struct student 类型数据。也可以直接定义一个结构体数组,例如:

```
struct student
  {
    int num;
    char name[20];
    char sex;
```

```
        int age;
        float score;
        char addr[40];
    }stu[3];
```

或

```
struct
    {
        int num;
        char name[20];
        char sex;
        int age;
        float score;
        char addr[40];
}stu[3];
```

数组各元素在内存中连续存放,如图 9.3 所示。

图 9.3　数组元素的存放

9.3.2　结构体数组的初始化

在对结构体数组初始化时,要将每个元素的数据分别用大括号括起来。例如:

```
struct student
{
    char name[20];
    long num;
    int age;
    char sex;
    float score;
}students[5] = {
                {"Zhu Dongfen",3021101,18,'M',93},
                {"Zhang Fachong",3021102, 19,'M',90.5},
                {"Wang Peng",3021103, 16,'M',85},
                {"Zhan Hong",3021104, 16,'F',95},
                {"Li Linggou", 3021105,20,'F',67} };
```

这样,在编译时将一个大括号中的数据赋给一个元素,即将第一个大括号中的数据送给 students[0],第二个大括号中的数据送给 students[1],以此类推,如果赋初值的数据组的个数与所定义的数组元素相等,则数组元素个数可以省略不写。这和前面有关章节介绍的数组初始化相类似。此时系统会根据初始化时提供的数据组的个数自动确定数组的大小。如果提供的初始化数据组的个数少于数组元素的个数,则方括号内的元素个数不能省略,例如:

```
 struct student
{
    …
}students[5] = {{ … },{ … },{ … }};
```

只对前 3 个元素赋初值,其他元素未赋初值,系统将对数值型成员赋以 0,对字符型数据赋以"空"串即"\0"。

9.3.3 结构体数组的引用

一个结构体数组的元素相当于一个结构体变量。引用结构体数组元素有如下规则：

（1）引用某一元素的一个成员。

一般方法为：

结构体数组名[元素下标].结构体成员名

例如：

```
students[i].num
```

这是序号为 i 的数组元素中的 num 成员。如果数组已如上初始化，且 i＝2，则相当于 students[2].num，其值为 3021103。

（2）可以将一个结构体数组元素赋给同一结构体类型数组中的另一个元素，或赋给同一类型的变量。例如：

```
struct student students[3],student1;
```

现在定义了一个结构体数组 students，它有 3 个元素，又定义了一个结构体变量 student1，则下面的赋值合法。

```
student1 = students[0];
students[2] = students[1];
students[1] = student1;
```

（3）不能把结构体数组元素作为一个整体直接进行输入或输出，只能以单个成员为对象进行输入输出。例如：

```
scanf("%s",students[0].name);
printf("%ld",students[0].num);
```

【例 9.3】 学生的记录由学号和成绩组成，N 名学生的数据已放入结构体数组 s 中。编程实现：按分数的高低排列学生的记录，高分在前。

```
#include <stdio.h>
#define N 10
struct stu
{
char num[10];                          /*学生学号*/
int score;                             /*学生成绩*/
};
void main()
{
struct stu s[N] = {
                {"GA002",69},{"GA005",85},{"GA003",76},{"GA004",83},
                {"GA001",91},{"GA007",72},{"GA008",64},{"GA006",87},
                {"GA000",99},{"GA009",80}},t;
int i,j;
for(i = 0;i<N-1;i++)                    /*选择法排序,降序*/
```

```
    for(j = i + 1;j < N;j++)
        if(s[i].score < s[j].score) {t = s[i];s[i] = s[j];s[j] = t;}
    for(i = 0;i < N;i++)
    {
        if(i % 4 == 0)                          /* 每行输出 4 个学生记录 */
            printf("\n");
            printf(" %s  %4d ",s[i].num,s[i].score);
    }
}
```

程序运行结果如下：

```
GA000      99 GA001     91 GA006     87 GA005      85
GA004      83 GA009     80 GA003     76 GA007      72
GA002      69 GA008     64
```

本例 struct stu 被定义为外部的类型，这样，同一源文件中的各个函数都可以用它来定义变量，它用两个成员 num 和 score 来表示学号和成绩。在 main 函数中定义了该类型的结构体变量 t 和结构体数组 s。在 for 语句中，用冒泡法实现按分数高低排列学生的记录，然后又在 for 语句中用 printf 函数按分数高低输出各学生的记录。

9.4 结构体类型指针

一个结构体变量在内存中占有一段连续的内存空间，可以定义一个指针变量，用来指向这个结构体变量，此时该指针变量的值是所指向结构体变量的首地址。指针变量也可以用来指向结构体数组中的元素。

9.4.1 指向结构体变量的指针

指向结构体变量的指针定义的一般形式为：

struct 结构体名 *指针变量名；

例如：

struct stu * pd,date1;

定义指针变量 pd 和结构体变量 date1。其中，指针变量 pd 指向类型为 struct stu 的结构体变量。

当然也可在定义结构体类型 struct stu 的同时定义 pd，与前面讨论的各类指针变量相同，结构体指针变量也必须先赋值后使用。赋值是把结构体变量的首地址赋给该指针变量。例如："pd＝&date1"使指针 pd 指向结构体变量 date1。

有了结构体指针变量，就能更方便地访问结构体变量的各个成员。

其访问的一般形式为：

指针变量 ->结构体成员名

或者

（＊指针变量）.结构体成员名

例如，通过 pd 引用结构体变量 date1 的 num 成员，写成 pd-> num 或者（＊pd）. num，引用 date1 的 name 成员，写成 pd-> name 或者（＊pd）. name 等。

说明：

（1）"＊指针变量"表示指针变量所指对象，这里小括号是必需的，因为运算符"＊"的优先级低于运算符"."，如去掉括号写作＊pd. num 则等效于＊（pd. num），这样，意义就完全不对了。

（2）习惯采用指向运算符"->"（由减号和大于号组成）来访问结构体变量的各个成员。

【例 9.4】 写出下列程序的执行结果。

```c
#include <stdio.h>
#include <string.h>
struct student
{
    int num;
    char name[20];
    char sex;
    float score;
};
void main()
{
    struct student stu1, * p;
    p = &stu1;
    stu1.num = 10004;
    strcpy(stu1.name,"Li Lin");
    stu1.sex = 'M';
    stu1.score = 89;
    printf("No: % d\nName: % s\nSex: % c\nScore: % f\n", stu1.num, stu1.name, stu1.sex,
        stu1.score);
    printf("No: % d\nName: % s\nSex: % c\nScore: % f\n", (* p).num, (* p).name, (* p).sex,
        (* p).score);
    printf("No: % d\nName: % s\nSex: % c\nScore: % f\n", p -> num, p -> name, p -> sex, p -> score);
}
```

程序运行结果如下：

```
No:10004
Name:Li Lin
Sex:M
Score:89.000000
No:10004
Name:Li Lin
Sex:M
Score:89.000000
No:10004
Name:Li Lin
Sex:M
Score:89.000000
```

本例定义了结构体类型 struct student，然后定义一个 struct student 类型的结构体变量 stu1。同时又定义了一个指针变量 p，它指向一个 struct student 类型的数据。在函数的执行部分，将 stu1 的起始地址赋给指针变量 p，也就是使 p 指向 stu1，然后对 stu1 中的各成员赋值。最后在 printf 函数内用 3 种形式输出 stu1 的各个成员值。从运行结果可以看出：以下 3 种用于表示结构体成员的形式是完全等效的。

结构体变量.成员名
(＊指针变量).成员名
指针变量－>成员名

请分析以下几种运算：

(1) p—>n，得到 p 指向的结构体变量中的成员 n 的值。

(2) p—>n++，得到 p 指向的结构体变量中的成员 n 的值，用完该值后使它加 1。

(3) ++p—>n，得到 p 指向的结构体变量中的成员 n 的值加 1，然后再使用它。

9.4.2 指向结构体数组的指针

结构体指针变量可以指向一个结构体数组，这时结构体指针变量的值是整个结构体数组的首地址。结构体指针变量也可指向结构体数组的一个元素，这时结构体指针变量的值是该结构体数组元素的首地址。例如，设 p 为指向结构体数组的指针变量，则 p 也指向该结构体数组的第 0 个元素，p+1 指向第 1 个元素，p+i 则指向第 i 个元素，这与普通数组的情况是一致的。

例如：

```
struct
{
  int a;
  float b;
}arr[3], * p;
p = arr;
```

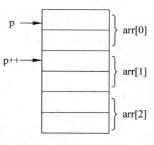

图 9.4　指针的指向

此时使 p 指向 arr 数组的第一个元素，"p＝arr;"等价于"p＝&arr[0];"。若执行"p＋＋;"则此时指针变量 p 指向 arr[1]，指针指向关系如图 9.4 所示。

【例 9.5】　写出下列程序的执行结果。

```
# include < stdio. h >
struct stu
{
    int num;
    char name[20];
    char sex;
    float score;
}stud1[3] = {
        {101,"Zhou ping",'M',45},
        {102,"Zhang ping",'M',62.5},
        {103,"Liu fang",'F',92.5}
```

```
        };
void main()
{
 struct stu * ps;
 printf("No    Name        Sex    Score\n");
 for(ps = stud1;ps < stud1 + 3;ps++)
 printf(" % - 5d % - 12s % - 6c % f\n",ps -> num,ps -> name,ps -> sex,ps -> score);
}
```

程序运行结果如下：

```
No      Name        Sex      Score
101     Zhou ping   M        45.000000
102     Zhang ping  M        62.500000
103     Liu fang    F        92.500000
```

本程序定义了 struct stu 类型的结构体数组 stud1 并赋初值。在 main 函数内定义 ps 为指向 struct stu 类型数据的指针。在 for 语句中 ps 被赋予 stud1 的首地址,然后循环 3 次,输出 stud1 数组中各成员值。

说明：

(1) 如果 ps 的初值为 stud1,即指向第一个元素,则 ps 加 1 后 ps 就指向下一个元素。例如：

(++ ps) -> num   先使 ps 自加 1,然后得到它指向的元素中的 num 成员值(即 102)

(ps ++) -> num   先得到 ps -> num 的值(即 101),然后使 ps 自加 1,指向 stud1[1]

(2) 程序已定义了 ps 是一个指向 struct stu 类型数据的指针变量,它用来指向一个 struct stu 类型的数据,不应用来指向 stud1 数组元素中的某一成员。也就是说,不允许取一个成员的地址来赋予它。例如：

ps = &stud1[1].num;

是错误的。只能是

ps = stud1;   /* 赋给数组首地址 */

或者是

p1 = &stud1[0];   /* 赋给第 0 号元素首地址 */

9.5 结构体与函数

9.5.1 结构体变量作为函数参数

旧的 C 标准不允许用结构体变量作函数参数,只允许指向结构体变量的指针作函数参数,即传递结构体变量的首地址。新的标准以及许多 C 编译系统都允许用结构体变量作为函数参数,即直接将实参结构体变量的各个成员的值全部传递给形参的结构体变量。当然,实参和形参的结构体变量类型应当完全一致。

【例 9.6】 写出下列程序的执行结果。

```c
#include <stdio.h>
struct data
{
    int a, b, c;
};
void main()
{
    void func(struct data parm);
    struct data arg;
    arg.a = 27;    arg.b = 3;
    arg.c = arg.a + arg.b;
    printf("arg.a = %d arg.b = %d arg.c = %d\n", arg.a, arg.b, arg.c);
    printf("Call Func()....\n");
    func(arg);
    printf("arg.a = %d arg.b = %d arg.c = %d\n", arg.a, arg.b, arg.c);
}
void func(struct data parm)
{
    printf("parm.a = %d parm.b = %d parm.c = %d\n", parm.a, parm.b, parm.c);
    printf("Process...\n");
    parm.a = 18;    parm.b = 5;
    parm.c = parm.a * parm.b;
    printf("parm.a = %d parm.b = %d parm.c = %d\n", parm.a, parm.b, parm.c);
    printf("Return...\n");
}
```

程序运行结果如下：

```
arg.a = 27 arg.b = 3 arg.c = 30
Call Func()....
parm.a = 27 parm.b = 3 parm.c = 30
Process...
parm.a = 18 parm.b = 5 parm.c = 90
Return...
arg.a = 27 arg.b = 3 arg.c = 30
```

本程序定义了一个结构体类型 struct data，它有 a、b、c 共 3 个成员。定义了一个函数 func，它的形参是 struct data 类型。在 main 函数中，定义了结构体 struct data 类型的变量 arg 作为函数 func 的实参。调用函数 func 时，实参中各成员的值都完整地传递给了形参，实行"值传递"。

9.5.2 指向结构体变量的指针作为函数参数

在新的 ANSI C 标准中，允许用结构体变量作为函数参数进行整体传递，但是这种传递 要将全部成员逐个传递，特别是成员为数组时将会使传递的时间和空间开销很大，严重地降 低了程序的效率。因此最好的办法就是使用指针，即用指针变量作为函数参数进行传递。 这时由实参传向形参的只是地址，从而减少了时间和空间的开销。

结构体与共用体

【例 9.7】 将例 9.6 修改为用结构体指针变量作为函数参数。

```c
#include <stdio.h>
struct data
{
    int a, b, c;
};
void main()
{
    void func(struct data * parm);
    struct data arg;
    arg.a = 27;    arg.b = 3;
    arg.c = arg.a + arg.b;
    printf("arg.a = % d arg.b = % d arg.c = % d\n",arg.a,arg.b,arg.c);
    printf("Call Func()...\n");
    func(&arg);
    printf("arg.a = % d arg.b = % d arg.c = % d\n",arg.a,arg.b,arg.c);
}
void func(struct data * parm)
{
    printf("parm -> a = % d parm -> b = % d parm -> c = % d\n",parm -> a,parm -> b,parm -> c);
    printf("Process...\n");
    parm -> a = 18;      parm -> b = 5;
    parm -> c = parm -> a * parm -> b;
    printf("parm -> a = % d parm -> b = % d parm -> c = % d\n",parm -> a,parm -> b,parm -> c);
    printf("Return...\n");
}
```

程序运行结果如下：

```
arg.a = 27 arg.b = 3 arg.c = 30
Call Func()...
parm -> a = 27 parm -> b = 3 parm -> c = 30
Process...
parm -> a = 18 parm -> b = 5 parm -> c = 90
Return...
arg.a = 18 arg.b = 5 arg.c = 90
```

本程序在 main 函数中对 arg 的各成员赋值,然后输出。在调用 func 函数时,用 &arg 作实参,&arg 是结构体变量的地址。在调用 func 函数时将该地址传递给形参 parm,这样 parm 就指向了 arg。在 func 函数中首先输出 parm 所指向的结构体变量的各个成员值,然后为 parm 各成员赋值、输出,在返回 main 函数后,由于为地址传递,所以再输出 arg 的成员值即为在 func 函数中被改变的值。

【例 9.8】 学生的记录由学号和成绩组成,N 名学生的数据已放入结构体数组 s 中。函数 fun 的功能是把指定范围内的学生数据放在 b 所指的数组中,分数范围内的学生人数由函数值返回。

例如,输入的分数是 60、69,则应把分数在 60～69 之间的学生数据进行输出,包含 60 分和 69 分的学生数据,main 函数中将把 60 放在 low 中,把 69 放在 heigh 中。

```
# include < stdio. h >
# define N 16
struct stu
{
 char num[10];                              / * 学生学号 * /
 int score;                                 / * 学生成绩 * /
};
int fun(struct stu * a, struct stu * b, int l, int h)
{
 int k, n = 0;
 for(k = 0; k < N; k++)
 if(a[k]. score > = l&&a[k]. score < = h)
 b[n++] = a[k];                             / * n 用来统计成绩 score 在 l~h 的学生人数 * /
 return n;
}
void main()
{
 struct stu s[N] = {
                     {"GA005",85},{"GA003",76},{"GA002",69},{"GA004",85},
                     {"GA001",96},{"GA007",72},{"GA008",64},{"GA006",87},
                     {"GA015",85},{"GA013",94},{"GA012",64},{"GA014",91},
                     {"GA011",90},{"GA017",64},{"GA018",64},{"GA016",72}};
 struct stu h[N];
 int i, n, low, heigh, t;
 printf("enter 2 integer number low&heigh:");
 scanf(" % d % d", &low, &heigh);
 if(heigh < low)
     {t = heigh; heigh = low; low = t;}
 n = fun(s, h, low, heigh);
 printf("the student's data between % d~ % d:\n", low, heigh);
 for(i = 0; i < n; i++)
 printf(" % s % 4d\n", h[i]. num, h[i]. score);
}
```

程序运行结果如下：

```
enter 2 integer number low&&heigh:60 69 ↙
the student's data between 60~69:
GA002 69
GA008 64
GA012 64
GA017 64
GA018 64
```

函数 fun 的功能是从 a 所指的结构体数组 s 中找出成绩 score 在 l~h 的学生数据放在 b 所指的数组 h 中，这需要用循环变量 k 对 N 个结构体的成绩 score 判断是否在 l 和 h 之间，是则放入 b 数组中，计数器 n 加 1，然后返回 n。最后在 main 函数中，用 for 语句输出成绩 score 在 low~high 范围内的学生数据。

9.5.3 函数的返回值为结构体类型

函数的返回值也可以是结构体类型。

【例 9.9】 写出下列程序的执行结果。

```c
#include <stdio.h>
struct data
{
    int a, b, c;
};
void main()
{
    int i,j;
    struct data input();
    struct data arg[3];
    for(i = 0; i < 3; i++)
    arg[i] = input();
    printf("output data \n");
    for(j = 0; j < 3; j++)
    {
    printf("arg[ % d].a = % d ",j,arg[j].a);
    printf("arg[ % d].b = % d ",j,arg[j].b);
    printf("arg[ % d].c = % d ",j,arg[j].c);
    printf("\n");
    }
}
struct data input()
{
    struct data data1;
    printf("input data\n");
    scanf(" % d % d % d",&data1.a,&data1.b,&data1.c);
    return data1;
}
```

程序运行结果如下：

```
input data
10 20 30 ↙
input data
40 50 60 ↙
input data
70 80 90 ↙
output data
arg[0].a = 10 arg[0].b = 20 arg[0].c = 30
arg[1].a = 40 arg[1].b = 50 arg[1].c = 60
arg[2].a = 70 arg[2].b = 80 arg[2].c = 90
```

函数 input 的功能是输入一个结构体数据，并将输入结构体数据作为返回值，返回给结构体数组 arg 的第 i 个元素，实现第 i 个结构体数组 arg 元素的数据输入，然后把 arg 数组的各个元素输出。

9.6 链　　表

前面章节所讲述的基本数据类型和自定义的数据类型都是静态的数据结构。静态数据结构所占存储空间的大小是在变量说明时确定的，且在程序执行过程中不能改变。如果大批量的数据可以预先确定,而且以后也不再变动,那么采用静态的数据结构是很合适的。往往有些情况很难事先确定数据量的大小,或是数据经常可能会添加和删除,对这类情况就应该采用动态的数据结构。

9.6.1　链表概述

链表是最简单也是最常用的一种动态数据结构。它是对动态获得的内存进行组织的一种结构。我们知道,用数组存放数据时,必须事先定义固定的长度(即数组元素个数)。比如,有的班级有 50 人,而有的班级只有 30 人,如果要用同一个数组先后存放不同班级的学生数据,则必须定义长度为 50 的数组。如果事先难以确定一个班的最多人数,则必须把数组定义得足够大,以能存放任何班级的学生数据。显然这将会浪费内存空间。链表则没有这种缺限,它根据需要开辟内存单元。图 9.5 表示了一种最简单的链表的结构。

图 9.5　简单链表结构

链表有一个头指针变量,图 9.5 中以 head 表示,它存放一个地址。该地址指向一个链表元素。链表中每一个元素称为结点,每个结点都应包括两部分:一是用户需要用的实际数据,二是下一个结点的地址。可以看出,head 指向第一个结点,第一个结点又指向第二个结点,一直到最后一个结点,该结点不再指向其他结点,它称为表尾,它的地址部分放一个NULL(表示"空地址"),链表到此结束。

链表中各结点在内存中的存放位置是可以任意的。如果寻找链表中的某一个结点,必须从链表头指针所指的第一个结点开始,顺序查找。由于此种链表中每个结点只指向下一个结点,所以从链表中任何一个结点(前驱结点)只能找到它后面的那个结点(后继结点),因此这种链表结构称为单向链表。如图 9.6 所示就是一个单向链表。

图 9.6　建立一个链表

链表的结点是结构体变量,它包含若干成员,其中有些成员可以是任何类型,如标准类型、数组类型、结构体类型等;另一些成员是指针类型,是用来存放与之相连的结点的地址。单向链表的结点只包含一个这样的指针成员。

下面是一个单向链表结点的类型说明:

```
struct student
{

long num;
float score;
struct student * next;
};
```

其中成员 num 和 score 用来存放结点中的有用数据,next 是指针类型的成员,它指向struct student 类型数据(这就是 next 所在的结构体类型)。一个指针类型的成员既可以指向其他类型的结构体数据,也可以指向自己所在结构体类型的数据。用这种方法就可以建立链表,如图 9.6 所示。图 9.6 中链表的每一个结点都是 struct student 类型,它的 next 成员存放下一结点的地址。这种在结构体类型的定义中引用类型名定义自己的成员的方法只允许定义指针时使用。

下面通过一个例子来说明如何建立和输出一个简单链表。

【例 9.10】 建立一个如图 9.6 所示的简单链表,它由 3 个学生数据的结点组成。输出各结点中的数据。

```
# include <stdio.h>
struct student
{
long num;
float score;
struct student * next;
};
void main()
{
struct student a,b,c, * head, * p;
head = &a;                              /* 将结点 a 的起始地址赋给头指针 head */
a. num = 10101;a. score = 89.5;a. next = &b;
 /* 对结点 a 的 num 和 score 成员赋值,将结点 b 的起始地址赋给结点 a 的 next 成员 */
b. num = 10103;b. score = 90;b. next = &c;
 /* 对结点 b 的 num 和 score 成员赋值,将结点 c 的起始地址赋给结点 b 的 next 成员 */
c. num = 10107;c. score = 85;c. next = NULL;
/* 对结点 c 的 num 和 score 成员赋值,结点 c 的 next 成员不存放其他结点地址 */
p = head;                               /* 使 p 指针指向结点 a */
while(p! = NULL)
{
 printf(" % ld % 5.2f\n",p->num,p->score);    /* 输出 p 指向的结点的数据 */
 p = p->next;                                  /* 使 p 指向下一结点 */
}
}
```

程序运行结果如下:

```
10101   89.50
10103   90.00
10107   85.00
```

本程序开始时使 head 指向结点 a,a. next 指向结点 b,b. next 指向结点 c,这就构成链表关系。"c. next＝NULL"的作用是使 c. next 不指向任何有用的存储单元。在输出链表时要借助 p,先使 p 指向结点 a,然后输出结点 a 中的数据,"p＝p->next"是为输出下一个结点作准备。p->next 的值是结点 b 的地址,因此执行"p＝p->next"后 p 就指向结点 b,所以在下一次循环时输出的是结点 b 中的数据。

在此例中,链表的每个结点都是在程序中定义的,由系统在内存中分配固定的存储单元。每个结点不是临时开辟的,也不能用完后释放。从这一角度看,这种链表称为"静态链表"。在实际中,使用更广泛的是一种"动态链表"。

9.6.2 处理动态链表所需的函数

前面已经提及,链表结点的存储空间是程序根据需要向系统申请的。C系统的函数库中提供了程序动态申请和释放内存存储块的库函数,下面分别介绍。

1. malloc 函数

malloc 函数原型为:

```
void * malloc(unsigned int size)
```

其作用是在内存的动态存储区中分配一个长度为 size 的连续空间,并将此存储空间的起始地址作为函数值返回。函数值为指针(地址),这个指针是指向 void 类型的,也就是不规定指向任何具体的类型。如果想将这个指针值赋给其他类型的指针变量,应当进行显式的转换(强制类型转换)。例如:

```
malloc(8)
```

用来开辟一个长度为 8 个字节的内存空间,如果系统分配的此段空间的起始地址为81268,则 malloc(8)的函数返回值为81268。如果想把此地址赋给一个指向 long 型的指针变量 p,则应进行以下显示转换:

```
p = (long * )malloc(8);
```

如果内存缺乏足够大的空间进行分配,则 malloc 函数值为“空指针”(NULL)。

2. calloc 函数

calloc 函数原型为:

```
void * calloc(unsigned int n,unsigned int size)
```

其作用是分配 n 个长度为 size 字节的连续空间。例如用 calloc(20,30)可以开辟 20 个(每个长度为 30 字节)的空间,即总长为 600 字节。此函数返回值为该空间的首地址。如果分配不成功,返回 NULL。

3. free 函数

free 函数原型为:

```
void free(void * ptr)
```

其作用是将指针变量 ptr 指向的存储空间释放,即交还给系统,系统可以另行分配作它用。应当强调,ptr 值不能是任意的地址项,而只能是由在程序中执行过的 malloc 或 calloc 函数所返回的地址。如果随便写:free(100)是不行的,系统怎么知道释放多大的存储空间呢?下面这样用是可以的:

```
p = (long * )malloc(18);
…
free(p);
```

free 函数它把原先开辟的 18 个字节的空间释放,free 函数无返回值。

4. realloc 函数

该函数用来使已分配的空间改变大小,即重新分配。其函数原型为:

结构体与共用体

```
void * realloc(void * ptr,unsigned int size)
```

其作用是将 ptr 指向的存储区(是原先用 malloc 函数分配的)的大小改为 size 个字节。可以使原先的分配区扩大也可以缩小。它的函数返回值是一个指针,即新的存储区的首地址。应当指出,新的首地址不一定与原首地址相同,因为为了增加空间,存储区会进行必要的移动。

ANSI C 标准要求动态分配函数返回 void 指针,但目前有的编译所提供的这类函数返回 char 指针。无论以上两种情况的哪一种,都需要用强制类型转换的方法把 void 或 char 指针转换成所需的类型。

ANSI C 标准要求在使用动态分配函数时要用♯include 命令将 stdlib. h 文件包含进来。但在目前使用的一些 C 系统中,用的是 malloc. h 而不是 stdlib. h。在使用时请注意本系统的规定,有的系统则不要求包括任何"头文件"。

9.6.3 链表的基本操作

链表的基本操作包括建立链表、链表结点的插入、删除、输出和查找等。

1. 建立链表

所谓建立链表,是指在程序执行过程中从无到有地建立起一个链表,即一个一个地开辟结点和输入各结点数据,并建立起各结点前后相连的关系。

【例 9.11】 写一函数建立一个有 n 名学生数据的单向链表。

具体实现过程如下:

(1) 首先,定义结构体类型指针变量:

```
struct student * head, * p1, * p2;
```

其中,head 用于指向链表的第一个结点,head 为 NULL 表示链表是空的;p1 用于指向新开辟的结点;p2 用于指向链表的最后一个结点。

(2) 用 malloc 函数开辟一个结点,并使 p1 和 p2 指向它。

```
p1 = p2 = (struct student * ) malloc(LEN);
```

(3) 从键盘读入一个学生的数据给 p1 所指的结点。约定学号不会为零,如果输入的学号为 0,则表示建立链表的过程完成。

```
scanf(" % ld, % f",&p1 -> num,&p1 -> score);
```

(4) 如果输入的 p1—> num 不等于 0,则输入的是第一个结点数据(n=1),令 head=p1,即把 p1 的值赋给 head,也就是使 head 也指向新开辟的结点,p1 所指向的新开辟的结点就成为链表中第一个结点,如图 9.7 所示。

(5) 再开辟一个结点并使 p1 指向它,并输入该结点的数据。

```
p1 = (struct student * )malloc(LEN);
scanf(" % ld, % f",&p1 -> num,&p1 -> score);
```

如果输入的 p1—> num≠0,由于 n≠1,执行 p2—> next=p1,

图 9.7 链表的第一个结点

使第一个结点的 next 成员指向第二个结点,接着使 p2＝p1,也就是使 p2 指向最后一个结点,如图 9.8 所示。

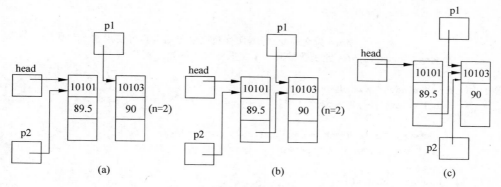

图 9.8　建立链表的第二个结点

（6）重复步骤(5),建立第三个结点,如图 9.9 所示。

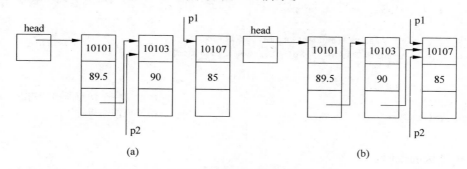

图 9.9　建立链表的第三个结点

重复步骤(5)继续产生新的结点,当新结点输入的数据为：p1－> num＝0,此新结点不被连接到链表中,循环终止。如图 9.10 所示是链表建立过程结束时的情形。

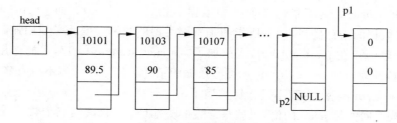

图 9.10　链表创建完成

建立链表的函数 creat 如下：

```
# include < stdio. h>
# include < malloc. h>
# define NULL 0
# define LEN sizeof(struct student)
struct student
```

```
    {
        long num;
        float score;
        struct student * next;
    };
int n;                          /* n 为全局变量,本文件模块中各函数均可使用它 */
struct student * creat()   /* 此函数带回一个指向链表头的指针 */
    {
        struct student * head;
        struct student * p1, * p2;
        n = 0;
        p1 = p2 = (struct student *) malloc(LEN);      /* 开辟一个新单元 */
        scanf(" % ld, % f",&p1 -> num,&p1 -> score);
        head = NULL;
        while(p1 -> num! = 0)
            {
                n = n + 1;
                if(n == 1) head = p1;
                else p2 -> next = p1;
                p2 = p1;
                p1 = (struct student * )malloc(LEN);
                scanf(" % ld, % f",&p1 -> num,&p1 -> score);
            }
    p2 -> next = NULL;
    free(p1);                                          /* 释放最后一个结点所占的内存 */
    return(head);                                      /* 返回链表的头指针 */
}
```

关于函数的说明：

（1）第 3 行为 #define 命令行,令 NULL 代表 0,用它表示"空地址"。第 4 行令 LEN 代表 struct student 结构体类型数据的长度,sizeof 是"求字节数运算符"。

（2）第 12 行定义一个 creat 函数,它是指针类型,即此函数带回一个指针值,它指向一个 struct student 类型数据。实际上 create 函数带回一个链表起始地址。

（3）malloc 带回的是不指向任何类型数据的指针(void *)。而 p1、p2 是指向 struct student 类型数据的指针变量,两者所指的是不同类型的数据。因此必须用强制类型转换的方法使之类型一致,在 malloc(LEN)之前加了"(struct student *)",它的作用是使 malloc 返回的指针转换为指向 struct student 类型数据的指针。注意" * "号不可省略,否则变成转换成 struct student 类型了,而不是指针类型了。

（4）函数返回的是 head 的值,也就是链表的头地址。n 代表结点个数。

（5）这个算法的思路是让 p1 指向新开辟的接点,p2 指向链表中最后一个结点,把 p1 所指的结点连接在 p2 所指的结点后面,用"p2-> next=p1"来实现。

2. 输出链表

将链表中各结点的数据依次输出。首先要知道链表第一个结点的地址,也就是要知道 head 的值。然后设一个指针变量 p,先指向第一个结点,输出 p 所指的结点,然后使 p 后移一个结点,再输出,直到链表的尾结点。

输出链表的函数 print 如下：

```
void print(struct student * head)
{
    struct student * p;
    printf("\nNow,These % d records are:\n",n);
    p = head;
    if(head! = NULL)
      do
        {
          printf(" % ld  % 5.1f\n",p->num,p->score);
          p = p->next;
        }while(p! = NULL);
    }
```

p 首先指向第一个结点,在输出完第一个结点之后,将 p 原来所指向的结点中的 next 值赋给 p(即 p=p->next),而 p->next 的值就是下一个结点的起始地址。将它赋给 p 就是 p 指向下一个结点。

head 的值由实参传过来也就是将已有的链表的头指针传给被调用的函数,在 print 函数中从 head 所指的第一个结点出发,顺序输出各个结点。

3. 链表的插入操作

对链表的插入是指将一个结点插入到已有的链表中。

仍以 9.11 为例,若已有一个学生链表,各结点是按其成员 num 的值由小到大顺序排列的,今要插入一个新的结点,要求按学号的顺序插入。该任务可以分解成两个步骤:

(1)找到插入点。

(2)插入结点。

具体实现过程如下:

(1)先用指针变量 p0 指向待插入的结点,p1 指向第一个结点,如图 9.11 所示。

图 9.11　p1 指向第一个结点

(2)将 p0->num 与 p1->num 相比较,如果 p0->num>p1->num,则将 p1 后移,并使 p2 指向刚才 p1 所指的结点,如图 9.12 所示。

图 9.12　p1 指向第二个结点

结构体与共用体

（3）再将 p1->num 与 p0->num 比，如果仍然是 p0->num 大，则应使 p1 继续后移，直到 p0->num≤p1->num 为止。这时将 p0 所指的结点插到 p1 所指结点之前。

（4）可在以下几种不同情况下插入：

① 若原表是空表，只需使 head 指向被插结点即可。

② 如果插入的位置既不在第一个结点之前，又不在表尾结点之后，如图 9.13 所示，则

```
p2 -> next = p0           /* 使 p2 -> next 指向待插入的结点 */
p0 -> next = p1           /* 使得 p0 -> next 指向 p1 指向的变量 */
```

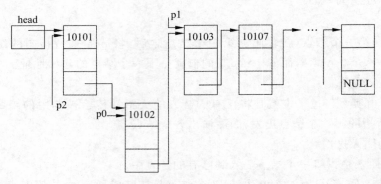

图 9.13　在中间插入结点

③ 如果插入位置为第一个结点之前，如图 9.14 所示，则

```
head = p0 ;   p0 -> next = p1;
```

④ 如果要插到表尾之后，则

```
p1 -> next = p0;   p0 -> next = NULL;
```

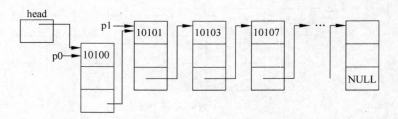

图 9.14　在最前面插入结点

插入结点的函数 insert 如下：

```
 struct student * insert(struct student * head, struct student * stud)
{
   struct student * p0, * p1, * p2;
   p1 = head;                          /* p1 指向第一个结点 */
   p0 = stud;                          /* p0 指向要插入的结点 */
   if(head == NULL)                    /* 原来是空表 */
   {head = p0;p0 -> next = NULL;}      /* 使 p0 指向的结点作为链表第一个结点 */
   else
```

```
            {
        while((p0 - > num > p1 - > num)&&(p1 - > next! = NULL))
        { p2 = p1;p1 = p1 - > next;}              /* 使 p2 指向刚才 p1 指向的结点,p1 后移一个结点 */
            if(p0 - > num < = p1 - > num)
                {
                if(head = = p1)    head = p0; /* 作为表头 */
                else   p2 - > next = p0;        /* 插到 p2 指向的结点之后 */
                p0 - > next = p1;
                }
            else
                { p1 - > next = p0;p0 - > next = NULL;}        /* 插到最后的结点之后 */
        }
    n = n + 1;                                    /* 结点数加 1 */
    return(head);
}
```

insert 函数参数是两个结构体类型指针变量 head 和 stud,从实参传来待插入结点的地址传给 stud,语句 p0＝stud 的作用是使 p0 指向待插入结点。函数类型是指针类型,函数返回值是链表起始地址 head。

4. 链表的删除操作

从一个链表中删去一个结点,只要改变链接关系即可,即修改结点指针成员的值。

具体实现过程如下:

(1) 可设两个指针变量 p1 和 p2,先使 p1 指向第一个结点,即

p1 = head;

如果要删除的不是第一个结点,则将 p1 的值赋给 p2,然后让 p1 指向下一个结点,即

p2 = p1;   p1 = p1 - > next;

如此一次一次地使 p1 和 p2 后移,直到找到要删除的结点或检查完全部链表都找不到要删除的结点为止。

(2) 如果找到了删除结点,删除一个结点的操作分以下两种情况:

① 被删除结点是第一个结点。这种情况只需使 head 指向第二个结点即可。即 head＝p1－>next,如图 9.15 所示。

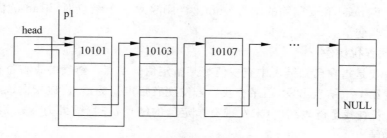

图 9.15　删除第一结点

② 被删结点不是第一个结点,这种情况使被删结点的前一结点指向被删结点的后一结点即可,即 p2－>next＝p1－>next,如图 9.16 所示。

图 9.16 删除后面的结点

仍以 9.11 为例,删除学号为 num 结点的函数 delete 如下:

```
struct student * delete( struct student * head, long num)
{
    struct student * p1, * p2;
    if( head == NULL)
        { printf("\nlist null!\n");   goto end;}     /* 链表为空 */
    p1 = head;                                        /* 从头结点开始查找 */
    while(num! = p1 -  > num && p1 - > next! = NULL)
                                    /* p1 指向的不是所要找的结点,并且没有到表尾 */
        {p2 = p1; p1 = p1 - > next;}      /* p1 后移一个结点 */
    if (num == p1 - > num)                /* 找到了需删除的结点 */
        {
          if(p1 == head)                  /* p1 指向的是头结点 */
              head = p1 - > next;         /* 第二个结点成为新的头结点 */
          else
              p2 - > next = p1 - > next;  /* 下一结点的地址赋给前一结点 */
          printf("delete: % ld\n",num);
          free(p1);                       /* 释放结点所占的内存 */
          n = n - 1;                      /* 链表结点数减 1 */
        }
    else
        printf(" % ld not been found!\n",num);   /* 找不到删除结点 */
      end:   return(head);
}
```

delete 函数的类型是指向 struct student 类型数据的指针,它的返回值是链表的头指针。函数参数为 head 和要删除的学号 num。当删除第一个结点时,head 的值可能在函数执行过程中被改变。

5. 链表的查找操作

链表的查找是指在已知链表中查找值为某指定值的结点。链表的查找过程是从链表的头指针所指的第一个结点出发,顺序查找。若发现有指定值的结点,以指向该结点的指针值为查找结果;若查找至链表结尾,未发现有指定值的结点,查找结果为 NULL,表示链表中没有指定值的结点。

查找一个结点的函数 find 如下:

```
struct student * find( struct student * head,long num)
{
    struct student * p1, * p2;
```

```
    if(head == NULL)
        { printf("\nlist null!\n");goto end;}
    p1 = head;
    while(num! = p1 -> num && p1! = NULL)
        { p2 = p1;p1 = p1 -> next;}
    if(p1! = NULL)
        printf("find: % ld % 5.2f\n",num, p1 -> score);
    else
        printf(" % ld not been found!\n",num);
end: return(head);
}
```

find 函数的类型是指向 struct student 类型数据的指针,其返回值是链表的头指针,函数参数为 head 和要查找的学号 num。

6. 对链表的综合操作

【例 9.12】 N 名学生的成绩已在 main 函数中放入一个链表结构中,h 指向链表的头结点。函数 fun 的功能是找出学生的最低分,由函数值返回。

```
# include < stdio.h >
# include < stdlib.h >
# define N 8
# define LEN sizeof(struct slist)
struct slist
 {
     double s;
     struct slist * next;
 };
double fun(struct slist * h)          / * 找出学生的最低分 * /
{
double min = h -> s;
while(h! = NULL)
{
 if(min > h -> s)    min = h -> s;
 h = h -> next;
}
return min;
}
struct slist * creat(double * s)          / * 建立链表 * /
{
struct slist * h, * p, * q;
int i;
h = NULL;
for(i = 0;i < N;i++)
{
q = (struct slist * )malloc(LEN);
q -> s = s[i];
q -> next = NULL;
if(h == NULL) h = p = q;
else
  {p -> next = q;p = q;}
```

```
    }
    return h;                          /* 返回链表的首地址 */
    }
    void outlist(struct slist * h)     /* 输出链表 */
    {
    struct slist * p;
    p = h;
    printf("head");
    do
    {
    printf("->%2.0f",p->s);
    p = p->next;
    }while(p! = NULL);
    printf("\n");
    }
    void main()
    {
    struct slist * h;
    double s[N] = {56,89,76,95,91,68,75,85},min;
    h = creat(s);
    outlist(h);
    min = fun(h);
    printf("min = %6.1f\n",min);
    }
```

程序运行结果如下：

```
head->56->89->76->95->91->68->75->85
min =   56.0
```

creat 函数的作用是建立链表，依次将 main 函数中数组 s 的各元素值赋给链表中的每个结点的成员 s。outlist 函数的作用的输出链表中各结点的成员 s，先设一个指针变量 p 指向第一个结点，输出 p 所指的结点，然后使 p 后移一个结点，再输出，直到链表的尾结点。

fun 函数的作用是找出学生的最低分，根据题意可知，h 是一个指向结构体的指针变量，若要引用它所指向的结构体中的某一成员时，需用指向运算符"->"。由于是链表，因此要使 h 逐个往后移动，所以要使用语句 h＝h->next 来实现。

9.7 共 用 体

共用体是有别于以前任何一种数据类型的特殊数据类型，它是多个成员的一个组合体，但与结构体不同，共用体的成员被分配在同一段内存空间中，它们的起始地址相同，使得同一段内存由不同变量共享。共同使用这段内存的变量既可以具有相同的数据类型，也可以具有不同的数据类型。

9.7.1 共用体类型与共用体变量

共用体类型的定义形式与结构体类型的定义形式相同，只是其类型关键字不同，共用体的关键字为 union。一般形式为：

```
union  共用体名
{
  成员表列
};
```

例如：

```
union data
{
  int i;
  char ch;
  float f;
};
```

同定义结构体变量一样，定义共用体变量也有 3 种方式：

（1）先定义共用体类型，再定义共用体变量。

例如：

```
union data
{
  int i;
  char ch;
  float f;
};
union data a,b,c;
```

该方式先定义共用体类型 union data，然后定义了 a、b、c 3 个共用体变量。

（2）在定义共用体类型的同时定义共用体变量。

例如：

```
union data
{
   int i;
  char ch;
  float f;
}a,b,c;
```

（3）直接定义共用体类型变量。

例如：

```
union
{
  short i;
  char ch;
  float f;
}a,b,c;
```

说明：

（1）结构体变量和共用体变量所占内存的长度是不同的，结构体变量所占内存长度是各成员的内存长度之和，每个成员分别占有自己的内存单元。共用体变量所占的内存的长度等于最长的成员的长度。例如,上面定义的共用体变量 a、b、c 各占 4 个字节(因为一个实型变量占 4 个字节)。

（2）共用体变量中的各个成员共占内存中同一段空间,如图 9.17 所示,i、ch、f 都从同一地址开始存储,所以共用体中的空间在某一时刻只能保持某一成员的数据,即向其中一个成员赋值的时候,共用体中其他成员的值也会随之发生改变。

图 9.17　内存空间示意

9.7.2　共用体变量的引用

在定义共用体变量之后,就可以引用该共用体变量的某个成员,引用方式与引用结构体变量中的成员相似。例如,引用上一节所定义的共用体变量 a 的成员:

```
a.i,
a.ch,
a.f
```

也可以通过指针变量引用共用体变量中的成员,例如:

```
union data  * pt,x;
pt = &x;
pt -> i = 278;
pt -> ch = 'D';
pt -> f = 5.78;
```

pt 是指向 union data 类型变量的指针变量,先使它指向共用体变量 x。此时 pt->i 相当于 x.i,这和结构体变量中的用法相似。不能直接用共用体变量名进行输入输出。

说明:

（1）共用体变量中起作用的成员是最后一次存放的成员,在存入一个新的成员后原有的成员就失去作用,即共用体变量中的值是最后一次存放的成员的值。例如有以下赋值语句:

```
a.i = 278, a.ch = 'D', a.f = 5.78;
```

在完成以上 3 个赋值运算以后,只有 a.f 是有效的,a.i 和 a.ch 已经无意义了。此时用 "printf("%d",a.i);"是不行的,而用"printf("%f"a.f);"是可以的。因为最后一次的赋值是向 a.f 赋值。因此在引用共用体变量时应十分注意当前存放在共用体变量中的究竟是哪个成员。

（2）可以对共用体变量进行初始化,但在大括号中只能给出第一个成员的初值。例如下面的说明是正确的:

```
 union memo
{
  char ch;
  int i;
  float x;
}y1 = {'a'};
```

新的 ANSI C 标准允许在两个同类型的共用体变量之间赋值,如果 a 和 b 均已定义为上面已定义的 union data 类型,则执行"b＝a;"后,b 的内容与 a 完全相同。

【例 9.13】 写出下列程序的执行结果。

```
# include <stdio.h>
union exx
{
    int a,b;
    struct
        {int c,d;}lpp;
}e={10};
void main()
{
 e.b=e.a+20;
 e.lpp.c=e.a+e.b;
 e.lpp.d=e.a*e.b;
 printf("%d,%d\n",e.lpp.c,e.lpp.d);
}
```

程序运行结果如下：

60,3600

9.7.3 共用体变量的应用

从前面的介绍可知,共用体虽然可以有多个成员,但在某一时刻,只能使用其中的一个成员。共用体一般不单独使用,通常作为结构体的成员,这样结构体可根据不同情况放不同类型的数据。

【例 9.14】 设有若干个人员的数据,其中有学生和教师。学生的数据中包括姓名、性别、年龄、职业、班级。教师的数据包括姓名、性别、年龄、职业、职务。可以看出,学生和教师所包含的数据是不同的,现要求把它们放在同一个表格中,如图 9.18 所示。

name(姓名)	sex(性别)	age(年龄)	job(职业)	class(班) position(职务)		
Li	F	20	s	501		
Wang	M	38	t	prof		

图 9.18 将学生和教师数据放在同一个表格中

算法思路：如果 job 项为 s(学生),则第 5 项为 class(班),即 Li 是 501 班的；如果 job 项为 t(教师),则第 5 项为 position(职务),即 Wang 是 prof(教授)。显然对第 5 项可以用共用体来处理(将 class 和 position 放在同一段内存中)。

```
# include <stdio.h>
struct
    {
    char name[10];
    char sex;
    int age;
    char job;
    union
```

```
        {
            int banji;
            char position[10];
        }category;
    }person[2];                          /* 先设人数为 2 */
void main()
{
int i;
for(i = 0;i < 2;i++)
{
scanf(" % s % c % d % c", person[i].name,&person[i].sex, &person[i].age,
&person[i].job);
if(person[i].job == 's')
scanf(" % d", &person[i].category.banji);
else if(person[i].job == 't')
scanf(" % s", person[i].category.position);
else printf("Input error!");
}
printf("\n");
printf(" name    sex   age   job    class/position\n");
for(i = 0;i < 2;i++)
{
if (person[i].job == 's')
printf(" % − 8s % − 6c % − 6d % − 6c % − 6d\n", person[i].name, person[i].sex,person[i].age,
 person[i].job,person[i].category.banji);
else printf(" % − 8s % − 6c % − 6d % − 6c % − 6s\n", person[i].name,person[i].sex,
person[i].age, person[i].job,   person[i].category.position);
}
}
```

程序运行结果如下：

```
Li F 20 s 501 ↙
Wang M 38 t prof ↙


name    sex    age    job    calss/position
Li      F      20     s      501
Wang    M      38     t      prof
```

本程序用一个结构体数组 person 来存放人员数据,该结构体共有 5 个成员,其中成员项 category 是一个共用体类型,这个共用体由两个成员组成:一个为整型量 banji,一个为字符数组 position。在程序的第一个 for 语句中,输入人员的各项数据,先输入结构体的前 4 个成员 name、sex、age 和 job,然后判断 job 成员项,如为's',则对共用体的 category.banji 输入,否则对 category.position 输入。程序的第二个 for 语句中,根据 job 的值列表输出。

9.8 枚 举 类 型

在实际问题中,有些量的取值被限定在一个有限的范围内,例如,一个星期内只有 7 天,一年只有 12 个月等。把这些量说明为整型、字符型或其他类型是不妥当的。为此,C 语言提供了一种称为"枚举"的类型。在"枚举"类型的定义中——列举出所有可能的取值,枚举型量的取值不能超过它定义的范围。

枚举类型定义的一般形式为:

enum 枚举类型名{枚举值列表};

在枚举值列表中列出所有可用值,这些值称为枚举元素。例如:

enum weekday{sun,mon,tue,wed,thu,fri,sat};

定义了一个枚举类型 enum weekday,可以用此类型来定义变量。例如:

enum weekday day1,day2;

变量 day1 和 day2 被定义为枚举变量,它们的值只能是 sun 到 sat 之一。例如下面的赋值合法:

day1 = sun;
day2 = mon;

当然,也可以直接定义枚举变量,例如:

enum {sun,mon,tue,wed,thu,fri,sat}day1,day2;

针对枚举类型有几点说明:

(1) enum 是关键字,标识枚举类型,定义枚举类型必须以 enum 开头。

(2) 在定义枚举类型时大括号中的名字称为枚举元素或枚举常量。它们是程序设计者自己指定的,定名规则与标识符相同。这些名字并无固定的含义,只是一个符号,程序设计者仅仅是为了提高程序的可读性才使用这些名字。

(3) 枚举元素是常量,不是变量,不能在程序中用赋值语句再对它赋值。例如:

sun = 8;mon = 9;

是错误的。

但枚举元素作为常量,它们是有值的。从大括号的第一个元素开始,值分别是 0,1,2,3,…,这是系统自动赋给的,可以输出。例如"printf("%d",mon);"输出的值是 1。但是定义枚举类型时不能写成"enum weekday{0,1,2,3,4,5,6};",必须用符号 sun、mon 或其他标识符定义。

也可以改变枚举元素的值,在定义时由程序员指定,例如:

enum weekday{sun = 3,mon,tue,wed,thu,fri = 1,sat};

此时,sun 为 3,mon 为 4,tue 为 5,wed 为 6,thu 为 7,sat 为 2。因为 mon 在 sun 之后,sun 为 3,mon 顺序加一,同理 sat 为 2。

(4) 枚举常量可以进行比较。例如:

if (day1 == mon) printf("mon");
if (day1! = sun) printf("it is not sun!");
if (day1 > tue) printf("it is wed!");

结构体与共用体

它们是按所代表的整数进行比较的。

（5）一个枚举变量的值只能是这几个枚举常量之一，可以将枚举常量赋给一个枚举变量，但不能将一个整数赋给它。例如：

```
day1 = sun;                              /*正确*/
day1 = 8;                                /*错误*/
```

（6）枚举常量不是字符串，不能用下面的方法输出字符串"mon"：

```
printf("%s",mon);
```

可以这样输出：

```
day1 = mon;
if (day1 == mon) printf("mon");
```

【例9.15】 根据输入星期几，计算出下一天的日期。

```
#include <stdio.h>
#include <string.h>
enum day{sun,mon,tue,wed,thu,fri,sat};        /*定义枚举类型*/
enum day tomorrow(enum day dd)                 /*计算明天日期的函数*/
{
enum day nd;
switch(dd)
{
  case sun:nd = mon;break;
  case mon:nd = tue;break;
  case tue:nd = wed;break;
  case wed:nd = thu;break;
  case thu:nd = fri;break;
  case fri:nd = sat;break;
  case sat:nd = sun;break;
}
return(nd);
}
void main()
{
enum day x,y;
char str[5];
printf("please input current date:");
scanf("%s",str);
if(strcmp(str,"sun") == 0)
    x = sun;
else if(strcmp(str,"mon") == 0)
    x = mon;
else if(strcmp(str,"tue") == 0)
    x = tue;
else if(strcmp(str,"wed") == 0)
    x = wed;
```

```
        else if(strcmp(str,"thu") == 0)
            x = thu;
        else if(strcmp(str,"fri") == 0)
            x = fri;
        else if(strcmp(str,"sat") == 0)
            x = sat;
    y = tomorrow(x);
    switch(y)
    {
     case sun:printf("tomorrow is sun\n");break;
     case mon:printf("tomorrow is mon\n");break;
     case tue:printf("tomorrow is tue\n");break;
     case wed:printf("tomorrow is wed\n");break;
     case thu:printf("tomorrow is thu\n");break;
     case fri:printf("tomorrow is fri\n");break;
     case sat:printf("tomorrow is sat\n");break;
    }
    }
```

程序运行结果如下：

```
please input current date:thu ↙
tomorrow is fri
```

9.9 用 typedef 定义类型

除了可以直接使用 C 提供的标准类型名（如 int、char、float、double、long 等）和自己定义的结构体、共用体、指针、枚举类型外，还可以用 typedef 定义新的类型名来代替已有的类型名。

1. 简单的名字替换

例如：

```
typedef int INTEGER;
```

意思是将 int 型定义为 INTEGER，这两者等价，在程序中就可以用 INTEGER 作为类型名来定义变量了。例如：

```
INTEGER x,y;
```

相当于

```
int x, y;
```

2. 定义一个类型名代表一个结构体类型

例如：

```
typedef struct
{
    long num;
```

```
        char name [20 ];
        float score;
    }STUDENT;
```

定义了新类型名 STUDENT,它代表上面指定的一个结构体类型。然后就可以用 STUDENT 定义变量:

```
STUDENT student1,student2, * p;
```

上面定义了两个结构体变量 student1、student2 以及一个指向该类型的指针变量 p。

3. 定义数组类型

例如:

```
typedef int COUNT[20];
COUNT a,b;                                    / * 完全等效于 int a[20],b[20]/; * /
```

定义 COUNT 为整型数组类型,a 和 b 为 COUNT 类型的整型数组。

4. 定义指针类型

例如:

```
typedef char * STRING;
STRING p1,p2,p[10];
```

定义 STRING 为字符指针类型,p1,p2 为字符指针变量,p 为字符指针数组。

归纳起来,用 typedef 定义一个新类型名的方法如下:

(1) 先按定义变量的方法写出定义体(如 char a[20];)。

(2) 将变量名换成新类型名(如 char NAME[20];)。

(3) 在最前面加上 typedef(如 typedef char NAME[20];)。

(4) 然后可以用新类型名去定义变量(如 NAME c,d;)。

习惯上把用 typedef 定义的类型名用大写字母表示,以便与系统提供的标准类型标识符相区别。

说明:

(1) 用 typedef 可以定义各种类型名,但不能用来定义变量。

(2) 用 typedef 只是对已经存在的类型增加一个类型名(别名),而没有创造新的类型。

(3) typedef 与♯define 有相似之处,例如:

```
typedef int COUNT;
```

和

```
♯ define COUNT int
```

的作用都是用 COUNT 代表 int。但事实上,它们二者是不同的:宏定义是由预处理完成的,它只能做简单的字符串替换,而 typedef 则是在编译时完成的,后者更为灵活方便。

(4) 当不同源文件中用到同一类型数据时,常用 typedef 定义一些数据类型,把它们单独放在一个文件中,然后在需要用到它们的文件中用♯include 命令把它们包括进来。

(5) 使用 typedef 有利于程序的通用与移植。自定义类型 typedef 向用户提供了一种自定义类型说明符的手段,既照顾了用户编程使用词汇的习惯,又增加了程序的可读性。

习 题 9

9.1 若有定义：

```
struct num
{int a;int b;float f;}n = {1,3,5.0};
struct num * pn = &n;
```

则表达式 pn—> b/n. a * ＋＋pn—> b 的值是_____，表达式（ * pn）. a＋pn—> f 的值是_____。

9.2 下列程序的运行结果是_____。

```
# include "stdio. h"
# include "string. h"
struct A
{   int a;char b[10];double c;};
void f(struct A * t);
main ()
{struct A a = {1001,"ZhangDa",1098.0};
f(&a);printf(" % d, % s, % 6.1f\n",a.a,a.b,a.c);
}
void f(struct A * t)
{strcpy(t - > b,"ChangRong");}
```

9.3 在 16 位 PC 上使用 C 语言,若有以下定义：

```
union data
{int i;
char ch;
double f;}b;
```

则共用体变量 b 占用的字节数是_____。

9.4 下列程序的运行结果是_____。

```
# include "stdio. h"
void main()
{union{int a[2];
long b;
char c[4];
}s;
s.a[0] = 0x39;
s.a[1] = 0x38;
printf(" % ld,",s.b);
printf(" % c\n",s.c[0]);}
```

9.5 以下程序中函数 fun 的功能是：统计 person 所指结构体数组中所有性别（sex）为 M 的记录个数,存入变量 n 中,并作为函数返回值。请填空。

```
# include "stdio. h"
# define N 3
```

结构体与共用体

```
typedef struct
{int num;char nam[10];char sex;}SS;
int fun(SS person[])
{int i,n = 0;
for (i = 0;i < N;i++)
if(_____ == 'M')n++;
return n;}
void main()
{SS w[N] = {{1,"AA",'F'},{2,"BB",'M'},{3,"CC",'M'}};int n;
n = fun(w);printf("n = % d\n",n);
}
```

9.6　以下程序把 3 个 NODETYPE 型的变量链接成一个简单的链表,并在 while 循环中输出链表结点数据域中的数据。请填空。

```
# include "stdio.h"
struct node
{int data;struct node * next;};
typedef struct node NODETYPE;
void main()
{ NODETYPE a,b,c, * h, * p;
a.data = 10;b.data = 20;c.data = 30;h = &a;
a.next = &b;b.next = &c;c.next = '\0';
p = h;
while(p){printf(" % d",p->data);_____;}
printf("\n");}
```

9.7　函数 min() 的功能是:在带头结点的单链表中查找数据域中值最小的结点。请填空。

```
# include "stdio.h"
struct node
{int data;struct node * next;};
it min(struct node * first)
{ struct node * p; int m;
p = first->next;m = p->data;p = p->next;
for(;p! = NULL;p = _____)
    if(p->data < m)m = p->data;
return m;}
```

9.8　编程实现输入 5 个学生的学号、计算机的期中和期末成绩,然后计算其平均成绩并输出成绩表。

第10章　文　件

10.1　文　件　概　述

所谓"文件"是指一组驻留在外部介质(如磁盘等)上的相关数据的有序集合。每个文件都有一个文件名,操作系统通过文件名实现对文件的存取操作。从不同的角度可对文件做不同的分类。从用户的角度看,文件可分为普通文件和设备文件两种。

普通文件是指驻留在磁盘或其他外部介质上的一个有序数据集,可以是源文件、目标文件、可执行程序;也可以是一组待输入处理的原始数据,或者是一组输出的结果。对于源文件、目标文件、可执行程序可以称作程序文件,对输入输出数据可称作数据文件。

设备文件是指与主机相连的各种外部设备,如显示器、打印机、键盘等。在操作系统中,把外部设备也看作是一个文件来进行管理,把它们的输入、输出等同于对磁盘文件的读和写。通常把显示器定义为标准输出文件,一般情况下在屏幕上显示有关信息就是向标准输出文件输出。键盘通常被指定标准的输入文件,从键盘上输入就意味着从标准输入文件中输入数据。

10.1.1　数据文件

按文件的存储形式,数据文件可分为文本文件和二进制文件两种。

文本文件也称 ASCII 码文件,这种文件在磁盘中存放时每个字符对应一个字节,用于存放字符的 ASCII 码。例如,一个 int 类型的整数-1234,在内存中以二进制形式存放,要占 2 个字节,而在文本文件中,它是按书写形式存放的,要占 5 个字节。若要将该数写入文本文件,首先要将内存中 2 个字节的二进制数转换成 5 个字节的 ASCII 码;若要将该书从文本文件读进内存,首先要将这 5 个字符转换成 2 个字节的二进制数。

文本文件的优点是可以直接阅读,而且 ASCII 码标准统一,文件易于移植,其缺点是输入输出都要进行转换,效率低。

二进制文件是按二进制的编码方式来存放文件的。例如,一个 double 类型的常数 2.0 在内存中及文件中均占 8 个字节。二进制文件也可以看成是有序字符序列,在二进制文件中可以处理包括各种控制字符在内的所有字符。

一般地,二进制文件节省存储空间,在输入输出时不需要进行二进制与字符代码的转换,因为输入输出速度快。

输入输出字符流的开始和结束只由程序控制而不受物理符号(如回车符)的控制。因此也把这种文件称作"流式文件"。

本章讨论流式文件的打开、关闭、读、写、定位等各种操作。

10.1.2 文件的存取方式

程序运行所需要的数据已经以文件的形式保存在外部介质上，程序运行时，就可以从外部文件输入数据，而不必从键盘输入，这一过程称为"读"文件或者"取"文件；程序运行的结果页可以保存在外部介质上，这一过程成为"写"或者"存"文件。因此"写"文件是创建文件的过程，"读"文件则是使用文件的过程，而且统称"文件存取"。

C语言中，文件的存取方式有两种：一种是顺序存取，另一种是随机存取。顺序存取是指只能依据先后次序存取文件中的数据；随机存取也称直接存取，可以直接存取文件中指定的数据。

10.1.3 文件指针类型

在标准文件系统中，每个被使用的文件都在内存中开辟一个缓冲区，可以用来存放文件的名字、状态及文件当前位置等信息。而这些信息保存在一个具有 FILE 类型的结构体变量中，用户可以直接使用它。FILE 在 stdio.h 中被定义为如下形式：

```
typedef    struct
  { short level;
    unsigned   flags;
    char   fd;
    unsigned  char   hold;
    short  bsize;
    unsigned  char  * buffer;
    unsigned  char  * curp;
}FILE;
```

利用 FILE 类型，可以定义文件类型的变量即文件类型的指针变量，通过文件指针就可对它所指的文件进行各种操作。

定义文件指针的一般形式为：

```
FILE * 指针变量标识符；
```

例如：

```
FILE * fp;
```

表示 fp 是指向 FILE 结构体类型的指针变量，使用 fp 可以存放一个文件信息，利用这些信息进行对文件的各项操作。

10.1.4 文件操作的步骤

C语言本身并不提供文件操作的语句，而是由 C 语言编译系统以标准库函数的形式提供对文件操作的支持。所有与文件操作有关的库函数都保存在头文件 stdio.h 中。

文件的创建和使用都需要由程序完成。一般要经过以下3个步骤：

（1）打开文件。用标准库函数 fopen 打开文件。

（2）文件读写。用文件输入输出函数对文件进行读写。

（3）关闭文件。文件读写完毕，用标准库函数 fclose 将文件关闭，把数据真正写入磁盘，释放文件指针。

10.2　文件的打开与关闭

　　文件在进行读写操作之前要先打开,使用完毕后要关闭。所谓打开文件,实际上是建立文件的各种有关信息,并使文件指针指向该文件,以便进行其他操作。关闭文件则断开指针与文件之间的联系,也就禁止再对该文件进行操作。

　　在 C 语言中,文件操作都是由库函数来完成的。在本章将介绍主要的文件操作函数。

10.2.1　文件的打开(fopen 函数)

　　fopen 函数用来打开一个文件,其调用的一般形式为:

　　文件指针名 = fopen(文件名,使用文件方式);

其中:

- "文件指针名"必须是被说明为 FILE 类型的指针变量。
- "文件名"是被打开文件的文件名。
- "使用文件方式"是指文件的类型和操作要求。
- "文件名"是字符串常量或字符串数组。

例如:

```
FILE * fp;
fp = fopen("file1","r");
```

其意义是在当前目录下打开文件 file1,只允许进行"读"操作,并使 fp 指向该文件。又如:

```
FILE * fp2;
fp2 = ("d:\\data","rb");
```

其意义是打开 C 驱动器磁盘的根目录下的文件 data,这是一个二进制文件,只允许按二进制方式进行读操作。两个反斜线"\\"中的第一个表示转义字符,第二个表示根目录。

　　使用文件的方式共有 12 种,表 10.1 给出了它们的符号和意义。

表 10.1　文件使用方式

文件使用方式	意　　义
rt	只读打开一个文本文件,只允许读数据
wt	只写打开或建立一个文本文件,只允许写数据
at	追加打开一个文本文件,并在文件末尾写数据
rb	只读打开一个二进制文件,只允许读数据
wb	只写打开或建立一个二进制文件,只允许写数据
ab	追加打开一个二进制文件,并在文件末尾写数据
rt＋	读写打开一个文本文件,允许读和写
wt＋	读写打开或建立一个文本文件,允许读写
at＋	读写打开一个文本文件,允许读,或在文件末追加数据
rb＋	读写打开一个二进制文件,允许读和写
wb＋	读写打开或建立一个二进制文件,允许读和写
ab＋	读写打开一个二进制文件,允许读,或在文件末追加数据

对于文件使用方式有以下几点说明：

(1) 文件使用方式由 r、w、a、t、b 和＋6 个字符拼成，各字符的含义是：

- r(read)——读。
- w(write)——写。
- a(append)——追加。
- t(text)——文本文件，可省略不写。
- b(banary)——二进制文件。
- ＋——读和写。

(2) 当用 r 打开一个文件时，该文件必须已经存在，且只能从该文件读出。打开文件时，文件指针指向文件开始处，表示从此处读数据，读完一个数据后，指针自动后移。

(3) 用 w 打开的文件，只能向该文件写入。若打开的文件不存在，则以指定的文件名建立该文件，若打开的文件已经存在，则将该文件删去，重建一个新文件。

(4) 若要向一个已存在的文件追加新的信息，只能用 a 方式打开文件。但此时该文件必须是存在的，否则将会出错。

(5) 在打开一个文件时，如果出错，fopen 将返回一个空指针值 NULL。在程序中可以用这一信息来判别是否完成打开文件的工作，并作相应的处理。因此常用以下程序段打开文件：

```
if((fp = fopen("d:\\data ","rb")) == NULL)
    {
    printf("\nerror on open d:\data file!");
    getch();
    exit(1);
    }
```

这段程序的意义是，如果返回的指针为空，表示不能打开 D 盘根目录下的 data 文件，则给出提示信息"error on open d:\data file!"，下一行 getch()的功能是从键盘输入一个字符，但不在屏幕上显示。在这里，该行的作用是等待，只有当用户从键盘敲击任一按键时，程序才继续执行，因此用户可利用这个等待时间阅读出错提示。击键后执行 exit(1)退出程序。

(6) 把一个文本文件读入内存时，要将 ASCII 码转换成二进制码，而把文件以文本方式写入磁盘时，也要把二进制码转换成 ASCII 码，因此文本文件的读写要花费较多的转换时间。对二进制文件的读写不存在这种转换。

(7) 标准输入文件(键盘)、标准输出文件(显示器)、标准出错输出(出错信息)是由系统打开的，用户可直接使用。

10.2.2 文件的关闭(fclose 函数)

文件一旦使用完毕，应用关闭文件函数把文件关闭，以避免文件的数据丢失等错误。

fclose 函数调用的一般形式是：

fclose(文件指针);

例如：

```
fclose(fp);
```

正常完成关闭文件操作时,fclose 函数返回值为 0。如返回非零值则表示有错误发生。

10.3　文件的读写

对文件的读和写是最常用的文件操作。在 C 语言中提供了多种文件读写的函数,常用的有 fgetc、fputc、fgets、fputs、freed、fwrite、fscanf、fprinf 等。下面分别予以介绍。使用以上函数都要求包含头文件 stdio.h。

10.3.1　字符读写函数 fgetc 和 fputc

字符读写函数是以字符(字节)为单位的读写函数。每次可从文件读出或向文件写入一个字符。

1. 读字符函数——fgetc

fgetc 函数的功能是从指定的文件中读一个字符,读取的文件必须是以读或读写方式打开的。函数调用的形式为:

字符变量 = fgetc(文件指针);

例如:

ch = fgetc(fp);

其意义是从打开的文件 fp 中读取一个字符并送入字符变量 ch 中。

在文件内部有一个位置指针。用来指向文件的当前读写字节。在文件打开时,该指针总是指向文件的第一个字节。使用 fgetc 函数后,该位置指针将向后移动一个字节。因此可连续多次使用 fgetc 函数,读取多个字符。

【例 10.1】　读入文件 text1.c,在屏幕上输出。

```
# include < stdio.h>
void main()
{
  FILE * fp;
  char ch;
  if((fp = fopen("d:\\text1.c","rt")) == NULL)
    {
    printf("\nCannot open file strike any key exit!");
    getch();
    exit(1);
    }
  ch = fgetc(fp);
  while(ch! = EOF)
  {
    putchar(ch);
    ch = fgetc(fp);
  }
  fclose(fp);
}
```

本例程序的功能是从文件中逐个读取字符,在屏幕上显示。程序定义了文件指针 fp,以读文本文件方式打开文件"d:\\ text1.c",并使 fp 指向该文件。如打开文件出错,给出提示并退出程序。程序先读出一个字符,然后进入循环,只要读出的字符不是文件结束标志(每个文件末有一结束标志 EOF)就把该字符显示在屏幕上,再读入下一字符。每读一次,文件内部的位置指针向后移动一个字符,文件结束时,该指针指向 EOF。执行本程序将显示整个文件。

2. 写字符函数——fputc

fputc 函数的功能是把一个字符写入指定的文件中,被写入的文件可以用写、读写、追加方式打开,用写或读写方式打开一个已存在的文件时将清除原有的文件内容,写入字符从文件首开始。如需保留原有文件内容,希望写入的字符以文件末开始存放,必须以追加方式打开文件。被写入的文件若不存在,则创建该文件。函数调用的形式为:

```
fputc(字符量,文件指针);
```

其中,待写入的字符量可以是字符常量或变量,例如:

```
fputc('A',fp);
```

其意义是把字符 A 写入 fp 所指向的文件中。每写入一个字符,文件内部位置指针向后移动一个字节。fputc 函数有一个返回值,如写入成功则返回写入的字符,否则返回一个 EOF。可用此来判断写入是否成功。

【例 10.2】 从键盘输入一行字符,写入一个文件,再把该文件内容读出显示在屏幕上。

```
# include < stdio. h >
void main()
{
    FILE  * fp;
    char ch;
    if((fp = fopen("d:\\ string","wt + ")) == NULL)
    {
        printf("Cannot open file strike any key exit!");
        getch();
        exit(1);
    }
    printf("input a string:\n");
    ch = getchar();
    while (ch! = '\n')
    {
        fputc(ch,fp);
        ch = getchar();
    }
    rewind(fp);
    ch = fgetc(fp);
    while(ch! = EOF)
    {
        putchar(ch);
        ch = fgetc(fp);
    }
```

```
        printf("\n");
        fclose(fp);
    }
```

　　程序中以读写文本文件方式打开文件 string。从键盘读入一个字符后进入循环,当读入字符不为回车符时,则把该字符写入文件之中,然后继续从键盘读入下一字符。每输入一个字符,文件内部位置指针向后移动一个字节。写入完毕,该指针已指向文件尾。如要把文件从头读出,须把指针移向文件头,程序中 rewind 函数用于把 fp 所指文件的内部位置指针移到文件头。

10.3.2 字符串读写函数 fgets 和 fputs

1. 读字符串函数——fgets

　　函数的功能是从指定的文件中读一个字符串到字符数组中,函数调用的形式为:

```
fgets(字符数组名,n,文件指针);
```

其中的 n 是一个正整数。表示从文件中读出的字符串不超过 n−1 个字符。在读入的最后一个字符后加上串结束标志'\0'。在读出 n−1 个字符之前,如遇到了换行符或 EOF,则读出结束。fgets 函数也有返回值,其返回值是字符数组的首地址。例如:

```
fgets(str,n,fp);
```

的意义是从 fp 所指的文件中读出 n−1 个字符送入字符数组 str 中。

　　【例 10.3】　从 string 文件中读入一个含 10 个字符的字符串。

```
# include < stdio.h >
void main()
{
    FILE * fp;
    char str[11];
    if((fp = fopen("d:\\ string","rt")) == NULL)
    {
        printf("\nCannot open file strike any key exit!");
        getch();
        exit(1);
    }
    fgets(str,11,fp);
    printf("\n%s\n",str);
    fclose(fp);
}
```

　　本例定义了一个字符数组 str 共 11 个字节,在以读文本文件方式打开文件 string 后,从中读出 10 个字符送入 str 数组,在数组最后一个单元内将加上'\0',然后在屏幕上显示输出 str 数组。

2. 写字符串函数——fputs

　　fputs 函数的功能是向指定的文件写入一个字符串,其调用形式为:

```
fputs(字符串,文件指针);
```

其中字符串可以是字符串常量,也可以是字符数组名,或指针变量,例如:

```
fputs("abcd",fp);
```

其意义是把字符串"abcd"写入 fp 所指的文件之中。

【例 10.4】 在例 10.2 中建立的文件 string 中追加一个字符串。

```
# include < stdio.h >
  void main()
  {
    FILE * fp;
    char ch,st[20];
    if((fp = fopen("string","at +")) == NULL)
    {
      printf("Cannot open file strike any key exit!");
      getch();
      exit(1);
    }
    printf("input a string:\n");
    scanf(" % s",st);
    fputs(st,fp);
    rewind(fp);
    ch = fgetc(fp);
    while(ch! = EOF)
    {
      putchar(ch);
      ch = fgetc(fp);
    }
    printf("\n");
    fclose(fp);
  }
```

本例要求在 string 文件末加写字符串,因此,在程序中以追加读写文本文件的方式打开文件 string。然后输入字符串,并用 fputs 函数把该串写入文件 string。在程序中用 rewind 函数把文件内部位置指针移到文件首,再进入循环逐个显示当前文件中的全部内容。

10.3.3 数据块读写函数 fread 和 fwtrite

C 语言还提供了用于整块数据的读写函数。可用来读写一组数据,如一个数组元素、一个结构变量的值等。读数据块函数调用的一般形式为:

```
fread(buffer,size,count,fp);
```

写数据块函数调用的一般形式为:

```
fwrite(buffer,size,count,fp);
```

其中:
- buffer 是一个指针,在 fread 函数中,它表示存放输入数据的首地址。在 fwrite 函数中,它表示存放输出数据的首地址。
- size 表示数据块的字节数。

- count 表示要读写的数据块块数。
- fp 表示文件指针。

例如：

```
fread(a,4,5,fp);
```

其意义是从 fp 所指的文件中，每次读 4 个字节(一个实数)送入数组 a 中，连续读 5 次，即读 5 个实数到数组 a 中。

【例 10.5】 从键盘输入两个学生数据，写入一个文件中，再读出这两个学生的数据显示在屏幕上。

```
#include<stdio.h>
struct stu
{
  char name[10];
  int num;
  int age;
  char addr[15];
}boya[2],boyb[2],*pp,*qq;
void main()
{
  FILE *fp;
  char ch;
  int i;
  pp=boya;
  qq=boyb;
  if((fp=fopen("d:\\jrzh\\example\\stu_list","wb+"))==NULL)
  {
    printf("Cannot open file strike any key exit!");
    getch();
    exit(1);
  }
  printf("\ninput data\n");
  for(i=0;i<2;i++,pp++)
  scanf("%s%d%d%s",pp->name,&pp->num,&pp->age,pp->addr);
  pp=boya;
  fwrite(pp,sizeof(struct stu),2,fp);
  rewind(fp);
  fread(qq,sizeof(struct stu),2,fp);
  printf("\n\nname\tnumber      age      addr\n");
  for(i=0;i<2;i++,qq++)
  printf("%s\t%5d%7d      %s\n",qq->name,qq->num,qq->age,qq->addr);
  fclose(fp);
}
```

本例程序定义了一个结构 stu，说明了两个结构数组 boya 和 boyb 以及两个结构指针变量 pp 和 qq。pp 指向 boya，qq 指向 boyb。程序以读写方式打开二进制文件 stu_list，输入两个学生数据之后，写入该文件中，然后把文件内部位置指针移到文件首，读出两个学生的数据后，在屏幕上显示。

10.3.4　格式化读写函数 fscanf 和 fprintf

fscanf 函数,fprintf 函数与前面使用的 scanf 和 printf 函数的功能相似,都是格式化读写函数。两者的区别在于 fscanf 函数和 fprintf 函数的读写对象不是键盘和显示器,而是磁盘文件。这两个函数的调用格式为:

```
fscanf(文件指针,格式字符串,输入表列);
fprintf(文件指针,格式字符串,输出表列);
```

例如:

```
fscanf(fp,"%d%s",&i,s);
fprintf(fp,"%d%c",j,ch);
```

用 fscanf 和 fprintf 函数也可以完成例 10.5 的问题。修改后的程序如例 10.6 所示。

【例 10.6】　用 fscanf 和 fprintf 函数完成例 10.5 的问题。

```c
#include<stdio.h>
struct stu
{
  char name[10];
  int num;
  int age;
  char addr[15];
}boya[2],boyb[2], * pp, * qq;
void main()
{
  FILE * fp;
  char ch;
  int i;
  pp = boya;
  qq = boyb;
  if((fp = fopen("stu_list","wb + ")) == NULL)
  {
    printf("Cannot open file strike any key exit!");
    getch();
    exit(1);
  }
  printf("\ninput data\n");
  for(i = 0;i < 2;i++,pp++)
    scanf("%s%d%d%s",pp->name,&pp->num,&pp->age,pp->addr);
  pp = boya;
  for(i = 0;i < 2;i++,pp++)
    fprintf(fp,"%s %d %d %s\n",pp->name,pp->num,pp->age,pp->
              addr);
  rewind(fp);
  for(i = 0;i < 2;i++,qq++)
    fscanf(fp,"%s %d %d %s\n",qq->name,&qq->num,&qq->age,qq->addr);
  printf("\n\nname\tnumber      age      addr\n");
  qq = boyb;
```

```
        for(i = 0;i < 2;i++,qq++)
          printf("% s\t% 5d   % 7d        % s\n",qq－>name,qq－>num, qq－>age,
                    qq－>addr);
        fclose(fp);
}
```

与例 10.5 相比,本程序中 fscanf 和 fprintf 函数每次只能读写一个结构数组元素,因此采用了循环语句来读写全部数组元素。还要注意指针变量 pp 和 qq,由于循环改变了它们的值,因此在程序的 25 和 32 行分别对它们重新赋予了数组的首地址。

10.4　文件的随机读写

前面介绍的对文件的读写方式都是顺序读写,即读写文件只能从头开始,顺序读写各个数据。但在实际问题中常要求只读写文件中某一指定的部分。为了解决这个问题,可将文件内部的位置指针移动到需要读写的位置,再进行读写,这种读写称为随机读写。

实现随机读写的关键是要按要求移动位置指针,这称为文件的定位。

10.4.1　文件定位

移动文件内部位置指针的函数主要有两个: rewind 函数和 fseek 函数。

1. rewind 函数

rewind 函数前面已多次使用过,其调用形式为:

rewind(文件指针);

它的功能是把文件内部的位置指针移到文件首。

2. fseek 函数

fseek 函数用来移动文件内部位置指针,其调用形式为:

fseek(文件指针,位移量,起始点);

其中:

(1)"文件指针"指向被移动的文件。

(2)"位移量"表示移动的字节数,要求位移量是 long 型数据,以便在文件长度大于 64KB 时不会出错。当用常量表示位移量时,要求加后缀"L"或"l"。

(3)"起始点"表示从何处开始计算位移量,规定的起始点有 3 种:文件首、当前位置和文件尾。

(4)其表示方法如表 10.2 所示。

表 10.2　起始点表示方法

起　始　点	表　示　符　号	数　字　表　示
文件首	SEEK_SET	0
当前位置	SEEK_CUR	1
文件末尾	SEEK_END	2

例如：

```
fseek(fp,100L,0);
```

其意义是把位置指针移到离文件首 100 个字节处。

还要说明的是 fseek 函数一般用于二进制文件。在文本文件中由于要进行转换，故往往计算的位置会出现错误。

10.4.2　文件的随机读写

在移动位置指针之后，即可用前面介绍的任一种读写函数进行读写。由于一般是读写一个数据块，因此常用 fread 和 fwrite 函数。

下面用例题来说明文件的随机读写。

【例 10.7】　在学生文件 stu_list 中读出第二个学生的数据。

```c
#include<stdio.h>
struct stu
{
  char name[10];
  int num;
  int age;
  char addr[15];
}boy, * qq;
void main()
{
  FILE *fp;
  char ch;
  int i=1;
  qq=&boy;
  if((fp=fopen("stu_list","rb"))==NULL)
  {
    printf("Cannot open file strike any key exit!");
    getch();
    exit(1);
  }
  rewind(fp);
  fseek(fp,i*sizeof(struct stu),0);
  fread(qq,sizeof(struct stu),1,fp);
  printf("\n\nname\tnumber      age      addr\n");
  printf(" %s\t%5d   %7d       %s\n",qq->name,qq->num,qq->age,
         qq->addr);
}
```

文件 stu_list 已由例 10.5 的程序建立，本程序用随机读出的方法读出第二个学生的数据。程序中定义 boy 为 stu 类型变量，qq 为指向 boy 的指针。以读二进制文件方式打开文件，程序第 22 行移动文件位置指针。其中的 i 值为 1，表示从文件头开始，移动一个 stu 类型的长度，然后再读出的数据即为第二个学生的数据。

10.5 文件检测函数

C 语言中常用的文件检测函数有以下几个。

1. 文件结束检测函数 feof 函数

调用格式：

```
feof(文件指针);
```

功能：判断文件是否处于文件结束位置，如文件结束，则返回值为 1，否则为 0。

2. 读写文件出错检测函数

ferror 函数调用格式：

```
ferror(文件指针);
```

功能：检查文件在用各种输入输出函数进行读写时是否出错。如 ferror 返回值为 0 表示未出错，否则表示有错。

3. 文件出错标志和文件结束标志置 0 函数

clearerr 函数调用格式：

```
clearerr(文件指针);
```

功能：本函数用于清除出错标志和文件结束标志，使它们为 0 值。

习　题　10

10.1　以下程序用来判断指定文件是否正常打开，请填空。

```
# include"stdio.h"
void main()
{FILE * fp;
If(((fp = fopen("text.txt","r")) == _____))
printf("未能打开文件!\n");
else printf("文件打开成功!\n");}
```

10.2　有以下程序：

```
# include"stdio.h"
void main()
{FILE * f;
f = fopen("filea.txt","w");
fprintf(f,"abc");
fclose(f);}
```

若文本文件 filea.txt 中原有内容为：hello，则运行以上程序后，文件 filea.txt 中的内容为_____。

10.3　有以下程序：

```
# include"stdio.h"
```

```
void main()
{FILE * fp;
char * s1 = "China", * s2 = "Beijing";
fp = fopen("test.txt","wb + ");
fwrite(s2,7,1,fp);
rewind(fp);
fwrite(s1,5,1,fp);
fclose(fp);}
```

以上程序运行后 test.txt 文件的内容为_____。

10.4　从键盘输入一个字符串,将其中的大写字母转换成小写字母,然后输出到一个磁盘文件 file1.dat 中。输入的字符串以"＊"作为结束标志。

10.5　设文件 a.dat 中存放了一组整数,请编程统计并输出文件中正整数、零、负整数的个数。

第 11 章　　C++ 基 础

C 语言是一种结构化和模块化的语言,适用于结构化程序设计方法,发展快,应用广泛,但面向对象程序设计方法的出现,使 C 语言的局限性显现出来;人们开始重视面向对象程序设计语言的开发。1980 年,美国 Bell 实验室的 Bjarne Stroustrup 博士及其同事在 C 语言的基础上,改进了 C 语言的一些缺陷,增加面向对象的实现机制,开发出了面向对象程序设计语言——C++语言。

C++与 C 兼容,用 C 语言写的程序基本上可以不加修改地用于 C++。C++既可用于面向过程的结构化程序设计,又可用于面向对象的程序设计,是一种功能强大的混合型的程序设计语言。

本章主要介绍 C++的基本知识,介绍 C++在 C 基础上新增加的相关内容,为读者进一步学习 C++更深入的内容打下基础。

11.1　C++ 概 述

C++语言是从 C 语言的基础上发展而来的,是 C 语言的超集。C++保留了 C 语言原来的优点,增加了面向对象机制。C++虽然支持几乎所有的 C 语言成分,但有些成分在 C 语言和 C++语言中的含义有所不同,在学习 C++时应注意比较。C 语言编写的程序可以在 C++下使用,C 语言源程序文件的扩展名为.c,而 C++源程序文件的扩展名一般为.cpp。

1. 关于保留字

保留字是一种语言中具有特定含义与用途的标识符,在程序中不能作为用户自定义标识符。下列内容在 C 语言程序中可以作用户自定义标识符,但在 C++语言中是保留字,不能作为用户自定义标识符使用。

_asm　catch　class　const_cast delete

dynamic_cast　friend　inline　namespace　new

operator　private　protected　public　reinterpret_cast

static_cast　template　this　throw　try

typeid　using　virtual　xalloc

在 C++程序的集成开发环境中,为了区分保留字与用户自定义标识符,保留字一般以不同的颜色标出,如 VC++ 6.0 中保留字以深蓝色字符显示。

2. 关于数据描述

在数据描述方面,C++与 C 也有区别,主要有以下几个方面:

(1) 在 C++中,结构、联合和枚举类型名可直接作类型名定义变量。

例如,有如下的结构体类型:

```
struct STUDENT
{   char name [20 ];                          /*学生姓名*/
    char num [10 ];                           /*学生学号*/
    int score;                                /*成绩*/
};
```

在 C++语言程序中,该类型变量的定义形式为:

```
STUDENT  lisi;
```

而在 C 语言程序中,该类型变量的定义形式必须为:

```
struct STUDENT  lisi;
```

struct 不能少。

再看下面一段代码:

```
ty pedef   struct
  {   char name [20 ];
       char num [10 ];
       int score;
     } STUDENT;
struct STUDENT
   {   char name [20 ];
       char num [10 ];
       char sex;
       int score;
   };
STUDENT wangwu;                    /*利用 typedef struct 定义的 STUDENT 类型*/
struct   STUDENT lisi;             /*利用 struct 定义的 STUDENT 类型*/
```

上面类型定义与变量说明在 C 中是合法的,但在 C++中却不允许。对枚举类型 (enum)、共用体类型(union)同样存在上述类似问题,读者在使用时应该注意。

(2) C++中若全局变量在定义变量的模块之外使用,则必须先使用 extern 说明符对该变量进行声明。在 C 语言中,可以在程序中多次声明一个全局变量而无须使用 extern 说明符。

(3) 在 C 语言中,void 类型的指针可以赋值给任何类型的指针,但在 C++中却不能。例如:

```
int   a, * p_int;
      void  * p_void = &a;
      p_int = p_void;
```

将 void 类型的指针赋给整型指针 p_int,这在 C 中是允许的,而在 C++中是不允许的。在 C++中若要实现这种赋值操作,可以进行强制类型转换来实现:

```
p_int = (int * )p_void;
```

以上的赋值方式在 C 中也是允许的。

另外，在 C++ 函数参数表中，空参数和 void 类型参数不完全等同。

3. 在函数的使用上，C 与 C++ 亦有不同之处

C 与 C++ 的不同之处主要体现在以下几个方面：

（1）C++ 中函数必须先定义或声明函数原型才能调用。

在 C 语言程序中，允许调用没有声明和定义的函数（尽管会有警告）。在 C++ 中，由于严格的类型检查，要求函数在调用前先进行声明或定义。

（2）C++ 中函数若有参数，则在函数声明中必须列出参数。

在 C 语言程序中，可以声明包含一个或多个参数的函数而不列出参数类型，但在 C++ 中，这种声明只限于无参数的函数。

（3）C++ 在函数定义时，形式参数的类型应在参数表中声明。

函数 Sum() 求 a 和 b 的和，在 C 语言程序中是允许的，但在 C++ 中不允许。例如：

```
int Sum(a,b)
  int a;
  int b;
{    return (a + b);    }
```

在 C++ 中，必须为如下形式：

```
int Sum( int a, int b)
{    return (a + b);    }
```

（4）在 C 语言中，函数未说明为 void 类型的，从技术上说可以不返回值，但在 C++ 中，未说明为 void 类型的函数的，除了构造函数，都必须由 return 返回值。

11.2 C++ 对 C 的扩充

在 C++ 中，除增加面向对象的实现机制外，在程序的简洁性、安全性等方面对 C 进行了扩充。本节主要介绍 C++ 扩充的非面向对象新特性，主要包括标准输入输出流 cin 与 cout、重载函数的实现、变量的引用类型、内置函数、动态内存分配与释放操作算符 new 与 delete 的使用等。这些功能的扩充，使人们更方便使用结构化程序设计方法进行程序设计。

11.2.1 C++ 的输入输出

在前面已经讨论过，C 语言文件是流式文件，对文件的存取是以字节为单位来进行的，输入输出用 scanf/printf、fscanf/fprintf 等库函数来处理。但这些函数使用复杂。为了更方便、更容易使用，C++ 提供了标准数据输入输出流 cin 与 cout。在 C++ 中，一个流是一个格式化并保存字节的对象。每一个流都与一种设备相联系，并具有方向性，在输入操作中，字节从输入设备（如键盘、磁盘等）流向内存，在输出操作中，字节从内存流向输出设备（如显示器、打印机、磁盘等）。

在头文件 iostream.h 中，C++ 预定义了以下几个标准流：标准输入流 cin、标准输出流 cout、标准出错输出流 cerr 与 clog。

下面详细介绍使用标准输出流 cout 进行输出，用标准输入流 cin 进行输入的方法。

1. 用标准输出流 cout 进行输出

输出流 cout 与标准输出设备(如显示器)相连,格式为:

```
cout <<输出项;
```

其中<<为插入运算符,表示将输出项插入到输出流中。例如:

```
cout <<" This is  a   C++   Program \n" ;
```

相当于语句:

```
printf(" This is  a   C++   Program \n");
```

cout 允许使用多个插入运算符<<将多个输出项插入到输出流中,在一个输出语句中连续输出多项内容。插入运算符<<的结合方向是自左向右,例如:

```
int a = 15, b = 32;
cout <<"a = "<< a <<'\n'<<"b = "<< b <<' \n';
```

输出结果为:

```
a = 15
b = 32
```

注意:每个输出项都必须使用一个<<运算符,不能写为:

```
cout <<"a = ",a,' \n',"b = ",b,' \n';
```

在头文件 iostream. h 中,定义了一个作用与'\n'相同的控制符 endl,表示结束一行。上例的输出行可以改为:

```
cout <<"a = "<< a << endl <<"b = "<< b << endl ;
```

cout 可以输出任何基本类型的常量、变量或表达式的值,而且可以自动确定输出项的数据类型,免除了使用 printf() 函数时要对每一个输出项指定输出格式符(如%d、%f 等)的麻烦。

例如:

```
int a = 5, b = 10;   float   x = 3.14159;
cout <<"a = "<< a <<"b = "<< b << endl <<"a + b = "<< a + b << endl <<"x = "<< x << endl;
```

输出结果为:

```
a = 5 b = 10
a + b = 15
x = 3.14159
```

C++ 允许把上面的语句分成几行来写,分行后只有最后一行要加分号,其他行不能加。上例中的输出行可以写为:

```
cout <<"a = "<< a <<"b = "<< b << endl //注意: 行末没有分号;
<<"a + b = "<< a + b << endl
<<"x = "<< x << endl;
```

与 printf() 函数一样,cout 也可以指定输出项所占列数。cout 通过控制符 setw 来设置,其格式为:setw(n),表明要为后续的一个输出项预留 n 列。如输出项长度不够 n 的,数据右对齐;如超过 n 列,则按实际长度输出。如:

```
cout <<"a = "<< setw(4)<< a <<"b = "<< b << endl;
```

输出结果为:

```
a =  5b = 10
```

在使用 cout 输出时可以对输出项的类型进行强制转换。例如:

```
int a = 4,b = 5;
cout <<"a/b = "<<(float)a/b<< endl;    //将 a 转化为浮点类型
```

输出结果为:

```
a/b = 0.8
```

2. 用标准输入流 cin 进行输入

使用标准输入流 cin 的方法与 cout 类似。标准输入流 cin 与标准输入设备键盘相连。当要从键盘输入数据时,使用 cin 与提取运算符>>从输入流中提取数据。例如:

```
int a;
float x;
cin >> a >> x;                          // 相当于语句 scanf(" %d%f", &a,&x);
```

若从键盘上输入:

```
5 3.14159 ↙
```

则 a 和 x 分别获得 5 与 3.14159。

在连续输入多个变量值时,各值以空格或回车分隔。与 cout 一样,cin 也能自动识别变量类型与存储位置,不需指明变量的类型。

【例 11.1】 流 cin 与 cout 的使用。

```
# include <iostream.h>
void main()
{ int score;
char name [20];
cout << "Input your name and score:" << endl;
cin >> name;                            //输入姓名
cin >> score;                           //输入成绩
cout << " Your name is " << name << endl;   //输出姓名
cout << "Your score is " << score << endl;  //输出成绩
}
```

程序运行结果如下:

```
Input your name and score:
TanJing ↙
98 ↙
```

```
Your name is TanJing
Your score   is   98
```

为了使用的方便,C++提供了一套不带参数的格式控制符(定义在 iostream. h 中)与带参数的格式控制操作符(定义在 iomanip. h 中)两种,其含义如下:

(1) dec 以十进制形式输入或输出整数。

(2) oct 以八进制形式输入或输出整数。

(3) hex 以十六进制形式输入或输出整数。

(4) ws 用于输入时跳过开头的空白符。

(5) endl 用于输出时换行。

(6) ends 用于输出时插入空格字符。

(7) setbase(int n)基数转换成 n(n 的取值为 0、8、10 或 16),可用于输入和输出。

(8) setw(int n)设置域宽为 n,可用于输入和输出。

(9) setfill(int c)设置填充字符为 c,可用于输出。

(10) setprecision(int n)设置精度为 n 位,可用于输入和输出,但用于输入时应多加一位。

还有一些,如右对齐:setiosflags(ios::right),左对齐:setiosflags(ios::left),按指数形式表示:setiosflags(ios::scientific)等,可以参考 C++ 书籍中的 I/O 流与文件的相关内容。

【例 11.2】 输入圆的半径,求圆面积。

```
# include <iostream. h>
# include <iomanip. h>
#define  PI  3.14159
int   main()
{ double   radius,area;                              // radius:半径,area:面积
cout <<"输入圆的半径:";
cin >> radius;
area = radius * radius * PI;
cout <<"圆的面积为:";
cout << setw(8)<< setprecision(6);                  // 设置域宽为8,精度为6
cout << area << endl;
return 0;
}
```

程序运行结果如下:

```
输入圆的半径: 5↙
圆的面积为: 78.5397
```

11.2.2 C++ 的行注释

C++程序中,除了可以用 C 语言的注释界限符/ * 和 * /外,还可用两个连续的斜杠符号"//"对单行进行注释:自"//"开始至行尾的所有字符将被编译器忽略。

例如:

```
int Max(int x, int y)                               //求两个数 x、y 中较大者
```

```
{ int   m;
    if (x > y)   m = x;                              //较大者送 m 中
    else      m = y;
  return   m;
}
```

说明：

（1）"//"只适合于注释内容不超过一行的注释。若用"//"对多行进行注释，则每行注释都应以"//"开头。

（2）"/ * …… * /"方式的注释不能嵌套，但可以嵌套"//"方式的注释。

- 下列注释方式是不允许的：

```
    main()
{     /* main()函数
                        /* 嵌套注释 */
                        */
          …
    }
```

- 但下列注释方式是允许的：

```
    main()
{     /* main()函数
                        //嵌套注释
                        */
          …
    }
```

（3）恰当的注释可以增加程序的可读性，方便程序调试与维护。

11.2.3 const 常量定义与使用

在 C 语言程序中，一般用 define 宏定义来定义常量。由于用 #define 定义的符号常量是在编译预处理时将符号常量用符号后面的常量作简单的替换（字符替换），因此容易出现意想不到的问题。

【例 11.3】 常量定义示例。

```
# include   <stdio.h>
 #define N 2
 #define M N + 1
 #define NUM (M + 1) * M/2
 int main()
{   int    n = 0,i;
    for (i = 1; i < = NUM;i++)
{   n++;   printf(" % d",n); }
 return 0;
}
```

容易把 NUM 的值看成(3＋1) * 3/2＝6，但经过编译预处理后 NUM＝(2＋1＋1) * 2＋1/2＝8。

现在这些问题可由 C++ 提供的 const 解决，格式为：

const　类型标识符　常量标识符 = 常量表达式；

例如：

const　float　pi = 3.14159;

C++ 在编译时进行处理，对用到 pi 的地方会进行严格的类型检查。用 const 定义的常量是类型化的，且有地址，可以使用指针对其操作，但在程序中不能修改这个值。例如：

const　int　a = 4;　　//定义常量 a,并对其进行初始化

此时若在程序中有语句"a＝21;",则错误，因为 a 已被定义为一个常量，只能使用其初始值，不能对其修改。例 11.3 可用 const 来定义：

```
# include  <iostream.h>
const  int  N = 2;
const  int  M = N + 1;
const  int  NUM = (M + 1) * M/2;
int  main()
{  int  n = 0,i;
 for  (i = 1; i <= NUM;i++)
   { n++;  cout << n;   }
   return 0;
}
```

程序运行结果如下：

12345678

const 用于修饰指针时，有 3 种组合方式。

(1) 指向常量的指针，定义格式为：

const　类型标识符　*变量名 = 常量；

例如：

const char * str = "China";

或

char const * str = "China";

由于 str 是一个指向常量的指针，因此又称常量指针。由于不能改变所指常量的值，所以语句："str [0] = 'S';"在 C++ 中是不允许的，但指针 str 本身不是一个常量，而是一个变量，因此指针 str 可以指向另一个常量。

例如：

str = "Changsha";

(2) 指针为常量，可称为指针常量，定义格式为：

类型标识符　*const　指针变量名 = 常量；

例如：

char * const str = "China"; //不能写为：char const * str = "China";

由于 str 是一个常量，因此不能修改 str 的值。语句"str＝"Changsha";"在 C++ 中是非法的。但 str 没有定义为指向常量，因此其所指的值可以改变。例如："str [0]＝'S';"是合法的。

（3）指针和它所指向的对象都为常量。定义格式为：

const 类型标识符 * const 变量名＝常量;

例如：

const char * const str = "China";

在这种情况下，指针 str 不能指向"China"以外的字符串，也不能改变指针所指的对象。下面的操作都是错误的：

```
str = "Changsha";
str [2] = 'A';
```

11.2.4 局部变量的定义与全局变量作用域运算符

C++ 程序对变量除了类型检查要求更严格外，对变量的使用提供了比 C 语言更多的灵活性和方便性。主要表现在以下几个方面。

1. 局部变量的定义

C 语言要求局部变量的定义应该在程序块的开始（即程序块的所有执行语句之前）进行。C++ 则把局部变量的定义看成是执行语句，因此只要保证在局部变量首次使用前就已定义即可。这样，可以将变量定义置于使用该变量的语句之前，便于阅读和修改。

【例 11.4】 输入一个班学生的 C 语言成绩（最多 40 人），求全班平均成绩。

```
# include <iostream.h>
const int MaxN = 40;                  // MaxN 表示每班最多人数
main()
{ float sum = 0;                      // sum 存放学生的总成绩
  for ( int n = 1;n <= MaxN;n++)      //C 不允许这种方式定义变量 n,但 C++ 允许
    { float score;
    cout <<"  n输入第"<< n <<"名学生分数:";
    cin >> score;
     sum += score;
  cout <<"继续吗?";
    char y_or_n;                      // C 语言要求这种变量定义必须在块开始
    cin >> y_or_n;
    if (y_or_n == 'N' || y_or_n == 'n')  break;
     }
 cout <<"  n学生的总人数为: "<< n << endl <<"平均成绩为: "<< sum/n << endl;
}
```

变量 n 在 for 语句块外定义，故在 for 语句之后均可使用。

2. 全局变量作用域运算符

（1）C 语言规定，每个变量都有它有效的作用域，只能在变量的作用域内使用该变量。如果局部变量与全局变量同名，则在局部变量的作用域内，全局变量被屏蔽而不能使用。为了要在这种情况下使用全局变量，C++ 提供了全局变量作用域运算符"∷"，用来解决此问题。

【例 11.5】 变量作用域示例。

```
# include <stdio.h>
int   a = 10;
main()
{   float a = 3.14;
printf("a = % f\n",a);
}
```

输出结果为：

```
3.140000
```

（2）在 main() 函数中定义的变量 a 是浮点型局部变量，屏蔽了在函数体外定义的全局整型变量 a。若要输出全局变量 a 的值，在 C++ 中可以使用作用域运算符"∷"来实现：

```
# include <iostream.h>
int   a = 10;
void main()
{ f loat a = 3.14;
cout <<"a = "<<∷a << endl;    //通过作用域运算符"∷"来使用全局变量 a
}
```

输出结果为：

```
a = 10
```

注意：作用域运算符"∷"不能用于访问局部变量。

11.2.5　变量的引用

1. 引用的概念

引用是 C++ 对 C 的一个重要扩充，其作用是为变量取一个别名。引用的声明格式为：

```
类型标识符 & 引用名;
```

其中 & 为引用声明符，不是取地址。例如：

```
int a;
int &b = a;
```

上面语句定义了一个整型引用变量 b，并将其初始化为整型变量 a 的引用，b 是 a 的引用，亦即 b 是 a 的别名，对 b 的任何操作就是对 a 的操作。

引用是指以别名的方式来使用另一变量（或常量）。引用和被引用变量（或常量）作用相同，它们具有相同的存储单元，只是名称不同而已。因此，b 既不是对 a 的复制，也不是指向

a 的指针,b 就是 a 本身。例如:

```
float  pi,p;
float &ratio = pi;                //ratio 是 pi 的引用,相当于给 pi 取一个别名为 ratio
const int &ten = 10;              //相当于给常量 10 取一个别名为 ten
ratio = p;                        //这是错误的,因为不能把 pi 的别名变为另一变量的引用
```

在使用引用时,应注意以下几个方面:

(1) 创建一个引用时必须将其初始化成对某一具体变量或常量的引用。

(2) 程序中不能改变引用对象,即不能改变成对另一变量或常量的引用。

(3) 必须确保引用是和一个合法的存储单元相连。

(4) 对常量的别名引用必须是 const 类型的引用。

2. 引用作为函数参数

在 C 语言中,函数的参数传递有以下两种:一是值传递,把实参的值传递给形参,是单向传递,形参的变化不会回传给实参;二是指针传递,这种方式实际上传递的是变量的地址,使形参有实参一样的地址,因而形参的变化也是实参的变化。

C++扩展函数参数传递的第三种方式,用引用型变量作为函数参数。下面通过例子来说明 C++中 3 种参数传递的差别。

1) 值传递

【例 11.6】 函数值传递。

```
# include <iostream.h>
void Swap(int a, int b)
{  int    temp;
        temp = a;    a = b;    b = temp;
 cout <<"a = "<< a <<","<<"b = "<< b << endl;      //输出函数形参 a 和 b 交换后的值
}
void   main()
{ int   i = 5,j = 10;
 cout <<"i = "<< i <<","<<"j = "<< j << endl;       //输出 Swap(i,j)交换前 i,j 的值
 Swap(i,j);
 cout <<"i = "<< i <<","<<"j = "<< j << endl;       //输出 Swap(i,j)交换后 i,j 的值
}
```

程序运行结果如下:

```
i = 5,j = 10
a = 10,b = 5
i = 5,j = 10
```

从程序执行的结果来看,虽然在函数 Swap 中形参 a 和 b 的值进行了交换,但并没有改变 main()中实参 i 和 j 的值,这就是函数值传递的特点。

2) 传递变量的指针

【例 11.7】 指针传递。

```
# include <iostream.h>
void   Swap(int * p1,int * p2)
{ int   temp;
```

```
        temp = * p1; * p1 =  * p2; * p2 = temp;
    }
    void  main ()
    { int a = 5,   b = 10;
      cout <<"a = "<< a <<","<<"b = "<< b << endl;        //输出 a 和 b 交换前的值
         Swap (&a, &b);                                   //实参为地址,即变量的指针
         cout <<"a = "<< a <<","<<"b = "<< b << endl;     //输出 a 和 b 交换后的值
      }
```

程序运行结果如下：

```
a = 5,b = 10
a = 10,b = 5
```

在调用函数 Swap()时,分别将变量 a 和 b 的地址传递给了指针形参 p1 和 p2,使 p1、p2 分别指向 a、b。在函数 Swap 中交换了 p1 与 p2 所指变量的值,改变的是 main()中 a 与 b 的值,这就是函数参数传递中指针传递的特点。

　　3) 采用引用作为函数参数

【例 11.8】　引用作为函数参数。

```
 # include <iostream. h>
 void Swap(int &a, int &b)                         //声明 a 和 b 是整型引用变量,没有初始化
 { int temp;
   temp = a;a = b;b = temp;
  cout <<"a = "<< a <<","<<"b = "<< b << endl;     //输出函数形参 a 和 b 交换后的值
 }
 void main()
 {int   i = 5,j = 10;
  cout <<"i = "<< i <<","<<"j = "<< j << endl;     //输出调用函数 swap()交换前 i,j 的值
   Swap(i,j);
  cout <<"i = "<< i <<","<<"j = "<< j << endl;     //输出调用函数 swap()后 i,j 的值
 }
```

程序运行结果如下：

```
i = 5,j = 10
a = 10,b = 5
i = 10,j = 5
```

在 Swap()函数的形参中声明 a 和 b 是整型引用变量,但还没有初始化。main()调用 Swap()时,由实参把变量名 i 和 j 分别传给引用变量 a 与 b,使 a 成了 i 的别名,b 成了 j 的别名。这样 Swap()中对 a、b 进行的交换就是对 i、j 进行的。参数传递的是变量的地址,与指针传递的区别：一是在 main()中调用 Swap()时参数直接使用变量名 i;二是 Swap()中不需要定义指针变量,指针变量要占用一定的空间,引用变量不是一个独立的变量,并不独占内存单元。

引用作为参数传递的另一个优点是当参数是一个复杂的数据类型,如结构体、类等,可以避免值传递时的参数拷贝过程,从而提高程序执行效率。

将常量作为实参传给引用形参时,引用形参应为 const 类型。

引用也可以作为函数的返回值,如例 11.9。

【例 11.9】 引用作为函数的返回值。

```
# include <iostream. h>
int &Square(int &x)              //引用型函数
{   x = x * x;
    return x;                    //返回引用型变量值(实参的别名引用)
}
void   main()
{   int t = 3;
    cout << Square(t)<< endl;    //用实参 t 对引用型形参 x 初始化, x 是 t 的别名
    cout <<"t = "<< t << endl;   //调用后 t 的值
    t = 3;
    cout <<++Square(t)<< endl;
    cout <<"t = "<< t << endl;   //调用后 t 的值
}
```

程序执行结果为：

```
9
t = 9
10
t = 10
```

函数返回类型说明为引用类型,其返回应该为变量,而不是表达式或常量,且变量在函数执行完返回后应仍可使用,因而返回函数体内的局部变量是不允许的。

11.2.6 函数重载

在 C 语言中,函数名必须是唯一的,当程序很大时,函数命名变得越来越困难。C++提出了"函数重载"的概念。所谓函数重载,实质是指允许同一作用域内用同一函数名来定义不同的函数,这些函数的参数必须具备以下两种差别之一：

- 函数参数个数不同。
- 函数参数类型不完全相同。

因此函数的参数表也就称为函数的特征。

在同一作用域中,虽然函数名相同,系统可以根据函数调用时的参数个数或类型(函数的特征)来决定调用哪一个函数。

在使用"函数重载"时,应注意以下几个方面：

(1) 仅返回类型不同的函数不能重载。

(2) 若函数参数除其中一个是另一个的类型的 const 或引用外均相同,不能重载。

例如：求两数之和的函数 int Sum(int n, int m)进行重载,正确的是：

```
float   Sum(float n, float m);    // 参数类型不同,可以重载
int   Sum(int n, int m, int p);   // 参数个数不同,可以重载
```

下面的函数不能进行重载：

```
float Sum(int n, int m);          //错误: 仅返回类型不同,不能重载
int Sum(const int n, int m);      //错误: 参数是相同类型的 const,不能重载
int Sum(int &n, int m);           //错误: 参数是相同类型的引用,不能重载
```

【例 11.10】 利用重载函数求不同类型、不同个数的数的最小值。

```
# include <iostream. h>
int Min(int x,int y)                  //找 x 和 y 中的较小数
{     return x < y?x:y;   }
int Min(int x,int y,int z)            //重载函数,参数个数不同. 从 x、y 和 z 中找最小的
{   int temp;
if (x < y) temp = x;
else temp = y;
if (temp > z) temp = z;
return temp;
}
float   Min(float x,float y,float z) // 从 3 个实数 x、y 和 z 中找最小值
{   float   temp;
    if (x < y) temp = x;
    else temp = y;
        if (temp > z) temp = z;
        return temp;
}
int main()
{   cout << endl << Min(5,10)<< endl;
  cout << Min(10,4,8)<< endl;       //根据参数个数与参数类型调用 int Min(int x,int y,int z)
 float min,x = 10.1,y = 15.1,z = 8.4; // 根据参数类型调用 float   Min(float x,float y,float z)

 min = Min(x,y,z);
 cout << min << endl;
 return 0;
}
```

程序运行结果如下:

5
4
8.4

注意:在根据实参类型的不同调用重载函数时,实参要使用变量,使用字面常量会无法确定调用哪个函数。如上例中第三次调用 Min( )函数时,若用下面的形式:Min(10.1,15.1, 8.4),就不能确定调用哪个函数。

11.2.7 带默认参数的函数

在 C 语言中,函数调用时要求实参与函数形式参数个数相同,有些参数的值每次调用时都相同,为避免参数的重复书写,C++采用在形参表中对一个或几个参数指定默认值来实现函数调用时书写的简洁性,增加函数使用的灵活性。

【例 11.11】 求 3 个整数的最大值。

```
# include <iostream. h>
int   Fmax(int a, int b,int c = - 32768)  //定义 a、b、c 是整型变量,c 设有默认值
    { int temp;
          temp = a > b?a:b;
          if (temp < c) temp = c;
        return   temp;
```

```
        }
void main()
{ int m,n,q,max;
  cout <<"Input m,n,q: ";
  cin >> m >> n >> q;
  max = Fmax(m,n,q);
  cout <<"Max = "<< max << endl;        //输出 3 个数的最大值
  cout <<"Input m,n:";
  cin >> m >> n
  max = Fmax(m,n);                        //求 m、n 的大者,默认一个参数
  cout <<"Max = "<< max << endl;        //输出两个数的最大值
}
```

程序运行结果如下:

```
Input m,n: 8 5 10 ↙
Max = 10
Input m,n: 8 5 ↙
Max = 8
```

在调用含默认参数的函数时,C++自动用函数原型中的默认值来补足所缺少的实参。在使用默认参数函数时应注意以下几个方面:

(1) 一旦某参数定义了默认值,其后续参数(即其右边的所有参数)均须定义默认值。

例如"int   Fmax(int a, int b=0,int c);",b 设有默认值,但后面的 c 没有,不正确,c 也必须设默认值。

(2) 调用含默认参数的函数时,若某参数用默认值,则其后的所有参数都应用默认值。

例如"Fmax(a, ,c);",第二个参数 b 使用默认值,但后面的 c 没有,不正确,第三个参数 c 也必须使用默认值。

(3) 如函数原型(即函数声明)定义了默认参数,就不能在函数原型有效范围里的函数定义中再设置默认参数。若在函数定义时设置默认参数,则不能在函数体外再说明默认参数的函数原型。例如:

```
int   Fmax(int a, int b,int c = -32768);        //在原型中设置默认值
…
int   Fmax(int a, int b,int c = -32768);        //错误:前面函数原型已经设置默认值
{ …   }
```

或者直接在函数定义时设默认值:

```
int   Fmax(int a, int b,int c = -32768);        //允许:前面没有说明函数原型,
{ …   }                                          //可以在定义函数时设置默认值
```

(4) 不要同时使用重载函数与默认参数的函数,因为在调用函数时,如果实参与形参个数不同,则系统无法判断是使用重载函数还是默认参数的函数。

(5) 默认参数函数的使用提高了函数的易用性,但过度使用会降低程序的可读性。

11.2.8 内联函数

在 C 语言中,如果有的函数需要频繁调用,函数调用时要进行的参数传递、保护断点、

返回结果等操作需要花费一定的时间,因而会影响程序的执行效率。用宏替换的方法可以提高函数的执行效率。但宏在预处理进行替换(或展开)时会出现意想不到的问题。例如:

```
# include <iostream.h>
# define Square(x)   x * x              //宏定义,求 x 的平方
void  main()
{ int x;
  cout <<"  n 输入 x: ";
  cin >> x;
  cout << "x 的平方为:"<< Square(x)<< endl;
  cout << "x + 2 的平方为:"<< Square(x + 2)<< endl;
}
```

程序运行结果如下:

```
输入 x: 5↙
x 的平方为:25
x + 2 的平方为:17
```

执行结果令人费解,这是因为 Square(x+2)经预处理进行宏替换后变为:x+2 * x+2。为了解决此类问题,C++采用了内联函数(或称内嵌函数)的方法。其定义方法是:在进行函数定义或进行函数声明时,在函数首部最左边冠以 inline 关键字,则该函数就被定义为"内联函数"。程序调用该函数时,C++编译器便用该"内联函数"的函数体中的代码替换原来的函数调用,同时将实参代替形参,如同预处理时的宏替换,从而减少调用开销。

【例 11.12】 内联函数示例。

```
# include <stdio.h>
inline int Square(int x)                   // 内联函数,求 x 的平方
{ return x * x; }
void  main()
{   int x;
  cout <<"  n 输入 x:";
  cin >> x;
  cout <<"x 的平方为:"<< Square(x)<< endl;
  cout <<"x + 2 的平方为:"<< Square(x + 2)<< endl;
}
```

程序运行结果如下:

```
输入 x:  5↙
x 的平方为:25
x + 2 的平方为:49
```

内联函数是以空间换取执行时间效率。每次函数调用处都会用内联函数的函数体的代码来替换,将增加程序的代码量,消耗更多的内存空间,因此要根据实际情况使用内联函数。

内联函数与宏替换的区别:内联函数是在编译时处理,编译程序能识别它并对它进行语法检查;宏替换在编译前由预处理程序处理,只作简单的字符替换,而不作语法检查。

通常只将调用相对少的短函数定义为"内联函数",尤其是循环中的调用函数。

对于"内联函数",应注意以下几个方面的问题:

（1）内联函数的定义必须出现在对该函数的调用之前，最简单的方法是放在头文件中。

（2）递归函数不能作内联函数。

（3）在循环中最好不要使用内联函数。

（4）在内联函数中不能含有复杂的控制结构，如 switch、while。

11.2.9　new 和 delete 算符

C 语言采用 malloc()和 free()动态分配与释放存储单元。malloc()以空间大小作为参数，不知道数据类型，因此分配空间后返回的地址指针无法指向具体的数据，必须进行强制转换后才可以指向具体数据。C++提供了使用简便而功能更强的 new 和 delete 算符来分配与回收动态存储单元。

1. 使用 new 分配存储单元

其格式如下：

```
new 数据类型
```

或

```
new 数据类型 [元素个数];              //对数组
```

例如：

```
int * p;
p = new int;                          //分配一个整型单元(两字节),返回地址指针赋给 p
float * pf = new float;               //分配一个浮点型 4 字节单元,返回地址指针赋给 pf
```

如果要申请一块 80 个字符的空间：

```
char * PAarrayNew = new  char [80];
```

2. 要释放用 new 分配的空间，必须使用算符 delete

其格式如下：

```
delete 指向分配空间的指针变量;         //如分配的是单个对象空间
```

或

```
delete [  ]指向分配空间的指针变量;     //如分配的是数组对象空间
```

对上例释放内存操作为：

```
delete  p;
delete  [  ]PArrayNew ;
```

使用 new 分配存储单元，必须指明存储单元存放数据的数据类型，根据数据类型自动确定并分配所需内存来存放指定类型的数据，返回存储单元的首地址。若无法分配到所要的内存，则返回 0。用 new 分配的存储单元，必须用 delete 释放。使用 new 分配的存储块不能自动初始化为 0，但可以在用 new 分配存储单元时显式初始化存储单元，初始化时可以用表达式或表达式序列。但这个功能不能用于数组，使用 new 时不能自动对数组进行初始化。

例如：

```
int * P_Int = new   int (0);
```

该语句用 new 申请一个整型变量内存单元(两字节),将内存单元初始化为 0,再将这块内存地址指针赋给变量 P_Int。但语句：

```
int    * PArray = new   int [10 ](0);
```

是不允许的。

再看下面的例子：

```
int * PInt;
PInt = new int;              //为 int 标准类型数据分配存储单元
* PInt = 5;                  //存放数据 5 于存储单元,
                             //上述 3 句也可写为: int * PInt = new int(5);
delete PInt;                 //释放 PInt 所指的存储单元
```

【例 11.13】 new 与 delete 使用示例。

```
# include <iostream. h>
# include <string. h>
struct   Book
{ char name [20 ];
  float   price; };
void   main()
  { Book   * b;
    b = new  Book;                            //用 new 分配一个存储块,存放 Book 型变量
    strcpy(b - > name,"C++ Programming");
    b - > price = 45.8;
    cout << b - > name << endl;
    cout << b - > price << endl;
    delete  b;                                //释放由 new 分配,b 指向的存储 Book 数据的空间
  }
```

程序运行结果如下：

```
C++ Programming
45.8
```

注意：new 与 delete 是算符,不是函数,使用时这两个算符应该配合使用：用 new 分配内存,用 delete 释放内存。

11.3   C++面向对象程序设计

C++与 C 相比,最主要的优越性是 C++采用面向对象的方法来设计和建立程序,这使得程序能更形象地模拟现实,从而使程序更易理解、表达和维护。

面向对象程序设计方法就其实质而言是一种面向数据的程序设计方法,它谋求的是设计结果与问题在结构上保持一致。它认为,问题系统是由一个个对象及其相互联系、相互作用而构成。它以数据为中心,将数据(或称为属性、状态)及可以施加在数据上的功能(或称

为操作、行为)捆绑在一起,称为对象。然后,由对象而抽象为类,通过继承形成类层次。对象间通过发送消息而相互联系和相互作用,从而完成系统的有关功能。这种方法与人类习惯的思维方式相同,从而使得设计结果容易被理解。同时,由于把数据和与数据有关的功能捆绑在一起,并且可以继承,这使得设计的系统能够适应数据或功能的变化。

进行面向对象程序设计,应该采用面向对象的程序设计语言。一般而言,面向对象的程序设计语言应该具有以下的特征:

- 支持对象(Object)的有关概念。
- 将对象抽象为类(Class)。
- 类通过继承(Inheritance)形成类层次。
- 对象间通过传递消息(Message)而相互联系。

11.3.1 类与对象

类和对象构成了面向对象编程语言的实现基础,类(Class)是面向对象的重要特征之一,也是 C++语言中最重要、最基本的概念之一。为了更好地理解类,先讨论一下 C++对结构体(Struct)的扩充。

1. 对结构的扩充

C++对 C 的结构进行了扩充。在 C 结构中,只含有数据成员;而在 C++的结构中增加了与数据成员的处理有关的函数,称为成员函数。

【例 11.14】 C++的结构体示例。

```
# include <iostream. h>
# include <math. h>
struct COMPLEX                        //结构体类型:COMPLEX(复数)
 { double real;                       // 复数的实部
   double image;                      //复数的虚部
   double AbsComplex()                //成员函数:求复数的绝对值
   { d ouble temp;
       temp = real * real + image * image;
       return sqrt(temp); }
 };                                   //该处分号不能少
int   main()
{ COMPLEX cpl;
  cpl. real = 6;
  cpl. image = 8;
  cout <<"复数"<< cpl. real  <<  ' + '<< cpl. image <<'i'<<"的绝对值为:";
  cout << cpl. AbsComplex( )<< endl;
  return 0;
}
```

程序运行结果如下:

复数 6 + 8i 的绝对值为:10

C++的结构成员通常分为两类:私有成员(private)和公有成员(public)。私有成员(包括数据和函数)只能被结构内部的成员函数使用,而公有成员则无此限制。在默认情况下,

C++规定结构的成员是公有的。

由于 C++ 对结构改动很大，于是 C++ 采用了一个更合乎实际的名称来取代它，这便是类（Class）。C++ 的类与扩充后的结构体虽然相似，但其最大不同是：在默认情况下，结构体中的所有成员都是公用的，而类的成员是私有的。

2. 类与对象

一个"类"就是对一组具有相同属性(特征)和操作(行为)的事物，即"对象"进行抽象而成，一个"对象"就是一个"类"的具体实例。在问题域中有意义的、与解决的问题有关系的任何事物都可作为对象，它可以是具体的物理实体，也可以是任何有意义的概念等。比如，学生是一个类，具体的某个学生"刘伟"则是学生类的对象；又如文具类的"钢笔"等，都是类的实例。在程序设计时，一个对象也就是一个变量。对象具有以下几个方面的特征：

(1) 对象的标志符或名字。

(2) 描述对象的属性。

(3) 与对象的属性有关的操作。

例如："刘伟"是一个"学生"对象。

对象名：刘伟

对象的属性：

姓名：刘伟

学号：00001

年龄：22

性别：男

总分：712

对象的操作：修改

类在 C++ 中就是一种用户自定义类型，对象也就是一个类的变量，类将数据和与数据有关的操作看成一个统一的整体，严格控制类的"使用者"对重要数据和内部处理细节的访问。类对外部提供统一的接口函数，类的内部相当于一个黑盒子。使用这些类的用户并不需要了解类的内部实现，只要知道如何调用这些函数即可，这就是面向对象程序设计的重要机制之一———封装(encapsulation)，类是实现封装的工具。这种封装性既方便类的使用者，又方便类的设计者。当改变类的设计时，只要不改变类对外提供的接口，类的使用者就不必改写自己的程序。封装性显著减少了程序各模块间的不良影响，有利于多人协作的大型软件的开发。在设计类时，首先要确定"类"的数据成员(属性)，然后再围绕数据成员确定与其有关的成员函数(操作)，不要设置与系统无关的数据成员与成员函数。设计过程中不要期望第一次就能正确地设计出有关的类，要不断地对实际问题进行分析、整理和抽象，以便得出较好的结果。

类声明的 C++ 语法形式如下：

```
class  类名
{  private:                     私有数据成员和成员函数
   public:                      公有数据成员和成员函数
   protected:                   保护数据成员和成员函数
} 对象名表;
```

说明：

（1）类声明中的 private、public 和 protected 3 个关键字的出现次序和次数可以是任意的，如果 private 在类声明一开始就出现，则可以省略。

（2）private、public 和 protected 用来设置访问安全保护措施，以实现对类中数据成员和成员函数的访问控制：private 后声明的数据成员和成员函数只能被类的成员和友元函数（后面介绍友元）访问；public 后声明的数据成员和成员函数没有访问限制；protected 同 private 基本相似，不同之处在于：子类可以使用 protected 之后声明的数据成员和成员函数，但不能使用 private 之后声明的数据成员和成员函数。

（3）数据成员的数据类型可以是任何数据类型，但不能用 auto、register 或 extern 修饰，类声明时不能赋初值。若用 static 修饰则表示该类的所有对象共享该数据成员，且必须在类外进行定义和初始化，这种数据成员称之为静态数据成员，相当于类所有对象的全局变量。下面通过定义一个学生类来说明类的定义方法，例如：

```
class   Cstudent
{ privat e:                          //下面是该类的 3 个私有成员
   char Name [20];
   int Id;
   int Score;
   public: //公用成员
   void display()                    //类的成员函数，是类的实现
    { cout << Name << endl;
      cout << Id << endl;
      cout << Score << endl;   }
   }; //类定义结束，其后的分号不能少
Cstudent    st1,st2;                 //创建 Cstudent 类的两个对象 st1、st2
```

类中的常见成员函数有如下 6 种：

（1）构造函数——用来对数据成员进行初始化，创建对象时调用，名字与类名相同，一个类可有多个构造函数，但参数个数或类型应不同。

析构函数——用来释放分配给对象的空间，撤销对象时调用，名字与构造函数相同，但前面多一个波浪号（～），析构函数没有参数，无返回值，一个类只有一个析构函数。

（2）静态成员函数——成员函数之前有 static 关键字，一般用于静态数据成员或全局变量的访问，同静态数据成员一样，为该类的所有对象共享。

（3）内联成员函数——一般在类内部定义，在调用该成员函数时，C++编译器将使用函数体中的代码替代函数调用表达式。在类外声明内联成员函数，在函数前加 inline 关键字。该成员函数必须先定义后调用，一般与类声明在同一个头文件中。

（4）虚函数——成员函数前有 virtual 关键字。

（5）const 成员函数——const 对象是一个常量，不允许修改其数据成员，而 C++默认非 const 成员函数可以修改数据成员，因此 const 对象不能调用。而 const 成员函数就是用来为 const 对象服务的。

（6）友元函数——友元函数在类中声明，声明时在函数前加 friend 关键字。它可以是另一个类的成员函数，或另一个类（则该类的所有成员函数都为友元函数），还可以是不属于任何类的普通函数。友元函数虽然可以直接访问类中的所有成员，但不是成员函数，不能通

过 this 指针来访问数据成员,而必须通过参数传递来的对象名或对象指针来使用该对象的成员。

【例 11. 15】 类的使用示例。

```
# include <string. h>
# include <iostream. h>
class   Cstudent
{   privat e:                                 //下面是该类的两个私有成员
    int Id;                                   //学号
    float Score;                              //成绩
    public:                                   //公用成员
    char Name [20 ];
    void SetScore(float Blscore)              //置成绩成员函数实现
    { Score = Blscore; }
    float DisScore()                          //显示成绩
    { return Score; }
    void SetId(int Idnum );                   //置学号成员函数声明
    int DisId();                              //显示学号
    void Display()                            //显示类的各成员变量的成员函数,是类的实现
    { cout << Name << endl;
      cout << Id << endl;
      cout << Score << endl;      }
    };                                        //类定义结束,其后的分号不能少

int Cstudent::DisId()                         //在类的外部实现显示学号成员函数
{ return Id; }
void Cstudent::SetId( int Idnum )
{ Id = Idnum;   }
int main()
{   Cstudent   Liuwei;                        //创建一个 Cstudent 类对象 Liuwei
    strcpy(Liuwei. Name,"刘伟");              //Name 是类的公用数据成员,可以在类外使用
        //不鼓励程序员这样直接访问对象内部数据
    Liuwei. SetId(3301);                      //学号与成绩是私有成员,只能由成员函数使用
    Liuwei. SetScore(98);                     //不能 Liuwei. Id = 3301;
    cout <<"姓名: "<< Liuwei. Name << endl;
    cout <<"学号: "<< Liuwei. DisId()<< endl;
    cout <<"成绩: "<< Liuwei. DisScore()<< endl;
    Liuwei. Display();
    return 0;
}
```

程序运行结果如下:

姓名:刘伟
学号:3301
成绩:98
刘伟
3301
98

类的成员函数既可以在类中实现,也可以在类中用函数原型作声明,在类外面定义。一

一般情况下,当类成员函数较多且长时,往往在类外实现。

外部定义的成员函数格式为:

```
函数类型 类名::函数名(形参说明表列)
  {
    函数体
  }
```

上例 11.15 中设置学号成员函数为:

```
void Cstudent::SetId( int Idnum )
  { Id = Idnum;}
```

注意:Cstudent::SetId(int Idnum)是一个整体,说明 SetId()是类 Cstudent 的成员函数。

类的私有成员只能由类的成员函数访问,如学号 Id、成绩 Score,而公有成员如姓名 Name 可以被类外的其他函数访问。

类的成员函数也称为"方法","方法"是对数据成员的操作。调用某个对象的成员函数,或称激活某个方法,在面向对象程序设计中,使用了一个重要的概念:消息(Message)。

消息是"对象"与"对象"之间的联系接口。通常,一个消息由 3 个部分组成:

(1) 消息的接受对象。

(2) 消息名。

(3) 零个或多个参数。

消息的接受对象是"类"的对象变量名,消息名就是类中公有成员函数的函数名,消息的参数就是公有成员函数的形式参数。向对象发送消息,就像函数调用,但含义不一样。例如,向 STUDENT 类的一个对象 Liuwei 发送一个消息,通知它执行 Display 方法,消息表示为"Liuwei.Display();",其中,Liuwei 为消息接受的对象,Display 为消息名。

在面向对象程序设计中,一个"类"实际上也就是一个独立的模块,而一个"对象"是一个"类"类型的变量。在"类"中封装了与类有关的数据(属性)和函数(操作),不鼓励程序员直接访问内部数据,而要通过类提供的外部接口(公有成员函数、友元函数等)。

11.3.2 构造函数与析构函数

1. 构造函数

构造函数是与类同名的特殊成员函数,当声明类对象时,构造函数被自动调用,为对象分配内存空间,对该对象进行初始化,类的设计者通过在类中设计构造函数来保证每一个类的对象都正确初始化。对用户而言,只需在创建对象时指定初始值。当类中没有显式定义构造函数时,由 C++ 语言编译系统自动生成。这样,对象的初始化无论在什么情况下都会自动进行,保证了类的安全使用。

构造函数的声明格式为:

```
  class 类名
{pu blic:
  类名();                          //默认构造函数原型
  类名(参数表);                    //一般构造函数原型
```

```
          类名(类名 & 对象名);                  //复制构造函数原型
    }
```

与其他成员函数一样,构造函数必须在类中声明原型,而构造函数的定义可以在类内,也可以在类外。在类外定义时必须指明所属的类,其名字与它所属的类名相同。例如,类 Cstudent 的构造函数名为 Cstudent。构造函数不能声明其返回值类型,定义时不能指定返回值。一个类可以有一个以上的构造函数。为了满足对象初始化的不同要求,可以设计不同的构造函数。

1) 默认构造函数

当一个构造函数没有任何参数时,称为默认构造函数。在类中定义默认构造函数来实现对象各数据成员的初始化,构造函数在创建不同的对象时作相同的初始化。如果类中没有用户定义的构造函数,编译程序会自动为其建立一个默认构造函数。例 11.15 中的 Cstudent 类中增加构造函数 Cstudent(), main() 函数中有关对象初始化语句就不需要了,系统自动调用构造函数 Cstudent() 对对象 Liuwei 初始化。

【例 11.16】 默认构造函数示例。

```cpp
# include <string. h>
# include <iostream. h>
class  Cstudent
{   privat e:                      //下面是该类的 3 个私有成员
    char Name [20 ];
        int    Id;
        int    Score;
    public:                        //公用成员
    Cstudent()                     //类的默认构造函数,没有形参,该函数不能有类型
{ strcpy(Name,"刘伟");            //对类的数据成员初始化
 Id = 3301;
 Score = 98;
    //return   0   不能有此语句,不能有返回值
    }
    void Display()                 //类的成员函数,是类的实现
    { cout << Name << endl;
     cout << Id << endl;
     cout << Score << endl;    }
    }; //类定义结束
int main()
{   Cstudent   Liuwei;             //创建一个 Cstudent 类对象 Liuwei
 //系统自动调用构造函数 Cstudent() 对 Liuwei 进行初始化
    cout <<"姓名: "<< Liuwei. Name << endl;
    cout <<"学号: "<< Liuwei. DisId()<< endl;
    cout <<"成绩: "<< Liuwei. DisScore()<< endl;
    Liuwei. Display();
    return 0;
}
```

程序运行结果如下:

姓名:刘伟

学号：3301

成绩：98

刘伟

3301

98

如果构造函数的定义在类外实现，必须指定属哪个类。例如：

```
Cstudent∷Cstudent()                    //类外实现的默认构造函数
{ strcpy(Name,"刘伟");
  Id = 3301;
  Score = 98;   }
```

2）带参数的构造函数

默认构造函数在实际应用上受到局限，我们常常要求在创建不同的对象时要赋给不同的初始值，这要求构造函数可以根据参数的不同完成不同的初始化。带形参的构造函数可以实现这一点。

【例 11.17】 带形参的构造函数。

```
# include <string.h>
# include <iostream.h>
class Cstudent
{   privat e:                          //下面是该类的 3 个私有成员
    char Name [20 ];
    int Id;
    int Score;
    publi c:                           //公用成员
 Cstudent(char n [20 ],int i, int sc = 0 );  //构造函数原型声明,有形参,可使用默认参数
void Display()                         //类的成员函数,是类的实现
{   cout <<"姓名: "<< Name << endl;
    cout <<"学号: "<< Id << endl;
    cout <<"成绩: "<< Score << endl;
  }
};
Cstudent∷Cstudent(char n [20 ],int i, int sc = 0 )  //类外定义构造函数
{ strcpy(Name,n);                      //对类的数据成员初始化
  Id = i;
  Score = sc;
}                                      //类定义结束
int main()
{   Cstudent   Liuwei("刘伟",3301,98),WangWu("王五",3302);
    //创建两个 Cstudent 类对象 Liuwei 与 WangWu,以不同的实参进行初始化
    Liuwei.Display();
    WangWu.Display();
    return 0;
}
```

程序运行结果如下：

姓名：刘伟

学号：3301

成绩：98
姓名：王五
学号：3302
成绩：0

在创建第二个对象 WangWu 时，构造函数的形参 sc 没有对应的实参，使用了默认参数形式，成绩以默认参数 0 初始化它的数据成员 Score。

3）复制构造函数

当构造函数将自已所在类的引用作为参数时，称之为复制构造函数。其定义如下：

```
C:: C(const C&Cx)
  {
   …
  }
```

例如：

```
  class C
{  public:
  C ();              //声明默认构造函数
  C (const C&Cx);    //声明复制构造函数
  …
};
  …
    C obj1;          //调用默认构造函数,创建对象 obj1
    C obj2(obj1);    //调用复制构造函数,复制同类对象 obj1 来创建 obj2
```

"复制构造函数"根据已初始化的同类对象来初始化未初始化的对象。创建对象时使用已存在的对象作为构造函数参数，系统自动调用复制构造函数完成创建与初始化工作。

【例 11.18】 复制构造函数的使用。

```
# include <string.h>
# include <iostream.h>
class   Cstudent
{ privat e:
  char Name [20 ];
  int Id;
  int Score;
  public:
  Cstudent(char n [20 ],int i, int sc = 0 )   //普通构造函数,有形参,可使用默认参数
  { strcpy(Name,n);                           //对类的数据成员初始化
   Id = i;
   Score = sc; }
     Cstudent(const Cstudent &Cst)            //复制构造函数,其参数为"引用"常量对象
  { strcpy(Name,Cst. Name);                   //利用对象 Cst 进行初始化
   Id = Cst. Id;
   Score = Cst. Score;   }
void Display()
{ cout <<"姓名: "<< Name <<  "   "
      <<"学号: "<< Id <<"   "
      <<"成绩: "<< Score << endl;
```

```
    }
};
int main()
 { Cstudent LiuWei("刘伟",3301,98);           //用普通构造函数创建 Cstudent 类对象 LiuWei
  Cstudent WangWu(LiuWei);                     //用复制构造函数创建 Cstudent 类对象 WangWu
  LiuWei.Display();
  WangWu.Display();
  return 0;
}
```

程序运行结果如下：

姓名：刘伟 学号：3301 成绩：98
姓名：刘伟 学号：3301 成绩：98

  C++采用按域复制的方式将参数代表的对象值复制到新建对象中。新对象与被复制对象初值虽然相同，但占用不同的存储空间。如没有自定义的复制构造函数，编译系统会自动创建一个默认的复制构造函数，但当类的数据成员含有指针成员时，默认的复制构造函数不能对其复制，必须自定义复制构造函数。

  C++编译系统自动生成的默认构造函数只为对象分配所需的空间，而不做其他工作。

  对没有定义构造函数的类，若其全部数据成员均为公有数据成员，则其对象的数据成员可以像结构体变量一样初始化，例如：

```
# include <string.h>
# include <iostream.h>
class   Cstudent
{   public :                                  //公用成员
   char Name [20];
       int Id;
     int Score;
   void Display()                             //类的成员函数，是类的实现
{  cout <<"姓名："<< Name << endl;
    cout <<"学号："<< Id << endl;
    cout <<"成绩："<< Score << endl;  }
}LiuWei = {"刘伟",3301,98};
   int   main()
   {  LiuWei.Display();
      return 0;
   }
```

程序运行结果如下：

姓名：刘伟
学号：3301
成绩：98

  对象初始化时，类的"构造函数"是如何知道初始化的具体对象呢？这是通过 C++为类成员函数提供的一个隐含对象指针 this 来实现的。

  this 是一个隐含指针，不能被显式地声明，它是一个局部变量。对象的每个成员函数都有一个指向该对象的指针，对象的成员函数通过 this 指针便可以知道自己属于哪一个对

象,也可以知道哪些成员属于同一个对象。利用 this 指针,同一个对象的成员可以互相调用,而无须指明成员所在的对象。例如:

```
class X
{
 int Xi;
       public:
 X(int i){ Xi = i; }                      //隐含使用 this 指针
};
```

它相当于:

```
class X
{
  int Xi;
  public:
  X(int i){ this -> Xi = i; }             //显式地使用 this 指针
};
```

2. 析构函数

构造函数在创建对象时自动完成为其分配内存空间及初始化工作,在对象使用完之后撤销对象的工作由类中另一特殊函数来完成,即析构函数。析构函数的名字是在类名前加一个"～"。一个类只能有一个析构函数,析构函数不能被重载,不能带任何参数,也不能有返回值。当一个对象的作用域结束时,系统会自动调用其析构函数完成撤销工作,将对象曾经占用的内存空间释放。对于用 new 动态申请的内存空间,则必须用 delete 操作释放,可以将 delete 放在析构函数中,在撤销对象时亦可释放 new 申请的空间。否则,析构函数不能释放 new 申请的空间。

如果一个类没有显式地说明析构函数,则系统自动生成一个默认的析构函数。但系统生成的析构函数只是简单地释放对象本身,而不能释放对象在使用中动态分配的内存空间。因此,在通常情况下,用户最好根据自己的需要在定义类时同时定义好析构函数。

【**例 11.19**】 构造函数与析构函数使用示例。

```
# include  <math. h>
# include  <iostream. h>
class  COMPLEX
{  private:                               //其后声明的成员为私有成员
  double real;
  double image;
public:                                   //其后声明的成员为公有成员
double AbsComplex()                       //求复数的绝对值,成员函数
{  double temp;
    temp = real * real + image * image;
    return sqrt(temp); }
    COMPLEX(double r,double i)            //构造函数:创建对象时被调用
      { real = r; image = i; }
      ～COMPLEX()                         //析构函数
      { cout <<"自动调用析构函数"<< endl;}
    };                                    //类定义结束
```

```
int main()
{ COMPLEX cpl(6,8);                    //调用"构造函数"初始化对象的私有成员 real 和 image
  cout <<"复数 6 + 8i 的绝对值为:"<< cpl. AbsComplex( )<< endl;
  return 0; }
```

【例 11.20】 用户自定义析构函数。

```
# include <string. h>
# include <iostream. h>
class  Cstudent
{ private:
  char * Name;
        int    Id;
        int    Score;
  public:
Cstudent(char * n, int i, int sc = 0 )      //普通构造函数,有形参,可使用默认参数
  {   cout <<"自动调用构造函数"<< endl;     //显示这行信息只说明构造函数是自动调用

    Name = new char  [20 ];                 //用 new 操作符为字符指针 Name 分配空间
    strcpy(Name,n);                         //初始化数据成员
     Id = i;
    Score = sc; }
  ~Cstudent()                               //析构函数
{ if  (Name) delete  [ ] Name;             //若 Name 不为空指针,则释放其占用的空间
 Name = NULL;
     cout <<"Cstudent 的对象被撤销,自动调用析构函数"<< endl;        }
void Display()                              //类的成员函数,是类的实现
{ cout <<"姓名: "<< Name << " "
       <<"学号: "<< Id <<" "
       <<"成绩: "<< Score << endl;  }
};
int main()
{  Cstudent  LiuWei("刘伟",3301,98);        //用构造函数创建 Cstudent 类对象 LiuWei
   LiuWei. Display();
   return 0;
}
```

例中构造函数中类成员指针变量 Name 申请了 20 字节的空间,因此必须定义析构函数释放 Name 分配的存储空间。

11.3.3　静态成员

C++的类定义中可以将关键字 static 用于一个类的成员,声明它们为静态的,这样的成员称为静态成员。一旦把类的成员声明为静态,将为所有该类的对象所共享。也就是说,一个类只有静态成员的一个副本,静态成员属于类,而不是属于类的对象,任意一个对象对静态成员的操作结果都会影响该类的其他对象。类的静态成员可以分为静态数据成员与静态成员函数。

1. 静态数据成员

(1) 静态数据成员在类定义中声明,格式为:

static 数据类型 数据成员变量名;

静态数据成员不能在构造函数中初始化,而必须使用之前在类外进行,也不需要加static。这是因为静态数据成员只能被初始化一次,而构造函数将多次被调用。

（2）静态数据成员初始化格式为:

数据类型 类名::静态数据成员名 = 初始值;

【例 11.21】 编程实现统计创建对象的个数。

```
# include <iostream.h>
class ObjCount
{ private:
    static int count;                        //静态数据成员声明
  public:
            ObjCount(){count++;}             //构造函数
            int GetValue(){return count;}
};
 int ObjCount::count = 0;                     //静态数据成员初始化,不能在构造函数中进行
void main()
{   ObjCount obj1,obj2,obj3,obj4;
    cout <<"The number of objects from obj1 is "<< obj1.GetValue()<< endl;
    cout <<"The number of objects from obj3 is "<< obj3.GetValue()<< endl;
    cout <<"The number of objects from obj4 is "<< obj4.GetValue()<< endl;
}
```

程序运行结果如下:

```
The number of objects from obj1 is 4
The number of objects from obj3 is 4
The number of objects from obj4 is 4
```

从程序执行结果可知,无论通过哪个对象调用成员函数 GetValue()得到的 count 的值都是相同的。

静态数据成员在类内声明,在类外全局范围赋初值,且赋初值时要同时指明数据类型与所属的类。如例中的语句"int ObjCount::count＝0;"。

若静态数据成员为公有成员,可以不使用成员函数而直接通过类来访问,即使未定义类的对象,如"cout << ObjCount:: count << endl;"。

建议不要在 public 部分声明静态数据成员,而要定义为私有成员,只能通过该类对象的成员函数才能访问,以便于对其进行保护。

静态数据成员类似于全局变量,存在于程序运行的始终,所不同的是,静态数据成员因为是类的成员而遵从类成员的访问规则。因此,静态数据成员的使用不但实现了全局变量的功能,而且也保持了数据封装的特性。

2. 静态成员函数

成员函数也可以被声明为静态的,格式为:

static 成员函数声明;

如将例 11.21 中的 GetValue()声明为静态成员函数:

static int GetValue();

静态成员函数可以不通过对象而直接调用。直接调用时,必须指明其所属的类,以确定是调用静态成员函数,且静态成员函数只能与类联系,它不属于任何对象。

【例11.22】 静态成员函数。

```
# include <iostream.h>
class ObjCount
{ private:
    static int count;                      //静态数据成员声明
  public:
  ObjCount(){count++;}                     //构造函数
  static int GetValue(){return count;}     //静态成员函数声明
};
int ObjCount::count = 0;                   //静态数据成员初始化,不能在构造函数中进行
    void main()
{   cout  <<"The number of objects from the static number function is "
          << ObjCount::GetValue()<< endl;    //对象未创建,直接调用
    ObjCount obj1,obj2,obj3,obj4;
      cout <<"The number of objects from obj1 is "<< obj1.GetValue()<< endl;
    cout  <<"The number of objects from the static number function is "
          << ObjCount::GetValue()<< endl;    }
```

程序运行结果如下:

```
The number of objects from the static number function is 0
The number of objects from obj1 is 4
The number of objects from the static number function is 4
```

例中不通过对象而直接调用静态成员函数的方法更能体现静态成员属于类而不属于任何对象这一特征。

静态成员函数没有 this 指针,因此,若在静态成员函数中访问非静态数据成员时,必须指明该静态成员函数在哪个对象上操作,通过对象或指向对象的指针来进行。

11.3.4 友元

前面讨论过,类的私有成员只能通过该类的成员函数才能访问,不允许类外的函数和外部类访问,这是面向对象程序设计的数据封装与数据隐藏的需要,对私有成员的这种限制给多个类必须共享同一函数的情况带来较大开销。为此,C++提供了一种允许外部类和函数存取类的私有与保护成员的方法,即将它们声明为给定类的友元,使之具有类成员函数的访问权限。

在类定义中,友元可以在类的私有部分或公有部分声明,但应该注意的是:友元本身不是类的成员。

1. 友元函数

友元函数(friend function)是指能访问类的所有成员的函数。一个函数若在几个类中声明为友元,它是多个类的友元函数。友元的声明格式为:

```
friend   函数类型   函数名(参数表);
```

友元函数在类的私有或公有部分声明,可以在类内或类外定义。类外定义友元函数的

方法与普通函数的定义方法相同,在它前面不能加 friend 与类名。友元函数的调用方法与成员函数不同,成员函数通过对象调用,而友元函数要对类的成员进行访问,必须将对象作为函数参数。

注意:C++不允许将构造函数、析构函数与虚拟函数声明为友元函数。

【例 11.23】 友元函数的使用。

```
//Friend function
# include <string. h>
# include <iostream. h>
class   Cstudent
{ privat e:                           //下面是该类的 3 个私有成员
int Id;                               //学号
float Score;                          //成绩
char Name [ 20 ];                     //姓名
 public:                              //公用成员
Cstudent();                           //声明默认构造函数
void Display();                       //显示类的各成员变量的成员函数
friend void DisplayFriend(Cstudent st); //友员函数声明
};                                    //类定义结束,其后的分号不能少
Cstudent::Cstudent()                  //类外实现的默认构造函数
{ strcpy(Name,"刘伟");
 Id = 3301;
 Score = 98; }
void Cstudent::Display()              //显示类的各成员变量的成员函数实现
{ cout <<"成员函数显示: "<< endl;
  cout <<"姓名: "<< Name <<"学号:"<< Id <<"成绩: "<< Score << endl; }
void DisplayFriend(Cstudent st)       // 友元函数定义,对象作为友元的形参
{ cout <<"友元函数显示: "<< endl;      //显示对象的各成员变量
  cout <<"姓名:"<< st. Name;
  cout <<"学号:"<< st. Id;
 cout <<"成绩:"<< st. Score << endl;
}
int   main()
{   Cstudent   Liuwei;               //创建一个 Cstudent 类对象 Liuwei
    Liuwei. Display();               //调用对象 Liuwei 的成员函数显示
    DisplayFriend(Liuwei);           //调用友元函数显示
    return 0;
}
```

程序运行结果如下:

```
成员函数显示:
姓名: 刘伟 学号: 3301 成绩: 98
友元函数显示:
姓名: 刘伟 学号: 3301 成绩: 98
```

注意:友元函数没有 this 指针,友元函数的定义必须显式实现。如例 11.23 中友元函数的调用 DisplayFriend(Liuwei),不隐含指向对象 Liuwei 的指针,而是将对象 Liuwei 作为其实参传入友元函数。

通过类内定义友元函数,实现了另一种存取该类私有与保护成员的方法。可见,友元函数与类的公有成员一样,也是类与外界的接口。但友元的使用在某种程度上破坏了类的封装性与隐藏性,因而要慎重使用。友元函数主要用于运算符重载。

2. 友元类

如果我们希望一个类能访问另一个类的私有成员时,可以将该类声明为另一类的友元。

如将 B 类声明为 A 类友元的方法是在 A 类定义中加入友元声明:

```
friend   class B;
```

一旦类 B 声明为类 A 的友元类,B 类的所有成员函数都可视为 A 类的友元函数,能存取 A 类的私有成员与保护成员。

例如:

```
 class A
{   int data;
  friend class B;
  public:
  void set(int);
};
class B
{public:
    void f1(A&a);
    int f2(A a)                      //f2 可以存取类 A 的对象 a 中的私有成员 data
    {return (a.data++); }
};
```

类 B 声明为类 A 的友元类,类 B 中的成员函数都是类 A 的友元函数,可以存取类 A 的私有和保护成员。

友元关系不具有对称性与传递性。也就是说,B 类是 A 类的友元类,并不意味着 A 类是 B 类的友元类。B 类是 A 类的友元类,C 类是 B 类的友元类并不意味着 C 类是 A 类的友元类。

11.3.5 运算符重载

有关重载的概念及函数重载在 11.2.5 小节中已经讨论过。C++中有两种重载:除了函数重载外,还有一种是运算符重载。函数重载是指同一作用域内的若干参数特征不同的函数可以使用相同的函数名字。运算符重载则是指赋予运算符多重定义,使同一运算符可以施加于不同类型的操作数上。

对基本数据类型,C++语言提供了许多预定义的运算符,这些运算符能以一种简单有效的方式工作。如"+"运算符:

```
int  a,b,c;
c = a + b;
```

完成两整数 a 与 b 相加的操作很简洁。但若 a、b 为两个复数,由于复数不是 C++的基本数据类型,不能像书写整数运算表达式一样来写复数的运算表达式。对复数加法,应是两者的实部与虚部分别相加。如果要求象对两整数求和一样对复数求和,我们可以对"+"运算符的含义重新做出解释,使之能完成这一新的功能,这就是运算符重载函数。

运算符重载函数名为:operator @,这里@表示 C++ 原有的运算符,operator 是关键字。在进行运算符重载时,函数的参数个数一般可以按以下的方法处理:

(1) 对非成员函数,若运算符是单目的,则有一个参数;若为双目的,则有两个参数;

(2) 对成员函数,若运算符是单目的,则无参数;若为双目的,则有一个参数。

运算符重载的一般格式为:

```
    返回类型 operator   运算符(参数表)
{
  //为运算符定义的操作代码
}
```

例如,对复数相加:

```
class COMPLEX                              //定义"复数"类
{  float real;                            //实部
   float image;                           //虚部
   public:
   COMPLEX operator + (COMPLEX comp)       // "＋"重载函数实现,一个形参
{ COMPLEX temp;                            //定义一个复数类变量
   temp. real = real + comp. real;         //实部相加,对象成员 real 是该运算的隐含操作数
   temp. image = image + comp. image;      //虚部相加
   return temp; }                          //将对象 temp 返回
};
```

在复数类 COMPLEX 中,用成员函数实现了"＋"的重载,两个该类的数据相加,将按重载函数定义的操作来执行。重载函数是 COMPLEX 的成员函数,隐含有指向该对象的指针 this,由 this 隐含指示一个参数,所以函数只用一个参数。

友元函数的一个重要应用就是实现运算符重载。若使用友元函数来实现重载"＋",由于友元函数没有隐含 this 指针,所以运算符重载时要求该运算符的操作数都必须在友元函数的参数表中明确声明。如上例中用成员函数实现的"＋"重载,用友元函数实现如下:

```
    friend COMPLEX operator + (COMPLEX comp1,COMPLEX comp2)
{   COMPLEX temp;
temp. real = comp1. real + comp2. real;        //实部相加
temp. image = comp1. image + comp2. image;     //虚部相加
return temp;   }                               //将对象 temp 返回
```

下面的示例中实现了复数类的"＝"、"＋＋"、"－－"等有关运算,其中"－－"用友元函数实现运算符重载。读者可以增加运算符"＊"、"/"等的重载函数。

【**例 11.24**】 运算符重载示例。

```
    //COMPLEX.H
class COMPLEX                              //"复数"类
{  float real;                            //实部
    float image;                          //虚部
    public:
    COMPLEX(float r = 0.0,float image = 0.0); //构造函数
    void Display();                       //显示复数
```

```
        COMPLEX operator + (COMPLEX comp);        //复数加,双目
        COMPLEX & operator = (COMPLEX comp);       //复数赋值
        COMPLEX operator - ( );                    //复数负数,单目
        COMPLEX operator ++( );                    //增一: 前缀方式,如:++c
        COMPLEX operator ++(int);                  //增一: 后缀方式,如: c++
friend COMPLEX operator -- (COMPLEX &c);           //友员函数,减一: 前缀方式
};
COMPLEX::COMPLEX(float r,float i)                  //构造函数,在类外定义
{ real = r; image = i; }
void COMPLEX::Display()
{
 if (image < 0) cout << real << image <<"i"<< endl;
 else cout << real <<" + "<< image <<"i"<< endl;   }
 COMPLEX COMPLEX::operator + (COMPLEX comp)  //双目运算符重载,一个形参
{   COMPLEX temp;
    temp.real = real + comp.real;
    temp.image = image + comp.image;
    return temp;    }
COMPLEX & COMPLEX::operator = (COMPLEX comp)  //返回 this 指针的间接引用
{   if (this! = &comp)                        //防止自赋值 comp = comp 的形式
{   real = comp.real;
  image = comp.image; }
  return * this;                     //this 是一个默认的指针,指向成员函数所属的对象,即变量
}
COMPLEX COMPLEX::operator - ( )
{   COMPLEX temp;
  temp.real = - real;
    temp.image = - image;
    return temp;    }
COMPLEX COMPLEX::operator ++( )
{   ++real;
  ++image;
    return * this;    }
COMPLEX COMPLEX::operator ++(int)    //形参不参与运算,只作函数重载特征
{   COMPLEX temp;                    //创建一个对象
    temp.real = real++;
    temp.image = image++;
    return temp;    }
COMPLEX operator -- (COMPLEX &c)
//友元函数定义,单目运算符,使用一个别名引用作形参,双目运算符要两个形参
{   -- c.real;
    -- c.image;
    return c; }
//COMPLEX.CPP
# include "complex.h"
# include <iostream.h>
void main()
{   COMPLEX compx(5,6),compy(7,8),compz;
        cout <<"compx = ";   compx.Display();
        cout <<"compy = ";   compy.Display();
        compz = compx + compy;
```

```
        cout <<"compz = compx + compy = "; compz.Display();
        compz = - compx;
        cout <<"compz = - compx 后 compz 的值为:"; compz.Display();//负数
         -- compx;
        cout <<" -- compx 的值为:"; compx.Display();   //自减,前缀方式
        compz = ++compx;
        cout <<"++compx 的值为:"; compz.Display();    //自增,前缀方式
    compz = compx++;
 cout <<"compx++的值为:"; compz.Display();          //compz 的值应为 compx 未自增前的值
        cout <<"而 compx 的值为:"; compx.Display();
    }
```

程序运行结果如下:

compx = 5 + 6i
compy = 7 + 8i
compz = compx + compy = 12 + 14i
compz = - compx 后 compz 的值为: - 5 - 6i
 -- compx 的值为:4 + 5i
++compx 的值为:5 + 6i
compx++的值为: 5 + 6i
而 compx 的值为:6 + 7i

例中在实现赋值运算符"="重载时,通过 this 指针返回一个 COMPLEX 类对象的引用。如"compy=compx;",this 指向 compy,在重载函数中对 compy 的引用的赋值也就是对它本身的操作,因此可以通过返回其引用来实现赋值。在函数实现时,不能通过返回临时变量的引用来实现,如:

```
 COMPLEX & COMPLEX::operator = (COMPLEX comp)        //要求返回对象的引用
{   COMPLEX temp;
    temp.real = comp.real;
    temp.image = comp.image;
  return   &temp;   }
```

由于 temp 是局部对象变量,在函数返回时对象会被撤销,返回的引用将是一个已经不存在的对象的引用,对其进行操作的后果是不可预料的。

运算符重载在 C++ 中是非常有用的,但下面几点值得注意:

(1) 重载运算符与预定义运算符的使用相同:相同操作数、相同优先级、相同结合性。

(2) 在 C++ 中,有少数运算符不能重载,如.、∷、* 、∷、?:、# 等。

(3) 在 C++ 中,有些运算符不能用友元函数重载,如=、()、[]、—>等。

(4) 双目运算符重载为成员函数,则第一个操作数类型应为成员所属类类型。

(5) 若双目运算符的第一个操作数类型不是类类型,则应用友元函数重载该运算符。

(6) 一般来说,一元运算符、复合赋值运算符(如+=、%=等)、=、()、[]、—>等重载为成员函数;其他二元运算符重载为非成员函数;此外,=、()、[]、—>这 4 个运算符不能使用友元重载。

11.3.6 继承与派生

在面向对象程序设计中,继承是另一个重要的机制。继承(Inheritance)就是利用已有

的数据类型定义出新的数据类型。

在一个已有类的基础上,通过增加或修改少量代码而得到另一个新类,称为类的继承。把已有类称为基类(base class)或父类,新生成的类称为派生类(derived class)或子类。基类是若干"类"的共性进一步抽象后形成的更抽象的类。派生类继承了基类的所有数据成员与成员函数,因而不必重复定义基类中已有的相同成员,而是自动共享。通过继承,基类派生出子类,类与类之间形成一个层次结构的系统,上层为基类(父类),下层为派生类(子类)。如果一个派生类只有一个基类,则称之为单重继承;如果一个派生类有若干基类,则称之为多重继承。

通过继承,合理地解决了程序设计中代码重用的问题,提高了程序设计的效率。如图11.1所示,每一个框表示一个类,虚线表示该类的实例;半圆符号表示分类联系。由图可见,"学生"类分为"大学生"和"研究生"两类,属单重继承;"在职研究生"类有两个父类"研究生"类和"职工"类,属多重继承。子类只列出了与父类不同的属性和操作,相同的部分由继承而得到。例如,"大学生"类与"学生"类相比,多一个属性"专业";"研究生"类与"学生"类相比,多出两个属性"研究课题"和"导师"以及一个操作"选题"。"在职研究生"的属性和操作将包括"职工"类和"研究生"类这两类中的属性和操作。

图 11.1 类层次示意图

1. 派生类声明

根据派生类继承来源的不同,其声明格式也不同。

（1）单一继承派生类的声明格式为：

```
class   派生类名：派生方式   基类名
   {
   //派生类新增的数据成员和成员函数
   };
```

其中，派生方式即引用权限，反映了基类成员在派生类中的访问权限，有 3 种方式：private、public 和 protected，默认的派生方式为 private。在不同派生方式下，基类成员在派生类中的访问权限如表 11.1 所示。

派生类包括继承的基类成员与新增加的成员。对从基类继承的成员的引用，并不是简单地把基类成员的公有成员与私有成员作为派生类的公有成员与私有成员，而是要根据基类成员的引用权限与在派生类声明时的引用权限共同决定。

对于表 11.1 来说，如果派生方式为公有派生，则派生类把基类的 public 和 protected 成员分别继承为自己的 public 和 protected 成员；如果是私有派生，则派生类把基类的 public 和 protected 成员都继承为 private 成员；如果是保护派生，则派生类把基类的 public 和 protected 成员都继承为 protected 成员。

表 11.1　基类成员在派生类中的访问权限

派生方式	基类中成员的访问权限	派生类中成员的访问权限	派生类对基类成员的访问特性	外部函数对基类成员的访问特性
public	public	public	可访问	可访问
	protected	protected	可访问	不可访问
	private	private	不可访问	不可访问
private	public	private	可访问	不可访问
	protected	private	可访问	不可访问
	private	private	不可访问	不可访问
protected	public	protected	可访问	不可访问
	protected	protected	可访问	不可访问
	private	private	不可访问	不可访问

注意：无论以何种方式派生，基类的私有成员不能被继承。

（2）多重继承派生类的声明格式为：

```
class   派生类名：派生方式 1   基类 1,派生方式 2   基类 2,……
   {
   //派生类新增的数据成员和成员函数
   };
```

例如：

```
class Z: W,public X,protected Y
   {   //派生类 Z 新增的数据成员和成员函数
   };  //类 Z 私有继承了类 W,公有继承了类 X,保护继承了类 Y
```

2. 派生类的构造函数

对于基类的成员，派生类不能继承其构造函数和析构函数。当基类含有带参数的构造函数时,派生类必须定义构造函数,以提供将参数传递给基类的构造函数的途径。

派生类构造函数的一般格式为:

派生类构造函数名(参数表):基类构造函数表
{
//… …
}

其中,基类构造函数表由一个或多个基类构造函数声明组成,声明之间用逗号(,)间隔,一般形式为:基类构造函数名(参数表)。例如:

```
Z(int m, int n, int p): W(m), X(n), Y(p)
{ //… }
```

如果派生类中含有对象成员时,对象成员的初始化形式与基类的初始化形式相似,只是将"基类构造函数名"改为"对象成员名"。例如:

```
Z(int m, int n, int p, int q): W(m), X(n), Y(p), member(q)
{ //… }
```

其中,member 是类 Z 的对象成员。

说明:

(1) 定义派生类对象时,构造函数的执行顺序为:基类的构造函数(派生类声明时从左到右的顺序);对象成员的构造函数(由对象成员在类中声明的先后次序决定);派生类的构造函数。

注意:在"清除"对象时,析构函数的调用顺序与构造函数的调用顺序正好相反。

(2) 如果基类构造函数不带参数,则派生类不一定要定义构造函数。

(3) 每个派生类只需对其直接基类的构造函数传递参数。

(4) 如果在派生类中存在与基类同名的成员,派生类直接使用该成员的名字,表示使用派生类中定义的成员。如果要用基类的同名成员,则要用作用域运算符(::)来限定。

(5) 如果想终止某一基类再被继承,可以使用私有派生方式加以限制;反之,若希望某个基类可以不断地被派生下去,则应采用公有派生方式。

【例 11.25】 派生类对基类的访问。

```
//STUDENT. H
# include <iostream.h>
# include <string.h>
class STUDENT              //学生类
{ private:                //其后声明的成员为私有成员
struct BIRTHDAY           //学生的出生年月
{  unsigned year;
unsigned month;   } birth;
public:                   //其后声明的成员为公有成员
char name [16];           //姓名
char id [8];              //学号
STUDENT(unsigned y, unsigned m)    //构造函数
{  birth. year = y;
   birth. month = m; }
```

```
void PrintBirth(void)                    //输出出生年月
{ cout <<"出生年月:"
 << birth. year <<"年"<< birth.month <<"月"<< endl; }
};
class C_STUDENT:STUDENT                   //大学生派生类,继承了 STUDENT 的内容
{ char major [20];                       //专业,STUDENT 原来没有的,新增的数据成员
 public:
 C_STUDENT( unsigned y,unsigned m, const char * n, const char * i,
 const char * mj):STUDENT(y,m)           //C_STUDENT 的构造函数
{   strcpy(name,n);                       //使用 STUDENT 中的公有数据成员 name
  strcpy(id,i);
  strcpy(major,mj);      }
void PrintInformation(void)              //打印大学生信息
{   cout <<"姓名:"<< name << endl;       //使用 STUDENT 中的公有数据成员 name
    cout <<"学号:"<< id << endl;
    cout <<"专业:"<< major << endl;
      //cout <<"出生年月"<< birth. year;
    //birth. year 是 STUDENT 的私有数据成员,在这里不能使用
    STUDENT::PrintBirth();               //调用 STUDENT 的成员函数 PrintBirth
   }
};
int main()
{  C_STUDENT st_obj(1983,10,"刘伟","3301","信息工程");
   st_obj.PrintInformation( );
   return 0;}
```

程序运行结果如下:

姓名:刘伟
学号:3301
专业:信息工程
出生年月:1983 年 10 月

注意:基类(即父类型)的公有成员可在该派生类(相应称为子类型)中作为其成员一样使用。但基类的私有成员不能在派生类中访问。另外,基类的对象只能调用基类的成员函数,不能调用派生类的成员函数。

11.3.7 多态性与虚函数

多态性(Polymorphism)是面向对象程序设计的第三个重要机制。所谓多态性,是指同样的消息被不同类的对象接收时导致完全不同行为的这样一种状态。同一个消息作用于不同的对象,其结果各不相同,具有多种形态。这里的消息是指对对象成员函数的调用。前面讨论过的函数重载实现了一种多态性。

例如,对图 11.1 中的"学生"对象、"大学生"对象、"研究生"对象和"在职研究生"对象发送"显示"这一消息,则显示的内容项各不相同。也就是说,在这些类中,"显示"对应的代码各不相同,这就是所谓多态性。

1. 静态联编与动态联编

联编(binding)是指将函数调用与相应函数体代码彼此相关联的过程。如果联编在编

译阶段完成,则称为静态联编(static binding)。重载函数就是采用静态联编的方式。例如求不同类型的两数中较小数的重载函数:

```
int Min(int a, int b);
float Min(float x, float y);
```

虽然两个函数具有相同的函数名 Min,但由于其参数类型不同,编译程序可以据此来自动选择对应的函数体进行匹配,也就是说重载函数可以在编译时确定调用哪个函数,因而称为静态联编。

在 C++中还有一种联编方式称为动态联编(dynamic binding)。这种方式是在程序运行时进行联编,一般通过函数指针或引用来实现。

2. 虚函数

在 C++中,多态性通过虚函数(Virtual function)来实现,而虚函数存在于继承环境中。虚函数机制使得基类(父类)中定义虚函数后,派生类(子类)中可以重写基类(父类)中成员函数的代码,从而使得在类层次结构中,同一个成员函数可以有不同的版本(即不同的代码)。此时,当一个基类类型的指针指向派生类对象时,若向指针所指的对象发消息,则应该是派生类对象对应的函数代码被执行。但指针所指的对象可能只有在执行时才能知道,这样到底执行哪些代码只有在运行时才能根据指针所指的对象来决定,因此虚函数采用动态联编的方式实现。先看如下示例。

【例 11.26】 静态联编示例。

```
# include   <iostream.h>
class BASE
{  int bx;
   public:
     BASE(int b){ bx = b;}                    //基类构造函数
   void Display(void) { cout <<"BASE:"<< bx;}
   void Inc(void) {bx++;}
 };
class INHERITED:public BASE
{ int dx;
  public:
  INHERITED(int b, int d):BASE(b),dx(d){ }  //派生类构造函数
  void Display(void)      { cout <<"INHERITED:"<< dx; }
  void Inc(void) {dx++;}
};
void func(BASE &obj)
{   obj.Inc();
    obj.Display();
}
int main()
{   BASE baseobj(5);                 //基类对象声明
    BASE * bp;                       //定义基类指针
    INHERITED iobj(5,15);            //派生类对象声明
    cout << endl <<"指针引用: ";
    bp = &baseobj;                   //基类指针指向基类对象
    bp -> Display();
```

```
        bp = &iobj;                         //基类指针指向派生类对象
        bp -> Display();
        // ip = &baseobj;    错误：派生类指针不能指向基类对象
              // ip -> Display();
        ip = &iobj;
        ip -> Display();
        cout << endl <<"对象引用: ";
        baseobj.Display();
        iobj.Display();
        cout << endl <<"函数调用: ";
        func(baseobj);
        func(iobj);
        return 0;
    }
```

程序运行结果如下：

```
指针引用: BASE:5 BASE:5 INHERITED:15
对象引用: BASE:5 INHERITED:15
函数调用: BASE:6 BASE:6
```

分析程序运行的结果,我们可知,通过指针调用成员函数只与指针类型有关,与此刻指向的对象无关。基类指针无论指向基类对象还是派生类对象,利用 bp -> Display()调用的都是基类成员函数 Display()。若要调用派生类中的成员函数 Display()必须通过对象来调用,或定义派生类指针才能实现。这种通过用户自己指定调用成员函数(如 iobj.Display()),在编译时根据类对象来确定调用该类成员函数的方式,是静态联编。另外,在给 func()函数传递的无论是基类 BASE 的对象 baseobj 还是 BASE 的派生类 INHERITED 的对象,执行的结果都为 BASE:6,而不是 BASE:6 与 INHERITED:16。显然,这个结果不是我们期望的结果。这是由于采用了静态联编的方式,即编译器在编译时已将 func 函数中的 Inc()和 Display()与 BASE 类的 Inc()成员函数和 Display()成员函数相关联的结果。

解决这一问题的办法就是将确定函数体和函数调用的联系推迟到运行时,即采用动态联编方式。在 C++ 中,为了使特定函数进行动态联编,要求在基类声明这个函数时使用 Virtual 关键字,此函数也就称为虚函数。

对于上例的情况,只需在 BASE 类中的 Inc()成员函数和 Display()成员函数前加上 Virtual 关键字即可。Virtual 关键字既可以放在函数返回类型之前,也可放在函数名和函数返回类型之间。上例程序可修改如下。

【例 11.27】 虚函数实现多态性示例。

```
# include   <iostream.h>
class BASE
{ int bx;
public:
 BASE( int b){ bx = b;}                          //基类构造函数
 virtual void Display(void) { cout <<"BASE:"<< bx;}   //声明为虚函数
 virtual void Inc(void) {bx++;}
};
class INHERITED:public BASE
```

```
{ int dx;
public:
  INHERITED(int b,int d):BASE(b),dx(d){ }              //派生类构造函数
  void Display(void)    { cout <<"INHERITED:"<< dx; }
  void Inc(void) {dx++;}
};
void func(BASE &obj)
{ obj.Inc();    obj.Display(); }
int main()
{ BASE baseobj(5);                                     //基类对象声明
  BASE * bp;                                           //定义基类指针
  INHERITED * ip, iobj(5,15);                          //派生类对象声明
  cout << endl <<"指针引用:";
  bp = &baseobj;                                       //基类指针指向基类对象
  bp -> Display();
  bp = &iobj;                                          //基类指针指向派生类对象
  bp -> Display();
  ip = &iobj;
  ip -> Display();
  cout << endl <<"对象引用:";
  baseobj.Display();
  iobj.Display();
  cout << endl <<"函数调用:";
  func(baseobj);
  func(iobj);
  return 0;
}
```

程序运行结果如下：

指针引用：BASE:5 INHERITED:15 INHERITED:15
对象引用：BASE:5 INHERITED:15
函数调用：BASE:6 INHERITED:16

上例中，将 Display()、Inc() 在基类中声明为虚函数,且在派生类中进行了重新定义。当通过基类指针多次调用虚函数时,根据指向的对象不同调用了不同对象所属类的成员函数;函数 func() 也由于参数使用不同类的对象而调用不同类的成员函数。运行结果可知,虚函数实现了运行时的多态性。

对虚函数,以下几点值得注意:

(1) 虚函数无论被继承多少次,仍是虚函数;若在派生类中对其重新定义,关键字 Virtual 可写可不写,但函数的原型必须与基类的函数原型完全相同,包括函数名、返回类型、参数个数和参数类型的顺序。此时无论在派生类中的相应成员函数前是否加有关键字 Virtual,都将视其为虚函数。如果只是函数名相同,而函数原型不同,则 C++ 会将之看作函数重载,而不是虚函数。

(2) 静态成员函数、构造函数和友元函数都不能被声明为虚函数,因为它们依赖于对象。此外,全局函数与内联函数也不能声明为虚函数。

(3) 一般只将 protected 或 public 部分的成员函数声明为虚函数。

(4) 析构函数可以是虚函数。如果基类说明了虚析构函数,则派生类的析构函数自动成为虚析构函数;若派生类中没有定义析构函数,则为派生类自动生成的析构函数是虚析构函数。当撤销一个派生类的对象时,会由最底层派生类的析构函数开始调用,并依派生类继承的逆序逐一调用直至最顶层基类。

(5) 只有通过基类指针或引用访问基类的虚函数时才能获得运行时的多态性。

(6) 若虚函数在派生类中未被重定义,则通过派生类对象访问该虚函数时将使用基类中定义的同名虚函数。

(7) 虚函数可以是另一个类中的友元函数。

3. 纯虚函数与抽象类

在访问基类虚函数时若不通过基类指针或引用来访问基类的虚函数,则不能实现多态性。如例 11.27 中的函数 func(Base &obj)定义改为:

```
 void func(BASE obj)                              //没有用引用
{  obj.Inc();
   obj.Display();
}
```

将只能调用基类中成员函数 Inc() 与 Display(),尽管它们在基类中已声明为虚函数。为了防止这种情况的发生,C++提供了一种称为“纯虚函数”的机制。在基类中只声明虚函数,而不给出具体函数定义,将函数定义放在各派生类中,称这种虚函数为纯虚函数(pure virtual function)。

声明纯虚函数的形式为:

virtual 函数返回值类型 函数名(参数表) = 0;

或

virtual 函数返回值类型 函数名(参数表) = 0
  {
    函数体
  }

其中,virtual 关键字与“函数返回值类型”的位置可以互换。

声明了纯虚函数的类为抽象类(abstract class)。抽象类在现实中对应的只是一个概念,并不与具体的事物联系。比如,“几何形状”类就是一个抽象类,要在“几何形状”类中定义一个求面积的函数显然是无意义的。抽象类作为基类只是用于继承,主要用来为它的派生类提供相同的接口和代码,各派生类将根据不同的情况来对虚函数进行重新定义,具体功能在派生类中实现。通过该基类指针或引用,可以调用所有派生类的虚函数。

对于抽象类的使用,以下几个方面值得注意:

(1) 抽象类只能作为其他类的基类,不能用来建立该类的对象,但可以声明指向抽象类的指针变量和引用变量。

(2) 纯虚函数中定义的代码在派生类中可以通过作用域运算符(∷)来调用它。

(3) 抽象类不能用作参数类型、函数返回值类型或显式转换的类型,但可以用作指针或引用的类型。

（4）抽象类的派生类中若对"纯虚函数"没有重新定义，则这个派生类仍还是一个"抽象类"。

（5）抽象类可以有多个纯虚函数。

【例 11.28】 纯虚函数与抽象类的使用。

```cpp
# include <iostream.h>
const   double   PI = 3.14;
class   Shape                        //抽象类定义
{public:
  virtual void   area() = 0;         //声明纯虚函数
};
class Ccircle:public Shape           //派生类定义
{ double r,s;
    public:
  Ccircle(double radius):r(radius){   };
  void area()
  { s = PI * r * r;     cout <<"圆面积 = "<< s << endl; }
};
class Ctriangle:public Shape
{ double w,h,s;
public:
  Ctriangle(double width,double high):w(width),h(high)     {   };
  void area()
  { s = w * h/2;     cout <<"三角形面积 = "<< s << endl;       }
};
int main()
{   Shape * bp;                      //声明基类指针 bp
  Ccircle CircleObj(3);              //创建派生类圆对象,半径为 3
  Ctriangle TriangleObj(4,3);        //创建派生类三角形对象,三角形底为 4,高为 3
    bp = &CircleObj;                 //bp 指向对象 CircleObj
    bp -> area();                    //调用的是 Ccircle 类的成员函数 area()
    bp = &TriangleObj;               //bp 指向 TriangleObj
    bp -> area();                    //调用的是 TriangleObj 类的成员函数 area()
    return 0;
}
```

程序运行结果如下：

```
圆面积 = 28.26
三角形面积 = 6
```

在程序中定义了一个几何形状基类（抽象类）Shape，为派生类提供一个求面积接口 area()，它并没有具体实现该函数，因此将 area() 声明为纯虚函数。当基类指针指向不同的对象时，bp—> area()调用不同类的成员函数 area()。

在继承时，派生类继承了基类的所有数据成员的副本。在多重继承时，如果基类又有共同的基类，则派生类中存在成员相重现象而导致冲突。为了解决这种冲突，C++中只需将这个共同的基类说明为虚基类即可。所谓虚基类，是指这样的基类：它虽被一个派生类间接地多次继承，但派生类只继承该基类成员的一个副本。这就避免了在派生类中访问这些成员时产生成员冲突的现象。

在定义派生类时,将一个基类声明为虚基类的方法是在各派生类定义时,在基类的名称前加上关键字 virtual,格式为:

```
class 派生类名: virtual public 基类名
  {
    声明派生类成员
  };
```

注意:

(1) 如果虚基类存在带参数的构造函数,则在其所有的派生类(无论是间接还是直接的)都必须定义构造函数对虚基类进行初始化。

(2) 基类构造函数的调用顺序为:先按声明的先后顺序调用虚基类的构造函数,再按声明的先后顺序调用一般基类的构造函数。

11.4 应 用 举 例

【例 11.29】 输入若干学生成绩,按成绩由高到低排序。

```
//student.h
# include <iostream.h>
# include <iomanip.h>
# include <string.h>
class STUDENT                              //学生类
{   char name [13];                        //姓名
      char id [6];                         //学号
public:
  float score;                             //成绩
  void Get(void);                          //获取学生信息
  void Display(void);                      //显示学生信息
  STUDENT & operator = (STUDENT);          //赋值运算符重载
  friend void Sort(STUDENT * SC,unsigned sz);
  //排序,SC 为数组,sz 为数组的大小
};
STUDENT &STUDENT::operator = (STUDENT s)
{ if (this! = &s)                          //防止自赋值,即 s = s 的形式
  { strcpy(name,s.name);     strcpy(id,s.id); score = s.score;      }
return * this;
}
void STUDENT::Get(void)
{   cout <<"姓名 "<<"学号 "<<"成绩: ";
      cin >> name >> id >> score;
}
void STUDENT::Display(void)
{ cout << setw(12)<< name << setw(12)<< id << setw(12)<< score << endl;}
void Sort(STUDENT * SC,unsigned sz)
{   unsigned i,j,k;
    STUDENT * pSC;
    if (! sz || sz == 1) return;           //数组中没有元素或元素个数为1,则不用排序
    pSC = new STUDENT;                      //用 new 分配变量空间
```

```cpp
        for ( i = 0;i < sz - 1;i++)                //采用选择法排序
        {   k = i ;
            for (j = i + 1;j < sz;j++)
    if (SC [k ].score < SC [j ].score){k = j;}
            if (k! = i){   * pSC = SC [i ]; SC [i ] = SC [k ]; SC [k ] = * pSC;}
        }
        delete pSC;                               //删除用 new 分配的变量空间
}
//student.cpp
# include "student. h"
int main( )
{  unsigned size,i;
    cout <<"输入学生人数:";   cin >> size;
    if (! size)      return 0;                    //输入人数为 0,终止程序运行
   STUDENT * SClass;                              //定义指向 STUDENT 类变量的指针
    SClass = new STUDENT [size ];                 //用 new 为数组分配空间
    if (! SClass)   { cout <<"内存不够!";   return 0;      }
    for (i = 0;i < size;i++)
    {   cout <<"输入第"<< i + 1 <<"位学生的信息"<< endl;
        SClass [i ].Get( );                       //输入学生信息
    }
    Sort(SClass,size);                            //排序
    cout <<"学生按成绩从小到大排序后的结果为:  n";
cout. setf(ios::left,ios::adjustfield);           //使用 ios 流类格式控制成员函数,左对齐
    cout << setw(12)<<"姓名"<< setw(12)<<"学号"
  << setw(12)<<"成绩"<< endl;
    for (i = 0;i < size;i++)
  SClass [i ].Display( );                         //显示学生信息
delete [ ] SClass;                                //删除用 new 分配的数组空间
return 0;
}
```

程序运行结果如下:

```
输入学生人数:3 ↙
输入第 1 位学生的信息
姓名 学号 成绩: Liuwei  1  88 ↙
输入第 2 位学生的信息
姓名 学号 成绩: Wangwu  2  80 ↙
输入第 3 位学生的信息
姓名 学号 成绩: Zhaoliu  3  85 ↙
```

学生按成绩从高到低排序后的结果为:

```
姓名      学号    成绩
Liwei      1      88
Zhaoliu    3      85
Wangwu     2      80
```

为了代码重用,往往把类声明放在一个头文件中,如 student. h,而将其他函数放在应用程序中,如 student. cpp。

【例 11.30】 实现一个简单的学生管理系统。学生包括本科生、研究生,要求可以对本科生的简单的个人信息进行录入并显示,研究生与本科生不同的是研究生有导师。

在该学生管理系统中,定义了学生类 Student,并在此基础上派生出研究生类 GraduateStudent,程序如下:

```cpp
# include <iostream. h>
# include <string. h>
class Student
{  protected:
char Name [ 20 ];                        //姓名
int Id;                                  //学号
char Sex;                                //性别
int Grade ;                              //年级
public:
 Student( int grad, char se = 'M', char * pName = "no name", int stId = 0)
   {  strcpy(Name, pName);
Id = stId; Grade = grad; Sex = se;
   }
 Student(const Student &st)              //复制构造函数
   {  strcpy(Name, st. Name);
Id = st. Id;   Grade = st. Grade; Sex = st. Sex;
   }
 friend ostream &operator << (ostream &out, const Student &st);
 };
ostream &operator << (ostream &out, const Student &st)
   {  out <<"学生姓名: "<< st. Name <<",学号: "<< st. Id <<", 年级: " << st. Grade << ", 性别 : "
<< st. Sex << endl;
return out;
}
class GraduateStudent :public Student
{  protected:
char * m_pAdvisor;                       //导师姓名
public:
GraduateStudent(char * advisor, int grade, char gender = 'M',  //符号" "是用来连接两行的符号
char * pName = "no name", int ssId = 0) :Student(grade, gender, pName, ssId)
 {   m_pAdvisor = new char [strlen(advisor) + 1 ];
strcpy(m_pAdvisor, advisor);
}
 ~GraduateStudent()
 { if(m_pAdvisor != NULL) delete   [ ]m_pAdvisor;}
char * getAdvisor()
 { return m_pAdvisor; }
 friend ostream &operator <<(ostream &out, const GraduateStudent &st);
 };
ostream &operator <<(ostream &out, const GraduateStudent &st)
{   out <<"学生姓名: " << st. Name <<"    学号 : " << st. Id
<<"   年级 : " << st. Grade << "    性别 : " << st. Sex
<<"    导师 : "<< st. m_pAdvisor << endl;
```

```
    return out;
    }
    # define STUDENTNUM 10
    int main()
    {   Student wangmei(2,'F',"wangmei",6);
    cout << wangmei;
    GraduateStudent leiming("lixiang",2,'F',"leiming",6);
    cout << leiming;
    char * name = new char [20];                //用来存储姓名
    int No;                                     //学号
    char gender;                                //性别
    int grade;                                  //年级
    int stuCount = 0;                           //学生数目
    Student * stuArray [STUDENTNUM];
    cout << "请输入学生的学号,如果输入为0,输入结束:";
    cin >> No;                                  //从键盘输入学号
    while( No != 0 )
    {   cout << "请输入学生的姓名 性别 [M/F] 年级: "
    cin >> name >> gender >> grade;
    stuArray [stuCount++] = new Student(grade,gender,name,No);
    if (stuCount == STUDENTNUM)
     {   cout <<"达到最大学生数目"<< stuCount <<",停止输入!  n";
    break;
    }
    cout <<"请输入学生的学号,如果输入为0,输入结束:";
    cin >> No;
    }
    cout <<"输入了"<< stuCount <<"个学生信息:   n";
    for(int i = 0;i < stuCount;i++)
     { cout << * stuArray [i]<< endl;}
    delete name;                                //释放空间
    for( i = 0;i < stuCount;i++)
     delete stuArray [i];
    return 0;
    }
```

程序运行结果如下:

学生姓名: wangmei   学号:6   年级: 2   性别: F
学生姓名: leiming   学号:6   年级 :2   性别: F   导师: lixiang
请输入学生的学号,如果输入为0,输入结束: 1 ↙
请输入学生的姓名 性别 [M/F] 年级: tanjingjing F 3 ↙
请输入学生的学号,如果输入为0,输入结束: 2 ↙
请输入学生的姓名 性别 [M/F] 年级: tanchanggeng M 1 ↙
请输入学生的学号,如果输入为0,输入结束: 0 ↙
输入了 2 个学生信息:
学生姓名: tanjingjing   学号:1   年级: 3   性别: F
学生姓名: tanchanggeng   学号:2   年级 :1   性别: M

习　题　11

11.1　试举例说明 C++ 语言与 C 语言相比所具有的优越性。

11.2　下述简短的程序不能通过 C++ 编译器的编译,试找出其错误。

```
# include < stdio. h >
int main()
{
int x, y;
printf("\Please input two numbers:");
scanf(" % d % d", &x, &y);
printf("The larger is: % d", MaxF(x, y));
return 0;
}
int MaxF(x, y)
int x, y;
{return x > y?x:y;
}
```

11.3　什么是函数重载? 什么是函数特征?

11.4　编写重载函数,可对字符、整数、实数完成加 1 的操作。

11.5　编写程序实现在程序内部产生两个复数,将其相加,结果存入另一个复数变量,并显示操作和存入变量的结果。

11.6　编程完成对一个文本文件的复制。

11.7　解释以下概念:

(1) 类和对象　　(2) 消息和方法　　(3) 封装

(4) 继承　　　　(5) 派生类　　　　(6) 友元函数

附录A 常用字符与 ASCII 码对照表

ASCII 值	字符（控制字符）	ASCII 值	字符	ASCII 值	字符	ASCII 值	字符
0	NUL（null）	32	(space)	64	@	96	`
1	SOH（start of handing）	33	!	65	A	97	a
2	STX（start of text）	34	"	66	B	98	b
3	ETX（end of text）	35	#	67	C	99	c
4	EOT（end of transmission）	36	$	68	D	100	d
5	ENQ（enquiry）	37	%	69	E	101	e
6	ACK（acknowledge）	38	&	70	F	102	f
7	BEL（bell）	39	'	71	G	103	g
8	BS（backspace）	40	(	72	H	104	h
9	HT（horizontal tab）	41	)	73	I	105	i
10	LF（NL line feed, new line）	42	*	74	J	106	j
11	VT（vertical tab）	43	+	75	K	107	k
12	FF（NP form feed, new pa）	44	,	76	L	108	l
13	CR（carriage return）	45	—	77	M	109	m
14	SO（shift out）	46	.	78	N	110	n
15	SI（shift in）	47	/	79	O	111	o
16	DLE（data link escape）	48	0	80	P	112	p
17	DC1（device control 1）	49	1	81	Q	113	q
18	DC2（device control 2）	50	2	82	R	114	r
19	DC3（device control 3）	51	3	83	S	115	s
20	DC4（device control 4）	52	4	84	T	116	t
21	NAK（negative acknowled）	53	5	85	U	117	u
22	SYN（synchronous idle）	54	6	86	V	118	v
23	ETB（end of trans. block）	55	7	87	W	119	w
24	CAN（cancel）	56	8	88	X	120	x
25	EM（end of medium）	57	9	89	Y	121	y
26	SUB（substitute）	58	:	90	Z	122	z
27	ESC（escape）	59	;	91	[	123	{
28	FS（file separator）	60	<	92	\	124		
29	GS（group separator）	61	=	93	]	125	}
30	RS（record separator）	62	>	94	↑	126	~
31	US（unit separator）	63	?	95	↓	127	DEL

注：第二列的字符是一些特殊字符，在键盘上是不可见的，所以只给出控制字符，控制字符通常用于控制和通信。

附录 B C99 标准的新特性

在 ANSI 标准化后，C 语言的标准在一段相当的时间内都保持不变，尽管 C++ 继续在改进（实际上，Normative Amendment 在 1995 年已经开发了一个新的 C 语言版本。但是这个版本很少为人所知）标准在 20 世纪 90 年代才经历了改进，这就是 ISO9899:1999（1999 年出版）。这个版本就是通常提及的 C99，它被 ANSI 于 2000 年 3 月采用。

在 C99 中包括的特性有：

（1）对编译器限制增加了，比如源程序每行要求至少支持到 4095 字节，变量名函数名的要求支持到 63 字节（extern 要求支持到 31 字节）。

（2）预处理能力增强。例如：

- 宏支持取参数 #define Macro(…) __VA_ARGS__。
- 使用宏的时候，参数如果不写，宏里用 #、## 等会扩展成空串（以前会出错的）。
- 支持 // 行注释（这个特性实际上在 C89 的很多编译器上已经得到支持）。

（3）增加了新关键字 restrict、inline、_Complex、_Imaginary、_Bool。

（4）支持 long long、long double _Complex、float _Complex 这样的类型。

（5）支持 <: :> <% %> %: %:%: 等奇怪的符号替代，D&E 中曾介绍过。

（6）支持了不定长的数组。数组的长度可以用变量。声明类型的时候，就用 int a[*] 这样的写法。不过考虑到效率和实现，这并不是一个新类型，所以不能用在全局中，或者 struct union 中，否则，goto 语句就会受到限制。

（7）变量声明不必放在语句块的开头，for 语句提倡这么写 "for(int i=0;i<100;++i)"，也就是说，int i 的声明放在里面，i 只在 for 里面有效（VC 没有遵守这条标准，i 在 for 外也有效）。

（8）当一个类似结构的东西需要临时构造的时候，可以用(type_name){xx,xx,xx}，这有点像 C++ 的构造函数。

（9）初始化结构的时候现在可以这样写：

```
struct {int a[3], b;} hehe[] = { [0].a = {1}, [1].a = 2 };
struct {int a, b, c, d;} hehe = { .a = 1, .c = 3, 4, .b = 5} // 3,4 是对 .c 和 .d 赋值的
```

（10）在字符串中，\u 支持 unicode 的字符。

（11）支持十六进制的浮点数的描述。

（12）所以 printf scanf 的格式化串多支持了 ll / LL（VC6 中用的 I64）对应新的 long long 类型。

（13）浮点数的内部数据描述支持了新标准，这个可以用 #pragma 编译器指定。

（14）除了已经有的 __line__ __file__ 以外，又支持了一个 __func__ 可以得到当前的函数名。

（15）对于非常数的表达式，也允许编译器进行化简。

（16）修改了对于/%处理负数上的定义，比如在老的标准中，$-22/7=-3$ 和 $-22\%7=-1$ 对应现在的 $-22/7=-4$ 和 $-22\%7=6$。

（17）取消了不写函数返回类型默认就是 int 的规定。

（18）允许 struct 定义的最后一个数组写作[]，不指定其长度描述。

（19）"const const int i;"将被当作"const int i;"处理。

（20）增加和修改了一些标准头文件，比如定义 bool 的< stdbool. h >，定义一些标准长度的 int 的< inttypes. h >，定义复数的< complex. h >，定义宽字符的< wctype. h >等。

（21）输入输出对宽字符还有长整数等做了相应的支持。

但是各个公司对 C99 的支持所表现出来的兴趣不同。当 GCC 和其他一些商业编译器支持 C99 的大部分特性的时候，微软和 Borland 却似乎对此不感兴趣。

C99 标准的新特性

附录 C

Turbo C 常用标准库函数

1. alloc. h 动态地址分配函数

函 数 原 型	功 能 说 明
int brk(void * addr)	改变数据段存储空间的分配
void * calloe(size_t nitems,size_t size);	分配主存储器
void free(void * block);	释放分配的内存块
void * malloc(size_t size);	分配主存
void * realloc(void * block,size_t size);	重分主存
void * sbrk(int incr);	改变数据段存储空间的分配
void far * farcalloc(unsigned long nunits,unsigned long unitsz);	从远堆中分配内存
unsigned long farcoreleft(viod);	返回远堆中未使用的储存器大小
void farfree(void far * block);	释放远堆中分配的内存块
void far * farmalloc(unsigned long nbytes);	从远堆中分配内存
void far * farrealloc(void far * oldblock,unsigned long nbytes);	调整远堆中的已分配块

2. bios. h ROM 基本输入/输出函数

函 数 原 型	功 能 说 明
int bioscom(int cmd,char abyte,int porr);	I/O 通信
int biosdisk (int cmd, int drive, int head, int track, int sector,int nsects,void * buffer);	硬盘/软盘 I/O 通信
int biosequip(void);	检查设备
int bioskey(int cmd);	键盘接口
int biosmemory(void);	返回存储器大小(单位 kB)
int biosprint(int cmd,int abyte,int port);	打印机 I/O
long biostime(int cmd,long mewtime);	返回一天的时间

3. conio. h 字符屏幕操作函数

与屏幕操作函数有关的系统常量定义：

```
Enum COLORS{            /* 屏幕颜色名 */
BLACK,BLUE,GREEN,        /* 暗色 */
CYAN,RED,MAGENTA,BROWN,LIGHTGRAY,DARKGRAY,LIGHTBLUE,LIGH - TGERRN
/* 亮色 */
```

LIGHTCYAN,LIGHTRED,LIGHTMAGENTA,YELLOW,WHITE
};
Extern int directvideo;   /＊视频输出控制标志,决定是直接输出到视频(＝1)还是通过 ROM BIOS
    /＊输出(＝0)＊/

函 数 原 型	功 能 说 明
void clreol(void);	清除正文窗口的内容直到行末
void clrscr(void);	清除正文模式窗口
void delling(void);	删除正文窗口中的光标所在行
int gettext(int left, int top, int right, int bottom, void ＊ destin);	复制正文屏幕上的正文到储存器
void gettextinfo(struct text_info ＊ r);	取正文模式显示信息
void gotoxy(int x,int y);	在正文窗口内定位光标
void highvideo(void);	选择高密度的正文字符
void insline(void);	在正文窗口内插入一空行
void lowvideo(void);	选择低密度的正文字符
int movetext (int left, int top, int right, int bottom, int destleft,int desttop);	将指定区域内的正文移到另一处
void normvideo(void);	选择标准密度的正文字符
int puttext(int left, int top, int right, int bottom, void ＊ source);	从存储器复制正文到屏幕上
void textattr(intnewattr);	设置正文属性
void textbackground(int newcolor);	选择正文背景颜色
void textcolor(int newcolor);	选择正文字符颜色
void textmode(int mewmode);	设置屏幕为正文模式
int wherex(void);	给出窗口的水平光标位置
int wherey(void);	给出窗口的垂直光标位置
void window (int left,int top,int right,int bottom); char ＊ cgets(char ＊ str);	定义正文模式窗口
int cprintf(const char ＊ format,…);	从控制台读字符串
int cputs(const char ＊ str);	送至屏幕的格式化输出
int cscanf(const char ＊ format,…) ;	写一字符串到屏幕,并返回最后一个字符 从键盘接收一个格式字符串
int getch(void);	从键盘接收一个字符,并无回显
int getche(void);	从键盘接收一个字符,并回显在屏幕上
char ＊ getpass(const char ＊ prompt);	读口令
int kbhit(void);	检查当前按键是否有效
int putch(int c);	输出字符到屏幕并返回显示的字符
int ungetch(int ch);	退一个字符键盘缓存

Turbo C 常用标准库函数

4. ctype.h 字符操作函数

函数原型或宏定义	功 能 说 明
# define isalnum(c) c_ctype[(c) +1]&(_is_dig ∣ _is_upp ∣ is __ low))	判别字符是否为字母或数字
# define isalpha(c) (_ctype[(c) +1]&(_is_upp ∣ _is_ low))	判别字符是否为字母
# define isascii(c) ((unsigned) (c)< 128)	判别字符的 ASCII 码是否属于 0~127
# define iscntrl(c) (_ctype[(c) +1]&_is_ctl)	判别字符是否为删除字符或普通控制字符
# define isdigit(c) (_ctype[(c) +1]&_is_dig)	判别字符是否为十六进制数
# define isgraph(c) ((c)>0x21&&(c)<=0x7e)	判别字符是否为空格符以外的可打印字符
# define isalnum(c) c_ctype[(c) +1]&(_is_dig ∣ _is_upp ∣ is __ low))	判别字符是否为字母或数字
# define isalpha(c) (_ctype[(c) +1]&(_is_upp ∣ _is_ low))	判别字符是否为字母
# define isascii(c) ((unsigned) (c)< 128)	判别字符的 ASCII 码是否属于 0~127
# define iscntrl(c) (_ctype[(c) +1]&_is_ctl)	判别字符是否为删除字符或普通控制字符
# define isdigit(c) (_ctype[(c) +1]&_is_dig)	判别字符是否为十六进制数
# define isgraph(c) ((c)>0x21&&(c)<=0x7e)	判别字符是否为空格符以外的可打印字符
# define islower(c) (_ctype[(c) +1]&_is_low)	判别字符是否为小写字母
# define isprint(c) ((c)>=0x20&&. (c)<=0x7e)	判别字符是否为可打印字符
# define ispunct(c) (_ctype[(c) +1]&_is_pun)	判别字符是否为标点符号
# define isspace(c) (_ctype[(c) +1]&_is_sp)	判别字符是否为空格、制表、回车、换行符
# define isupper(c) (_ctype[(c) +1]&_is_upp)	判别字符是否为大写字母
# define isxdigit(c) (_ctype[(c) +1]&(_is_dig ∣ _is_ hex))	判别字符是否为数字
# define _toupper(c) ((c)+ 'A'− 'a')	把字符转换为大写字母
# define _tolower(c) ((c)+ 'a'−'A')	把字符转换为小写字母
# define isapha(c) ((c)&0x7f)	把字符转换为 ASCII 码
int tolower(int ch);	把字符转换为小写字母
int toupper(int ch);	把字符转换为大写字母

5. dir.h 目录操作函数

函数原型或宏定义	功 能 说 明
int chdir(const char * path);	改变工作目录
int findfirst(const char * path, struct ffblk * ffblk, int attrib);	搜索磁盘目录
int findnext(struct ffblk * ffblk);	匹配 fingfirst 的文件
void fnmerge(char * path, const char * drive, const char * dir, char * name, const char * ext);	建立新文件名
int fnsplit(const char * path, char * drive, char * dir, char * name, char * ext);	把 path 所指文件名分解成其各分量
int getcurdir(int drive, char * directory);	从指定驱动器取当前目录

函数原型或宏定义	功 能 说 明
char * getcwd(char * buf,int buflen);	取当前工作目录
int getdisk(void);	取当前磁盘驱动器号
int mkdir(const char * path);	建目录
char * mktemp(char * temlplate);	建立一个唯一的文件名
int rmdir(const char * path);	删除一个目录
char * searchpath(const char * file);	搜索 DOS 路径
int setdisk(int drive);	设置当前磁盘驱动器

6. dos. h DOS 接口函数

函数原型或宏定义	功 能 说 明
int absread(int drive,int nsects,int lsect,void * buf);	对磁盘的无条件读
int abswrite(int drive,int nsects,int lsect,void * buf);	对磁盘的无条件写
int allocmem(unsigned size,unsigned * segp);	使用 DOS 调用 0x48 分配按节排列的内存块
int bdos(int dosfun,unsigned dosdx,unsigned dosal);	MS-DOS 系统调用
int bdosptr(int dosfun,void * arument,unsigned dosal);	MS-DOS 系统调用
struct country * country(int xcode,struct country * cp);	设置于国家有关的项目
void ctrlbrk(int (* handler)(void));	设置 control-break 处理程序
void delay(unsigned milliseconds);	将程序的执行暂停 milliseconds 毫秒
void disable(void);	屏蔽除 NMI(不可屏蔽中断)外的所有中断
int dosexterr(struct DOSERROR * eblkp);	取 DOS 调用的扩展错误信息
void _ emit_();	把文字值直接插入到源程序中
void enable(void);	开放中断
int freemem(unsigned segx);	释放内存分配块
int getcbrk(void);	调用 0x33,取 control-break 检测的设置
void getdate(struct date * datep);	将 DOS 形势的当前日期写进 datep 中
void getfree(unsigned char drive,struct dfree * table);	取磁盘自由空间
void getfat(unsigned char drive,struct fatinfo * table);	从指定驱动器的文件分配表读取有关信息
void getfatd(struct fatinto * dtable);	作用同上,只是使用默认驱动器
unsigned getpsp(void);	返回程序段前缀(PSP)的段地址
void gettime(struct time * timep);	将 DOS 形式的当前时间写进 timep 中
void interrupt(* getvect(int interruptno)) ();	返回指定的中断服务程序的地址
int getverify(void);	返回 DOS 的确认标志的状态
void harderr(int (* handler)());	允许用自己的错误处理替代 DOS 默认处理
void hardresume(int axret);	退出自己的错误处理程序,并返回 DOS
void hardretn(int retn);	同上
int inport(int portid);	返回从指定读入的字的值
unsigned char inportb(int portid);	返回从指定口读入的一个字节

Turbo C 常用标准库函数

函数原型或宏定义	功能说明
int int86(int intno,union REGS * inregs,union REGS * outregs);	执行指定的软件中断
int int 86x(int intno,union REGS * inregs,union REGS * outregs,struct SREGS * segregs);	作用同上,但返回值不同
int intdos(union REGS * inregs,union REGS * outregs);	访问指定的 DOS 系统调用
int intdosx(union REGS * inregs,union REGS * outregs,struct SREGS * segregs);	同上
void intr(int into,struct REGPACK * preg);	改变软中断接口
void keep(unsigned char status,unsign size);	执行 0x31 中断,程序运行终止但驻留内存
void nosound(void);	关闭 PC 扬声器
void outport(int ortid,int value);	输出一个字到硬件端口
void outportb(int portid,unsigned char value);	输出一个字节到硬件端口
char * parsfnm(const char * cmdline,struct fcb * fcb,int opt);	分析 cmdline 所指字符串以找到一个文件
int peek(unsigned segned segment,unsigned offset);	返回 segment:offset 内存位置处的字
char peekb(unsigned segment,unsigned offset);	返回 segment:offset 内存位置处的字节
void poke(unsigned segment,unsigned offset,int value);	存整数值到 segment:offset 所指存储单元
char pokeb(unsigned segment,unsigned offset,char value);	存字节值到 segment、offset 所指存储单元
int randbrd(struct fcb * fcb,int rcnt);	读随机块
int randbwr(struct fcb * fcb,int rcnt);	写随机块
void segread(struct SREGS * segp);	读段寄存器
int setblock(unsigned segx,unsigned newsize);	修改先前已分配的 DOS 存储块大小
int setcbrk(int cbrkvalue);	调用 0x33 打开或关闭中断控制检测
void setdate(struct date * datep);	设置系统日期
void settime(struct time * timep);	设置系统时间
void setvect(int interruptno,void interrupt(* isr)());	设置中断向量入口
void setverify(int value);	设置 DOS 校验标志的状态
void sleep(unsigned seconds);	将执行挂起一段时间
void sound(unsigned frequency);	以指定频率打开 PC 扬声器
void unixtodos(long time,struct date * d,struct time * t);	把日期和时间从 UNIX 格式转换成 DOS 格式
int unlink(condt char * path);	删除由 path 指定的文件
char far * getdta(void);	取磁盘传输地址
void setdta(char far * dta);	设置磁盘传输地址
# define MK_FP(seg,ofs) ((void far *)\((unsigned long)(seg)<< 16 │(unsigned) (ofs)))	根据 seg：ofs 建立一个原指针

7. folat. h 定义从属于环境工具的浮点值函数

函数原型或宏定义	功 能 说 明
unsigned int _clear87(void);	清除浮点状态字
unsigned int _control87(unsigned int new, unsigned int mask);	取得或改变浮点控制字
void _fpreset(void);	重新初始化浮点数学包
unsigned int _status87(void);	取浮点状态字

8. graphics. h 图形函数

函数原型或宏定义	功 能 说 明
void far arc(int x, int y, int stangle, int endangle, int radius);	指定圆心、半径、起止角画圆弧
void far bar(int left, int top, int right, int bottom);	画一个二维条形图
void far bar3d(int left, int top, int tright, int bottom, int depth, int topflag);	画一个三维条形图
void far circle(int x, int y, int radius);	以指定圆心和半径画圆
void far cleardevice(void);	清除图形屏幕
void far fillellipse(int x, int y, int xradius, int yradius);	清除当前视口
void far clearviewport(void);	关闭图形系统,释放图形系统所占存储区
void far closegraph(void);	通过检测硬件确定图形驱动程序和模式
void far detectgraph(int far * graphdriver, int far graphmode);	画一多边形轮廓线
void far drawpoly(int numpoints, int far * polypoints);	画指定中心起止角和长短轴的椭圆弧
void far ellipse(int x, int y, int stangle, int envangle, int xradius, int yradius);	用当前颜色画一填充多边形
void far fillpoly(int numpoints, int far * polypoints);	填充一有界区域
void far floodfill(int x, int y, int border);	取得最后一次调用 arc 的坐标
void far getarccoords(struct arccoordstype far * arccoords);	返回当前图形模式的纵横比
void far getaspectatio(int far * xasp, int far * yasp);	取得当前背景色
int far getbkcolor(void);	取得当前画图颜色
int far getcolor(void);	返回调色板定义结构
struct palettetype * far getdefaultpalette(void);	返回包含当前图形驱动程序名字字符串指针
char * far getdrivername(void);	将用户定义的填充模式复制到内存
void far getfillpattern(char far * pattern)	取得有关当前填充模式和填充颜色的信息
void far getfillsettings(struct fillsettingstype far * fillinfo);	返回当前图形模式
int far getgraphmode(void);	将指定区域的位图像存到主存储区
void far getimage(int left, int top, int right, int bottom, void far * bitmap);	取当前线形,模式和宽度

Turbo C 常用标准库函数

函数原型或宏定义	功 能 说 明
void far getlinesettings (struct linesettingstype far * lineinfo);	返回可以传给函数 setcolor 的最大颜色值
int far getmaxcolocr(void);	返回当前驱动程序的最大模式号
int far getmaxmode(void);	返回屏幕的最大 x 坐标
int fae getmaxx(void);	返回屏幕的最大 y 坐标
int far getmaxy(void);	返回含有指定图形模式名的字符串指针
char * far getmodename(int mode_number);	返回给定图形驱动程序的模式范围
void far getmoderange(int graphdriver, int far * lomode, int far * himode);	返回指定像素的颜色
unsigned far getpixel(int x, int y);	返回有关当前调色板的信息
void far getpalette(struct palettetype far * palette);	返回调色板颜色查找表的大小
int far getpalettesze(void);	返回有关当前图形文本字体的信息
void far gettextsettings (struct textsettingstype far * texttypeinfo);	返回有关当前视窗的信息
void far getviewsettings (struct viewporttype far * viewport);	返回当前图形位置的 x 坐标
int far getx(void);	返回当前图形位置的 y 坐标
int far gety(void);	将所有图形设置复位为它们的默认值
void far graphdefaylts(void);	返回一个错误信息串的指针
char * far grapherrormsg(int errorcode);	用户可修改的图形存储释放函数
void far _graphfreemem(void far * ptr, unsigned size);	用户可修改的图形存储分配函数
void far * far _graphgetmem(unsignedsize);	返回最后一次不成功的图形操作错误码
int far graphresult(void); unsigned far imagesize(int left, int top, int right, int bottom);	返回保存位图所需的字节数
void far initgraph (int far * graphdriver, int far * graphmode, char far * pathtodriver);	初始化图形系统
int far installuserdriver (char far * name, int huge (* detect)(void));	将新增设备驱动程序安装到 BGI 设备表中
int far installuserfont(char far * name);	安装未嵌入 BGI 系统的字体文件(.chr)
void far line(int x1, int y1, int x2, int y2);	在指定的两点间画线
void far linerel(int dx, int dy);	从当前点开始用增量(x,y)画一直线
void far lineto(int x, int y);	从当前点到给定点(x,y)画一直线
void far moverel(int dx, int dy);	将当前位置(CP)移动一相对距离
void far moveto(int x, int y);	将当前位置(CP)移动到绝对坐标(x,y)处
void far outtext(char far * textstrings);	在当前视窗显示一个字符串
void far outtextxy(int x, int y, char far * textstring);	在指定位置显示一个字符串
void far pieslice(int x, int y, int stangle, int endangle, int radius);	绘制并填充一个扇形
void far putimage(int left, int top, void far * bitmap, int op);	以指定位置为左上角点显示一个位图像
void far putpixel(int x, int y, int color);	在指定位置画一像素
void far rectangle(int left, int top, int right, int bottom);	用当前线型和颜色画一矩形

函数原型或宏定义	功 能 说 明
int registerbgidriver(void（＊driver）(void));	装入并注册一个图形驱动程序代码
int registerbgifont(void（＊font）(void));	登录链接到系统的矢量字模码
void far restorecrtmode(void);	将屏幕方式恢复到先前设置的方式
void far sector(int X, int Y, int StAngle, int EndAngle, int Xradius, int Yradius);	画并填充椭圆扇区
void far setactivepage(int page);	设置图形输出活动页
void far setallpalette(struct palettetype far ＊ palete);	按指定方式改变所有的调色板颜色
void far setaspectratio(int xasp, int yasp);	设置图形纵横比
void far setbkcolor(int color);	用调色板设置当前背景色
void far setcolor(int color);	设置当前画线颜色
void far setfillpattern(char far ＊ upattern, int color);	选择用户定义的填充模式
void far setfillstyle(int pattern, int color);	设置填充模式和颜色
unsigned far setgraphbufsize(unsigned bufsize);	改变内部图形缓冲区的大小
void far setgraphmode(int mode);	将系统设置成图形模式并清屏
void far setlinestyle(int linestyle, unsigned upattern, int thickness);	设置当前画线宽度和类型
void far setpalette(int colornuum, int color);	改变调色板颜色
void far setrgbpalette(int colornuum, int red, int gree, int blue);	允许用户定义 IBM 8514 图形卡的颜色
void far settexrjustify(int horiz, int vert);	为图形函数设置文本的对齐方式
void far settextsyle(int font, int direction, int charsize);	为图形输出设置当前的文本属性
void far setusercharsize(int multx, int divx, int multy, int divy);	为矢量字体改变字符宽度和高度
void far setviewport(int left, int top, int right, int bottom, int clip);	为图形输出设置当前窗口
void far setvisualpage(int page);	设置可见图形页号
void far setwritemode(int mode);	设置图形方式下画线的输出模式
int far texrheight(char far ＊ textstring);	返回以像素为单位的符号串高度
int far textwidth(char far ＊ textstringt);	返回以像素为单位的字符串宽度

9. men.h 内存操作函数

函 数 原 型	功 能 说 明
void ＊ memccpy(void ＊ dest, const void ＊ src, int c, unsigned n);	从源 src 中复制 n 个字节到目标 dest 中
void ＊ memchr(const void ＊ s, int c, unsigned n);	在 s 所指的块的前 n 个字节中搜索字符 c
int memcmp(const void ＊ s1, const void ＊ s2, unsigned n);	比较两个块的前 n 个字节
void ＊ memcpy(void ＊ dest, const void ＊ src, unsigned n);	从源 src 中复制 n 个字节到目标 dest 中
int memicmp(const void ＊ s1, const void ＊ s2, unsigned n);	比较 s1 和 s2 的前 n 个字符, 忽略大小写
void ＊ memmove(void ＊ dest, const void ＊ s2, unsigned n);	从源 src 中复制 n 个字节到目标 dest 中
void ＊ memset(void ＊ s, int c, unsigned n);	设置内存块中的 n 个字节 c

函 数 原 型	功 能 说 明
void movedata (unsigned stcseg, unsigned srcoff, unsigned dstseg, unsigned dstoff, unsigned n);	从源地址 srcseg：srcoff 复制 n 个字节到目标地址 destseg：destoff 中
void movmem (void * src, void * dest, unsigned length);	从 src 移动一个 length 字节的块到 dest 中
viod setmem (void * dest, unsigned length, char value);	将 dest 指定的 length 块设为值 value

10. math. h 数学函数

函 数 原 型	功 能 说 明
int abs (int x);	求 x 的绝对值
double acos (double x);	反余弦三角函数
double asin (double x);	反正弦三角函数
double atan (double x);	反正切三角函数
double atan2 (double y, double x);	反正切三角函数
double atof (const char * s);	字符串到浮点数的转换
double ceil (double x);	上舍入,求不小于 x 的最小整数
double cos (double x);	余弦函数
double cosh (double x);	双曲余弦函数
double exp (double x);	指数函数
double fabs (double x);	双精度数绝对值
double floor (double x);	下舍入,求不大于 x 的最大整数
double fmod (double x, double y);	取模运算,求 x/y 的余数
double frexp (double x, int * exponent);	把双精度数分成尾数的指数
double hypot (double x, double y);	计算直角三角形的斜边长
long labs (long x);	长整型绝对值
double log (double x);	自然对数函数
double log10 (double x);	以 10 为底的对数函数
int matherr (struct exception * e);	用户可修改的数学出错处理函数
double modf (double x, double * ipart);	将双精度数分成整数和小数
double poly (double x, degree, double coeff[ ]);	根据 coeff[ ] 参数产生并计算一个多项式
double pow (double x, double y);	指数函数,x 的 y 次幂
double pow10(int p);	指数函数,10 的 p 次幂
double sin (double x);	正弦函数
double sinh (double x);	双曲正弦函数
double sqrt (double x);	平方根函数
double tan (double x);	正切函数
double tanh (double x);	双曲正切函数

11. process. h spawn（ ）和 exec （ ）函数

函 数 原 型	功 能 说 明
void abort (void);	异常终止一程序
Exec…系列函数的作用是装入并运行其他程序	夹在 exec…函数"族名"后的后缀的作用:
int execl (char ＊ path,char ＊ arg0,…);	l 表示参数指针按独立参数传递
int execle (char ＊ path,char ＊ arg0,…);	p 表示将在 path 环境变量目录中搜索文件
int execlp (char ＊ path,char ＊ arg0,…);	v 表示参数指针按指针数组传递
int execlpe (char ＊path,char ＊ arg0,…);	e 表示参数 env 可被传递到子进程
int execv(char ＊ path,char ＊ argv[ ]);	终止调用进程并关闭所有文件
int execve (char ＊ path,char argv[ ],char ＊ ＊ env);	终止调用进程,但不关闭文件
int execvp(char ＊ path,char ＊ argv[ ]);	取得程序的进程号
int execvpe(char ＊ path,char ＊ argv[ ],char ＊ ＊ env);	Spawn…函数的后缀与 exec…函数的后缀作用相同
void exit (int status);	
viod _exit (int status);	
unsigned getpid(void);	
spawn …系列函数的创建并运行称为子进程的其他文件	
int spawnl(int mode,char ＊ path,char ＊ arg0,…);	
int spawnle(int mode,char ＊ path,char ＊ arg0,…);	
int spawnlp(int mode,char ＊ path,char ＊ arg0,…);	
int spawnlpe(int mode,char ＊ path,char ＊ arg0,…);	
int spawnv(int mode,char ＊ path,char ＊ arg[ ]);	
int spawnve(int mode,char ＊ path,char ＊ arg[ ] char ＊ ＊ env);	
int spawnvp(int mode,char ＊ path,char ＊ argv[ ]);	
int spawnvpe(int mode,char ＊ path, char ＊ argv[ ],char ＊ ＊ env);	

12. setjmp. h 非局部跳转函数

函 数 原 型	功 能 说 明
void longjmp(jmp_buf jmpb,int retval);	执行非局部转移
Int setjmp (jmp_buf jmpb);	执行非局部转移
int raise(int sig);	向正在执行的程序发送一个信号
void (＊ signal(int sig,void (＊ func)(/ ＊ int ＊/))) (int);	指定信号处理操作

13. stdio. h 以流为基础的 I /O 函数

函 数 原 型 或 宏 定 义	功 能 说 明
void clearerr (FILE ＊ stream);	复位错误标志,将指定流的错误等标志复位

309

函数原型或宏定义	功 能 说 明
int fclose (FILE * stream);	关闭被命名的数据流
int fflush (FILE * stream);	清除一个流
int fgetc (FILE * stream);	返回命名输入流上的下一个字符
int fgetpos (FILE * stream, fpos_t * pos);	取得当前文件指针
char * fgets (char * s, int n, FILE * stream);	从流中读取一字符串
FILE * fopen (const char * path, const char * mode);	打开文件,并使其与一个流相连
int fprintf (FILE * stream, const char * format, …);	传送格式化输出到一个流中
int fputc(int c, FILE * stream);	送一个字符 c 到指定流 stream 上
int fputs(const char * s, FILE * stream);	送一个字符串 s 到指定流 stream 上
int fread (void * ptr, int size, int count, FILE * stream);	从指定输入流中读数据
FILE * freopen(const char * path, const char * mode, FILE * stream);	将一个新文件与一个流相连
int fscanf (FILE * stream, const char * format, …);	从一个流中执行格式化输入
int fseek(FILE * stream, long offset, int whence);	重定位流上的文件指针
int fsetpos (FILE * stream, const fpos_t * pos);	设置与流相连的文件指针到新的位置
long ftell (FILE * stream);	返回当前文件指针
int fwrite(const void * ptr, int size, int count,, FILE * stream);	将 n 个长度均为 size 字节的数据添加到流
char * gets (char * s);	从流中取一字符串
void perror(const char * s);	打印系统错误信息
int printf (const chat * format, …);	产生格式化的输出到标准输出设备
int puts(const char * s);	送一字符串到流中
int rename(const char * oldname, consr char * newname);	重命名文件
void rewind (FILE * stream);	重定位流
int scanf (const char * fornat, …);	从标准输入流中格式化输入
void setvbuf (FILE * stream, char * buf);	把缓冲区与流相连
int setvbuf(FILE * stream, char * buf, int type, int size);	把缓冲区与流相连
int sprintf (char * buffer, const char * fornat, …);	按指定 format 个格式输出到字串 buffer 中
int scanf (const char * buffer, const char * format, …);	扫描字符串 buffer,并格式化输入
char * strerror (int errnum);	返回指向错误信息字符串的指针
FILE * tmpfile(void);	以二进制方式打开暂存文件
char * tmpnam (char * s);	创建一个独有的文件名,作为临时文件名
int ungetc(int c, FILE * stream);	把一个字符退回到输入流中
int fcloseall(void);	关闭打开的所有流
FILE * fdopen (int handle, char * type);	把流与一个文件句柄相连
int fgetchar (void);	从标准输入流中读取字符
int flushall(void);	清除所有流
int fputchar (int c);	送一个字符到标准输出流(stdout)中
int getc (FILE * stream);	从流 stream 的当前位置读取一个字符
int getw (FILE * stream);	从流 stream 中取一整数
int putc (int ch, FILE * stream);	将字符 ch 写到流 stream 中去
int putw (int w, FILE * stream);	向指定流 stream 输出整型数 w

函数原型或宏定义	功 能 说 明
char * _strerror(const char * s);	建立用户定义的错误信息
int unlink (const char * path);	删除由 path 指定的文件
# define ferror(f) ((f)−>flags&_F_ERR)	检测流上的错误
# define feof(f) ((f)−>flags&_F_EOR)	检测流上的文字结束符
# define fileno(f) ((f)−>fd)	返回指定流的文件句柄
# define remove(path) unlink(path)	删除由 path 指定的文件
# define getchar( ) getc(stdin)	从 stdin 流中读字符
# define putchar(c) put(ⓒ,stdout)	在 stdout 上输出字符

14. stdlib.h 其他函数

函数原型或宏定义	功 能 说 明
void abort (void);	异常终止一个程序
int abs (int x);	返回整型数的绝对值
int atexit (atixit_t func);	注册终止函数
double atof (const char * s);	字符串到浮点数的转换
int atoi (const char * s);	字符串到浮点数的转换
long atol (const char * s);	字符串到浮点数的转换
void * bsearch (const void * key,const void * base, int * nelem, int width, int (* fcmp) (/ * const void * , const void * * /));	数组的二分法搜索
void * calloc (unsigned nitems,unsigned size);	分配主存储器
div_t div (int numer,int denom);	将两个整数相除,返回商和余数
void exit (int status);	终止程序
void free (void * block);	释放已分配块
char * getenv(const char * name);	从环境中取一字符串
long labs (long x);	返回长整型的绝对值
ldiv_tl div(long number,long denom);	将两个整数相除,返回商和余数
void * malloc (unsigned size);	从存储堆分配长为 size 字节的块
void qsort(void * base,size_t nelem,size_t width,int(* fcmp)(/ * const void * ,const void * * /));	使用快速排序例程进行排序
int rand(void);	随机数发生器
void * realloc(void * block,size_t size);	重新分配主存
void srand (unsigned seed);	初始化随机数发生器
souble strtod (constchar * s,char * * endptr);	将字符串转换为 double 型值
long strtol (const char * s,char * * endptr,int radix);	将字符串转换为 long int 型值
unsigned long strtoul(const char * s,char * * endptr, int radix);	将字符串转换为 unsigned long 值
int system(const char * command);	执行由给定的 DOS 命令
# define max(a,b)(((a)>(b))? (a);(b))	返回两数中的较大者
# define mix(a,b)(((a)>(b))? (a);(b))	返回两数中的较小者
# define random(num) (rand()%(num))	返回一个从 0 到 num−1 的随机数

函数原型或宏定义	功 能 说 明
#define randomize()srand((unsigned)time(NULL))	初始化随机数发生器
char * ecv (double value,int ndig,int * dec,int * sign);	把一个浮点数转换为字符串
void_exit (int status);	终止程序
char * fcvt (double value,int ndig,int * dec,int * sign);	把一个浮点数转换为字符串
char * gcvt (double value,int ndec,char * bufhar * s,int c);	把一个浮点数转换为字符串
char * strrev(char * s);	将字符串中的字符顺序逆转
char * strset(char * s,int ch);	将一个字符串中的所有字符都设置为指定字符
int strspn (const char * sl,const char * s2);	在串中查找指定字符串的第一次出现
char * strspn(const char * sl,const char * s2);	在串中查找指定字符串的第一次出现
char * strtok(char * sl,const char * s2);	查找由第二串中指定的分界符隔开的单词
char * strupr(char * s);	将串中的小写字母转换为大写字母

15. string.h 字符串函数

函 数 原 型	功 能 说 明
void * memchr(const void * s, int c ,size_t b);	在字符串的前部搜索字符 c 首次出现的位置
int memcmp(const void * s1,const void * s2,size_t n);	比较字符串的前 n 个字符
void * memcpy(void * dest,const void * src,size_t n);	将字符串的前 n 个字符复制到数组中(不允许重叠)
void * memmove(void * dest ,const void * src,size_t n);	将字符串的前 n 个字符复制到数组中
void * memset(void * s,in c,size_t n);	将字符复制到字符串的前 n 个字符中
char * strcat(* dest ,const char * src);	连接字符串
char * strchr(const char * s,int c);	在字符串中查找某字符第一次出现的位置
int strcmp(const char * s1,const char * s2);	比较字符串
char * strcpy(char * dest,const char * src);size_t strlen (const char * s);	复制字符串
char * strncat (char * dest, const char * src, size_t maxlen);	统计字符串中字符的个数
int strncmp (const char * s1, const char * s2, size_t maxlen);	比较字符串中前 maxlen 个字符
char * strncpy (char * dest, const char * src, size_t maxlen);	将 maxlen 个字符复制到字符串
char * strnset(char * s,int ch,size_t n);	将字符 ch 复制到字符串的前 n 个字符中
char * strset(char * s,int ch);	将字符串中的全部字符都变为字符 ch
char * strstr(const char * sl,const char * s2);	寻找子字符串在字符串中首次出现的位置